高等职业教育系列教材

PHP+MySQL 动态网页设计

主　编　鲁大林

副主编　吴　斌　耿瑞焕

机械工业出版社

本书循序渐进地讲解了 PHP 的基础知识以及使用 PHP 访问和操作 MySQL 数据库的方法和流程。主要内容包括：搭建 PHP 开发环境、PHP 的基本语法、流程控制语句、PHP 中的数组、PHP 中的函数、文件系统处理、PHP 面向对象程序设计、MySQL 数据库管理与应用、PHP 访问与操作 MySQL 数据库。本书以实用为目标设计，侧重介绍 PHP 的相关技术在实际 Web 开发中的应用，并以一个简单的"学生信息管理"实例作为综合实践，真正做到学以致用。此外，本书每章都附有习题，有助于读者对所学知识的理解和掌握。

本书结构清晰、内容详实、实例丰富、实用性强，并辅以配套的教学课件、章节练习题等，既可以作为大学本科、高职高专院校的相关专业教材，也可以作为初学者学习 PHP 的参考书以及程序员进行 PHP 动态网页开发的技术参考书。

本书配备了 PPT 课件、示例源代码、习题答案、课程标准等丰富的教学资源，有需要的教师可登录 www.cmpedu.com 免费注册、审核通过后下载，或联系编辑索取（QQ：1239258369，电话：010-88379739）。

图书在版编目（CIP）数据

PHP+MySQL 动态网页设计 / 鲁大林主编. —北京：机械工业出版社，2017.7（2021.2 重印）

高等职业教育系列教材

ISBN 978-7-111-57363-0

Ⅰ. ①P… Ⅱ. ①鲁… Ⅲ. ①PHP 语言－程序设计－高等职业教育－教材 ②关系数据库系统－高等职业教育－教材 Ⅳ. ①TP312.8②TP311.138

中国版本图书馆 CIP 数据核字（2017）第 165330 号

机械工业出版社（北京市百万庄大街 22 号 邮政编码 100037）

策划编辑：鹿 征　　责任编辑：鹿 征

责任校对：张艳霞　　责任印制：常天培

北京虎彩文化传播有限公司印刷

2021 年 2 月第 1 版 • 第 3 次印刷

184mm×260mm • 16.5 印张 • 396 千字

5501－6500 册

标准书号：ISBN 978-7-111-57363-0

定价：49.00 元

电话服务	网络服务
客服电话：010-88361066	机 工 官 网：www.cmpbook.com
010-88379833	机 工 官 博：weibo.com/cmp1952
010-68326294	金 书 网：www.golden-book.com
封底无防伪标均为盗版	机工教育服务网：www.cmpedu.com

高等职业教育系列教材
计算机专业编委会成员名单

出 版 说 明

《国家职业教育改革实施方案》（又称“职教20条”）指出：到2022年，职业院校教学条件基本达标，一大批普通本科高等学校向应用型转变，建设50所高水平高等职业学校和150个骨干专业（群）；建成覆盖大部分行业领域、具有国际先进水平的中国职业教育标准体系；从2019年开始，在职业院校、应用型本科高校启动“学历证书+若干职业技能等级证书”制度试点（即1+X证书制度试点）工作。在此背景下，机械工业出版社组织国内80余所职业院校（其中大部分院校入选“双高”计划）的院校领导和骨干教师展开专业和课程建设研讨，以适应新时代职业教育发展要求和教学需求为目标，规划并出版了“高等职业教育系列教材”丛书。

该系列教材以岗位需求为导向，涵盖计算机、电子、自动化和机电等专业，由院校和企业合作开发，多由具有丰富教学经验和实践经验的“双师型”教师编写，并邀请专家审定大纲和审读书稿，致力于打造充分适应新时代职业教育教学模式、满足职业院校教学改革和专业建设需求、体现工学结合特点的精品化教材。

归纳起来，本系列教材具有以下特点：

1）充分体现规划性和系统性。系列教材由机械工业出版社发起，定期组织相关领域专家、院校领导、骨干教师和企业代表召开编委会年会和专业研讨会，在研究专业和课程建设的基础上，规划教材选题，审定教材大纲，组织人员编写，并经专家审核后出版。整个教材开发过程以质量为先，严谨高效，为建立高质量、高水平的专业教材体系奠定了基础。

2）工学结合，围绕学生职业技能设计教材内容和编写形式。基础课程教材在保持扎实理论基础的同时，增加实训、习题、知识拓展以及立体化配套资源；专业课程教材突出理论和实践相统一，注重以企业真实生产项目、典型工作任务、案例等为载体组织教学单元，采用项目导向、任务驱动等编写模式，强调实践性。

3）教材内容科学先进，教材编排展现力强。系列教材紧随技术和经济的发展而更新，及时将新知识、新技术、新工艺和新案例等引入教材；同时注重吸收最新的教学理念，并积极支持新专业的教材建设。教材编排注重图、文、表并茂，生动活泼，形式新颖；名称、名词、术语等均符合国家标准和规范。

4）注重立体化资源建设。系列教材针对部分课程特点，力求通过随书二维码等形式，将教学视频、仿真动画、案例拓展、习题试卷及解答等教学资源融入到教材中，使学生的学习课上课下相结合，为高素质技能型人才的培养提供更多的教学手段。

由于我国高等职业教育改革和发展的速度很快，加之我们的水平和经验有限，因此在教材的编写和出版过程中难免出现疏漏。恳请使用本系列教材的师生及时向我们反馈相关信息，以利于我们今后不断提高教材的出版质量，为广大师生提供更多、更适用的教材。

机械工业出版社

前　言

PHP（Hypertext Preprocessor）即超文本预处理器，它是一种创建动态交互式站点的强有力的服务器端脚本语言，可以轻松实现表单请求、访问数据库和生成动态页面等功能。PHP 是目前最为流行的服务器端 Web 开发语言之一，它具有开源免费、易于使用、功能强大、安全性高、开发速度快、执行效率高等优点，是开发 Web 应用程序的理想工具。在融合了现代编程语言的一些最佳特性后，PHP、Apache 和 MySQL 的组合已经成为服务器端 Web 开发的一种配置标准。

本书共 9 章，第 1 章介绍搭建 PHP 开发环境；第 2 章介绍 PHP 的基本语法；第 3 章介绍流程控制语句；第 4 章介绍 PHP 中的数组；第 5 章介绍 PHP 中的函数；第 6 章介绍文件系统处理；第 7 章介绍 PHP 面向对象程序设计；第 8 章介绍 MySQL 数据库管理与应用；第 9 章介绍 PHP 访问与操作 MySQL 数据库，着重介绍 PHP 推荐的 PDO 对象技术，不再介绍 PHP 7 中已不提供支持的 MySQL 扩展函数的使用；最后使用 PDO 技术实现一个简单的“学生信息管理”实例，真正做到学以致用。

本书每章都附有习题，可以帮助读者巩固基础知识；另外配备了 PPT 课件、示例源代码、习题答案、课程标准等丰富的教学资源，有需要的老师可登录http://www.cmpedu.com网站免费注册后下载。

本书由常州信息职业技术学院鲁大林主编，吴斌、耿瑞焕任副主编。参与编写的人员还有唐小燕和刘斌，全书由鲁大林统稿。在本书编写过程中，常州勇气软件有限公司的朱才金工程师参与了总体规划，并提出了许多宝贵意见。同时，在编写本书时也参考了很多相关文献、技术资料以及互联网资源，在此一并深表感谢！

由于编者水平有限，编写时间仓促，书中难免有错误与不足之处，恳请广大读者批评指正。

作　者

目　录

第1章 搭建PHP开发环境

PHP 是当前开发动态 Web 系统的主流程序语言之一，主要用于编写服务器端的脚本程序，可以轻松地实现表单请求、访问数据库和生成动态页面等功能。在学习 PHP 脚本编程语言之前，必须先搭建并熟悉运行 PHP 代码的环境。本章学习要点如下：

- 熟悉动态网站开发及所需 Web 构件；
- 在 Windows 系统下搭建 PHP 开发环境；
- 实现第 1 个 PHP 脚本程序。

1.1 熟悉动态网站开发

1.1.1 动态网站介绍

WWW（World Wide Web）又称为万维网，简称 Web。WWW 是一个由许多互相链接的超文本文档组成的系统，通过 Internet 访问，是基于客户机/服务器（Client/Server）模式的信息发布和超文本技术的综合。

网页是构成网站的基本元素，是承载各种网站应用的平台，网页分为静态网页和动态网页两种类型。静态网页是采用传统的 HTML 编写的网页，网页中没有脚本代码，用户每次浏览，页面内容都是一成不变的；动态网页是网页中包含脚本代码，采用 PHP、JSP、ASP.NET 等技术动态生成的页面，在接到用户的访问请求后，在服务器端先执行网页中的代码，再把执行后的结果动态生成页面后传回给用户。与静态网页相比，动态网页在执行时的条件不同，其执行的结果也可能会有所不同，动态网页具有更强的适应性。

网站的功能性现在有了彻底的变革，就是网站从传统的“静态内容”的展示转向“动态内容”的传递。区别动态网站与静态网站最基本的方法通常是区别是否采用了数据库的开发模式，也就是说，网页展示的是固定内容还是可在线更新内容。

动态网站注重的是用户能与网站进行交互，因为以数据库技术为基础，用户访问网站是通过读取数据库来动态生成网页的，这样可以大大减少网站维护的工作量。而且动态网页实际上并不是独立存在与服务器上的网页文件，只有当用户发出请求时服务器才返回一个完整的网页，而网站上主要是一些框架基础，网页的内容大都存储在数据库中，页面会根据用户的要求和选择，动态地改变和响应，即当不同时间、不同用户访问同一网页时会出现不同页面。动态网站可以实现诸如用户注册、用户登录、在线调查、用户管理、订单管理等功能。

1.1.2 动态网站开发准备

动态网站开发不同于其他的应用程序开发，它需要有多种开发技术结合在一起使用。每种技术的功能各自独立而又要相互配合才能完成一个动态网站的建立，完整地建设一个动态网站，需要掌握以下 Web 构件。

1．客户端浏览器

浏览器是指可以显示网页服务器或者文件系统的 HTML 文件内容，并让用户与这些文件交互的一种软件。网页浏览器主要通过 HTTP 与网页服务器交互并获取网页，这些网页由 URL 指定，文件格式通常为 HTML。另外，许多浏览器还支持其他的 URL 类型及其相应的协议，如 FTP、HTTPS（HTTP 的加密版本）。HTTP 内容类型和 URL 协议规范允许网页设计者在网页中嵌入图像、动画、视频、声音、流媒体等。

个人计算机上常见的网页浏览器包括 Internet Explorer、Google Chrome、Firefox、Safari、Opera、360 浏览器、QQ 浏览器、百度浏览器、搜狗浏览器、UC 浏览器、傲游浏览器等，浏览器是最常使用到的客户端程序。

2．超文本标记语言 HTML

HTML（HyperText Markup Language）即超文本标记语言，是目前互联网上应用最为广泛的一种语言，也是构成网页文档的主要语言。所有的网页都含有供浏览器解析的指令，浏览器通过读取这些指令来显示页面，最常用的显示指令是 HTML 标签。

HTML 语言通过利用各种“标记”（tags）来标识文档的结构和超链接、图片、文字、段落、表单等信息，再通过浏览器读取 HTML 文档中这些不同的标签来显示页面，形成用户的操作界面。HTML 文档的文件扩展名是.html 或.htm。

3．层叠样式表 CSS

CSS（Cascading Style Sheet）即层叠样式表或级联样式表，是一种为网站添加布局效果的出色工具，可定义 HTML 元素如何被显示，可以有效地对页面进行布局，设置字体、颜色、背景和其他效果等来实现更加精确的样式控制。CSS 不能离开 HTML 独立工作，与 HTML 一样，CSS 也是一种标记语言。

使用 CSS 设置页面格式时，可将页面的内容与表现形式分离。网页内容存放在 HTML 文档中，而用于定义表现形式的 CSS 规则存放在另一个文件（外部样式表）或 HTML 文档的某一部分（通常为文件头部分）中。将内容与表现形式分离，不仅可使维护站点的外观更加容易，而且还可以使 HTML 文档代码更加简练，缩短浏览器的加载时间。

CSS 的主要优点是提供了便利的更新功能。设计网站时，可以创建一个 CSS 样式表文件，然后将网站中的所有网页都连接到该样式表文件，这样很容易为 Web 站点内的所有网页提供一致的外观和风格。当更新某一样式属性时，使用该样式的所有网页的格式都会自动更新为新样式，而不必逐页进行修改。

4．客户端脚本语言 JavaScript

客户端脚本是在客户端执行的，是一种有关浏览器行为的编程，主要用来编写网页的功能特效，实现用户和浏览器之间的互动性。访问时客户端脚本会自动下载到客户的机器中，并将会一直驻留其中。客户端脚本语言主要有 JavaScript、VBScript、JavaScript、Applet 等，其中在 Web 开发中使用最多、浏览器支持最好、案例最丰富的是 JavaScript，而且 Ajax 和 jQuery 框架等技术也都是基于 JavaScript 开发的。

JavaScript 是为网页设计者提供的一种编程语言，可以在 HTML 页面中加入 JavaScript 代码，能够对事件进行反应，可读取并修改 HTML 元素、元素属性和元素中的内容，并用来验证数据。JavaScript 程序可以写在一个扩展名为.js 的文本文件中，也可以嵌入到 HTML 文档中编写。客户端脚本可以实现诸如客户端时间显示、警告框弹出提示、图片轮播等各种效果。

5. Web 服务器

Web 服务器也称为 WWW（World Wide Web）服务器，主要功能是提供网上信息浏览服务。一个网站只有发布到一台 Web 服务器上以后，才能被别人访问到。WWW 是 Internet 的多媒体信息查询工具，是 Internet 上近年才发展起来的服务，也是发展最快、目前使用最广泛的服务。正是因为有了 WWW 工具，才使得近年来 Internet 迅速发展，且用户数量飞速增长。

Web 服务器专门处理 HTTP 请求，应用层使用的是 HTTP。当 Web 服务接收到一个 HTTP 请求后，会返回一个 HTTP 响应，例如返回一个 HTML 页面。为了处理一个请求，Web 服务器可以响应一个静态页面或图片进行页面跳转，或者把动态响应的产生委托给一些其他的程序，例如 PHP 脚本、JSP 脚本、ASP 脚本等，或者一些其他的服务器端技术，这些服务器端的程序通常是产生一个 HTML 响应供浏览器可以浏览。

在 Internet 中，Web 服务器和浏览器通常位于两台不同的机器中，但是在本地情况下也可以位于同一台机器中，其工作原理是一样的。目前可用的 Web 服务器很多，主要有 Apache、IIS、Tomcat、IBM WebSphere 和 BEA WebLogic 等。其中 Apache 是世界上使用最多的 Web 服务器，可以运行在几乎所有广泛使用的计算机平台上。Apache 服务器的特点是简单、快速、性能稳定。

6. 服务器端脚本语言

服务器脚本是用来协助 Web 服务器工作的编程语言，是对 Web 服务器功能的扩展，并外挂在 Web 服务器上一起工作，用于在服务器端执行并完成服务器端的业务处理功能。

服务器端脚本语言种类也很多，常用的有 Microsoft 的 ASP.NET、Oracle 的 JSP 和 ZEND 的 PHP。其中 PHP 是一种创建动态交互式站点的强有力的服务器端脚本语言，使用非常广泛，而且是免费的。PHP 非常适合网站开发，常常搭配 Apache 服务器一起使用，也可以工作在 Windows 操作系统的 IIS 平台上。

7. 数据库管理系统

如果需要快速、安全地处理大量数据，则必须使用数据库管理系统。现在的动态网站都是基于数据库的编程，任何程序的业务逻辑实质上都是对数据的处理操作。数据库管理系统也是一种软件，可以和 Web 服务器安装在同一台机器上，也可以不在同一台机器上，但都需要通过网络进行连接。数据库管理系统负责存储和管理网站所需的内容数据，例如文字、图片等。当用户通过浏览器请求数据时，在服务器端程序中接收到用户的请求后，在程序中使用通用标准的结构化查询语言（SQL）对数据库进行添加、删除、修改和查询等操作，并将结果整理成 HTML 发回到浏览器上显示。

数据库管理系统主要有 Oracle、DB2、SQL Server、MySQL、Sybase、Access 等。其中 MySQL 是一个真正的多用户、多线程的 SQL 数据库服务器，它操作简单、使用方便、执行效率与稳定性高。MySQL 和 PHP 一样，都是开源免费的软件，它们是真正的黄金组合，是中小型网站开发首选的数据库管理系统。

1.2 安装集成 PHP 开发环境

PHP（Hypertext Preprocessor）即超文本预处理器，它是一种服务器端嵌入到 HTML 中的脚本语言，易于使用且功能强大，是开发 Web 应用程序的理想工具。PHP 是目前最为流行的服务器端 Web 开发语言之一，在融合了现代编程语言的一些最佳特性后，PHP、Apache 和 MySQL 的组合已经成为 Web 服务器的一种标准配置。

在使用 PHP 开发 Web 应用程序时，首先需要搭建 PHP 的运行环境和开发环境。由于 Apache、PHP 和 MySQL 等软件都是先在 UNIX/Linux 操作系统下开发出来的，因此部署在 UNIX/Linux 环境下的 Web 应用程序有着更高的运行效率。但是作为通用操作系统，Linux 远没有 Windows 流行，操作上也没有 Windows 那么容易上手，所以选用 Windows 操作系统作为服务器使用。

目前 PHP 开发环境搭建有两种方式：一种是手工安装配置，即分别安装 Apache、PHP 和 MySQL 软件，然后通过配置，整合这 3 个软件，完成 PHP 开发环境的搭建；另一种是使用集成安装包自动安装和配置。本书介绍第 2 种安装配置方法。

1.2.1 安装前准备

目前常用的 PHP 集成环境主要有 WampServer、XAMPP、AppServ、phpStudy、easyPHP 等软件，这些软件之间的差别不大。本书使用的是 WampServer。

WampServer 简称 WAMP，即 Windows 系统下的 Apache + MySQL + PHP，是一组常用来搭建动态网站或者服务器的开源软件，完全免费。同时省去了很多复杂的配置过程，便于开发人员将更多的时间放在程序开发上。

本书以在 64 位 Windows 7 系统下安装 WampServer 集成软件为例。在安装之前需要下载 WampServer 最新版本的软件，目前最新的版本为 WampServer 3，主要包含以下软件。

- Web 服务器 Apache：2.4.17。
- 数据库管理系统 MySQL：5.7.9。
- 服务器端脚本语言 PHP：5.6.16 / 7.0.0。
- PHPMyAdmin：4.5.2。

下载地址：官方网站http://www.wampserver.com/。

软件名称：wampserver3_x64_apache2.4.17_mysql5.7.9_php 5.6.16_php7.0.0.exe。

1.2.2 安装步骤

安装 WampServer 非常简单，只要一直单击“Next”按钮就可以安装成功。双击桌面快捷方式“Wampserver64”启动 WampServer，在桌面状态栏右下角会出现一个带有圆角框的“W”图标，这既是状态图标又是控制按钮。在该图标上点击，弹出如图 1-1 所示的控制菜单。

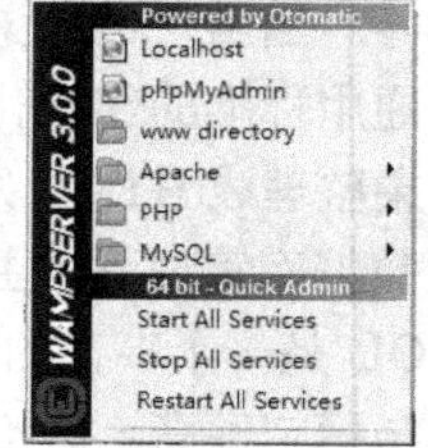

图 1-1 WampServer 控制菜单

1.2.3 环境测试

WampServer 成功安装以后，首先需要了解 WampServer 安装后的目录结构及其功能。WampServer 默认安装在文件夹“C:\wamp64”下，主要了解以下两个文件夹。

- www：网页文档默认存放的根目录，默认只有将网页上传到这个目录下才可以发布出去。
- bin：存放 Apache、MySQL 和 PHP 这 3 个主要服务器组件的子目录。

另外，需要掌握核心组件的位置，主要内容如下。

1．Apache

- 安装位置：C:\wamp64\bin\apache\apache2.4.17。
- 主配置文件：C:\wamp64\bin\apache\apache2.4.17\conf\httpd.conf。
- 扩展配置文件：C:\wamp64\bin\apache\apache2.4.17\conf\extra 下的配置文件。
- 网页存放位置：C:\wamp64\www。

2．MySQL

- 安装位置：C:\wamp64\bin\mysql\mysql5.7.9。
- 配置文件：C:\wamp64\bin\mysql\mysql5.7.9\my.ini。
- 数据文件存放位置：C:\wamp64\bin\mysql\mysql5.7.9\data。

3．PHP（以 5.6.16 版本为例）

- 安装位置：C:\wamp64\bin\php\php5.6.16。
- 配置文件：C:\wamp64\bin\apache\apache2.4.17\bin\php.ini。

4．phpMyAdmin

- 安装位置：C:\wamp64\apps\phpmyadmin4.5.2。
- 配置文件：C:\wamp64\apps\phpmyadmin4.5.2\config.inc.php。

安装完成后，可以通过双击桌面快捷方式“Wampserver64”，或者通过菜单命令“开始”→“所有程序”→“WampServer64”→“WampServer64”启动 WampServer，同时也开启了所有服务。在状态栏的右下角会出现一个“W”图标，图标颜色由红变绿则说明开启所有服务成功。打开浏览器，在地址栏中输入“http://localhost/”进行测试，如果显示如图 1-2 所示的结果，则表示安装成功。

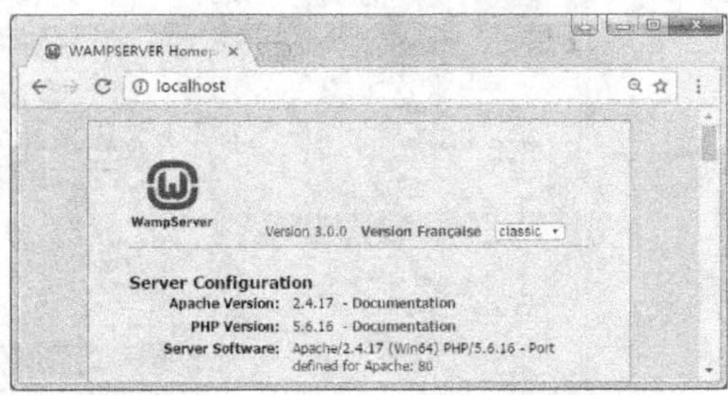

图 1-2 WampServer 安装结束测试结果页面

1.2.4 phpMyAdmin 的使用

phpMyAdmin 是使用 PHP 脚本编写的一个 MySQL 系统管理软件，是最受欢迎的

MySQL 系统管理工具。安装该工具后，即可通过 Web 形式直接管理 MySQL 数据库，而不需要通过执行系统命令来管理，非常适合对数据库操作命令不熟悉的数据库管理者。它可以用来创建、修改、删除数据库和数据表；可以用来创建、修改、删除数据记录；可以用来导入和导出整个数据库；还可以完成许多其他的 MySQL 系统管理任务。

phpMyAdmin 是一个 B/S 体系结构的软件，需要在 Web 服务器上运行，通过浏览器进行访问操作。在 WampServer 的控制菜单上选择“phpMyAdmin”并单击，即可启动 phpMyAdmin，显示如图 1-3 所示的登录界面。

图 1-3　phpMyAdmin 登录界面

MySQL 默认的管理员账号为 root。安装 WampServer 时没有配置密码这一步骤，root 用户的密码是空字符串，这样 MySQL 容易被入侵，需要设置一个密码来修复这个安全漏洞。

（1）以用户名“root”和空密码登录到 phpMyAdmin 中，显示如图 1-4 所示的控制台界面。

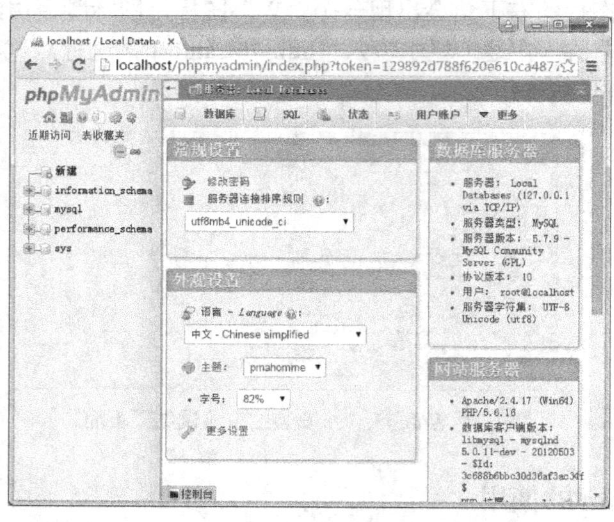

图 1-4　phpMyAdmin 控制台界面

（2）单击“修改密码”超链接，弹出“修改密码”对话框，如图 1-5 所示。

图 1-5 “修改密码”对话框

（3）输入新的密码后，单击“执行”按钮，然后再重启 MySQL 服务器即可。

1.2.5 Sublime Text 简介

在使用 PHP 语言编写 Web 应用程序时，为提高开发效率，通常需要一个好的开发工具，本书使用的是 Sublime Text。

Sublime Text 是一个轻量、简洁、高效、跨平台的代码编辑器，它体积小巧、无须安装、绿色便携、可跨平台支持 Windows/Mac/Linux、支持 32 与 64 位操作系统。

Sublime Text 的运行界面如图 1-6 所示。

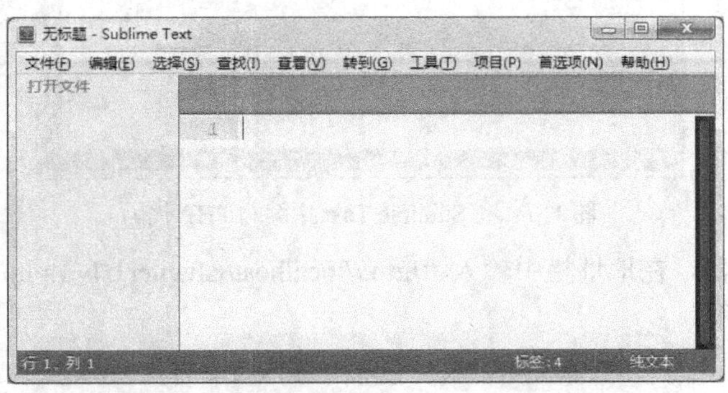

图 1-6 Sublime Text 运行界面

Sublime Text 具有漂亮的用户界面和强大的功能，支持多种编程语言的语法高亮、多行选择和多行编辑，多重选择功能允许在页面中同时存在多个光标；拥有优秀的代码自动完成功能，自动补齐小括号、大花括号等配对符号，自动补全已经出现的单词、函数名等，非常智能；还拥有代码片段（Snippet）的功能，可以将常用的代码片段保存起来，在需要时随时调用；还可自定义键绑定、菜单和工具栏，具有良好的扩展能力和完全开放的用户自定义配置。Sublime Text 的常用快捷键见附录 A。

Sublime Text 还具有神奇实用的编辑状态恢复功能，即当用户修改了一个文件，但没有保存时退出软件，软件是不询问用户是否要保存的，因为无论是用户自发退出还是意外崩溃退出，下次启动软件后，之前的编辑状态都会完整恢复，就像退出前时一样。

下载地址：官方网站http://www.sublimetext.com/，最新版本为 Sublime Text 3。

1.3 第一个 PHP 脚本程序

以创建输出“Hello World!”的 PHP 脚本程序为例，具体步骤如下：

（1）在根目录“www”下新建项目文件夹“Chapter1”。

（2）运行 Sublime Text 软件，单击菜单“文件”→“打开文件夹”，选择之前创建的文件夹“Chapter1”；或者直接把该文件夹通过鼠标左键拖动到 Sublime Text 中。

（3）在 Sublime Text 左侧的目录“Chapter1”上右击，选择快捷菜单命令“新建文件”；再单击菜单“文件”→“保存”命令，把文件命名为“1-1.php”，并确认保存在“Chapter1”文件夹中。

（4）在“1-1.php”文件中编写如下代码：

```
<?php
    echo 'Hello World!';
?>
```

如图 1-7 所示。

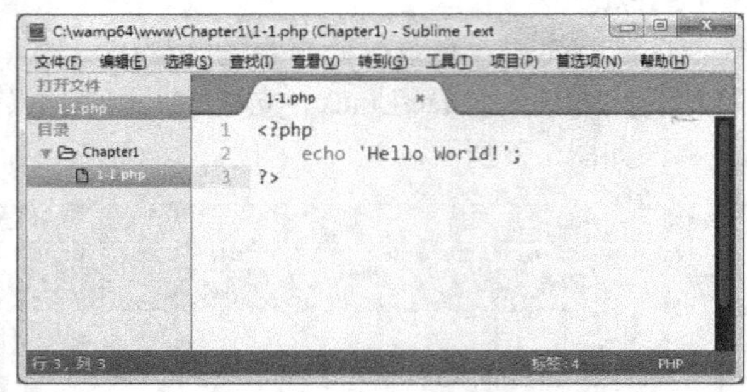

图 1-7　在 Sublime Text 中编写 PHP 代码

（5）打开浏览器，在地址栏中输入“http://localhost/Chapter1/1-1.php”，在浏览器中输出的结果如图 1-8 所示。

图 1-8　在浏览器中输出“Hello World!”

参照步骤（3），在目录“Chapter1”中新建“1-2.php”文件，编写如下代码：

```
<?php
  phpinfo();
?>
```

phpinfo()是一个函数，其功能是输出有关 PHP 当前状态的大部分信息，包括 PHP 的编译和扩展信息、PHP 版本、服务器信息和环境、PHP 的环境、PHP 当前所安装的扩展模块、操作系统信息、路径、HTTP 头信息和 PHP 的许可等。在浏览器中输出的结果如图 1-9 所示。

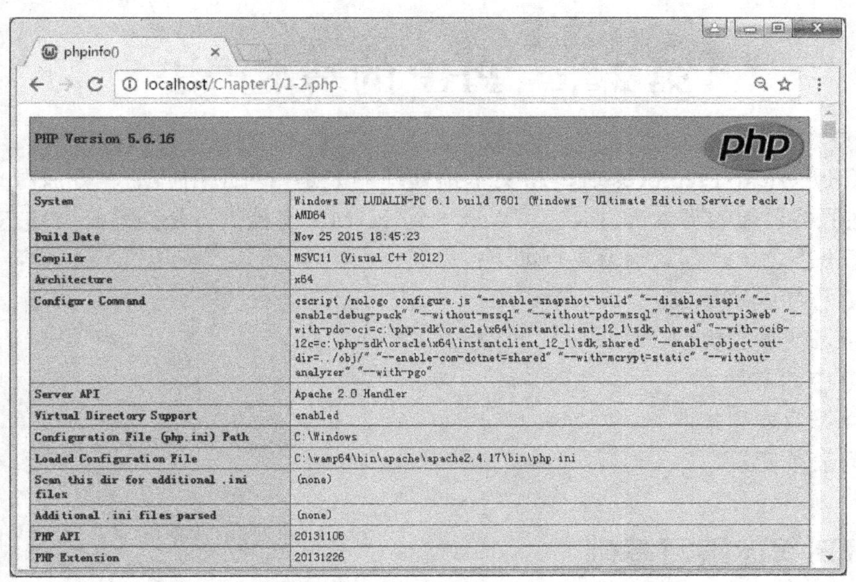

图 1-9 在浏览器中输出 phpinfo()函数

1.4 习题

（1）动态网站开发需要哪些 Web 构件？每种构件在 Web 开发中的用途是什么？

（2）选择一种集成 PHP 开发环境，在 Windows 操作系统中独立安装属于自己的 PHP 工作平台，并配置好 phpMyAdmin。

（3）编写一个 PHP 脚本程序，其功能是在浏览器中输出“欢迎学习 PHP！”的一段文字。

第 2 章　PHP 的基本语法

PHP（Hypertext Preprocessor，超文本预处理器）是一种应用广泛、开放源代码、多用途、运行在服务器端的脚本语言。它可以嵌入到 HTML 文档中，是当前开发动态 Web 系统的主流程序语言之一。本章学习要点如下：

- PHP 程序编写基础；
- 变量及变量的类型；
- PHP 中的常量；
- 运算符及表达式；
- 访问表单变量。

2.1　PHP 程序编写基础

2.1.1　PHP 在 Web 开发中的应用

1．PHP 概述

PHP 是一种开放源代码、在服务器端执行、可嵌入到 HTML 文档中的脚本语言，是目前最流行的开发动态网页的程序语言之一；PHP 跨平台，支持几乎所有流行的操作系统以及数据库，是开发 Web 应用程序的理想工具。

PHP 自创新语法以及融合了 C、Java、Perl 等现代编程语言的一些特征后，具有了语法简单、功能强大、灵活易用、效率高等优点。而且，PHP 入门门槛较低、易于学习、使用广泛，现已在 Web 开发领域占有了非常重要的地位。

2．PHP 的发展历史

从 1994 年的 PHP 雏形到 2015 年发布的 PHP7 版本，主要经历了以下阶段：

- 1994 年，Rasmus Lerdorf 发明了 PHP 语言。
- 1995 年，Rasmus Lerdorf 发布了第一个 PHP 版本，称为“Personal Home Page Tools（PHP Tools）”。
- 1997 年，对底层解析引擎进行了重构，并发布了 PHP3 版本。
- 2000 年 5 月，发布了 PHP4 版本，PHP 的核心开始采用“Zend”脚本引擎。
- 2004 年 7 月，发布了 PHP5 版本，完善了面向对象编程，引入了异常处理机制，增强对 XML 的支持。
- 2012 年 11 月，发布了 PHP5.5 版本，不再支持 Windows XP。
- 2015 年 12 月，发布了 PHP7 版本，性能得到了大幅提升。

3．PHP 的作用及工作原理

PHP 主要用于开发 Web 应用程序中的服务器端脚本，其程序文件以文件后缀名“.php”

为标识。PHP 需要安装 PHP 应用程序服务器去解释执行，是用来协助 Web 服务器工作的编程语言。用户如果通过浏览器访问 Web 服务器并要能够得到动态响应的结果，Web 服务器则需要委托 PHP 引擎来完成相应的工作。PHP 的工作原理如图 2-1 所示。

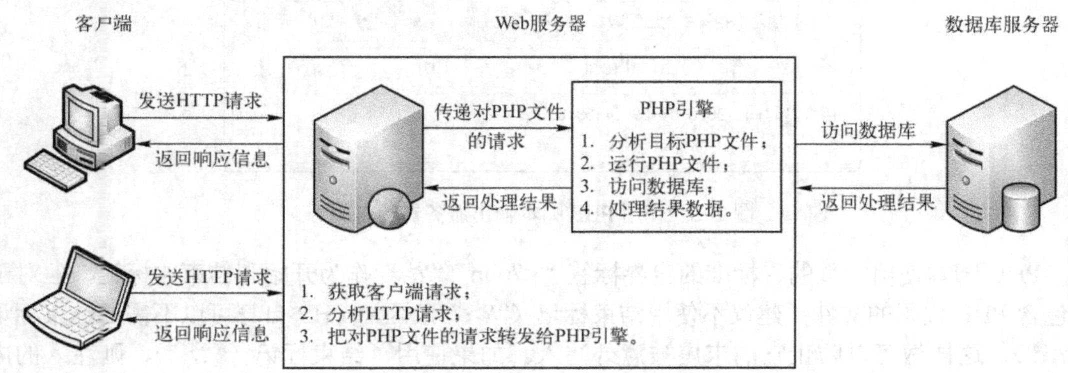

图 2-1 PHP 的工作原理

4．PHP 开发 Web 应用程序的优势

PHP 开发 Web 应用程序具有以下优势：

- PHP 是开源软件，免费、使用简单、门槛低、入门快。
- 使用 PHP 环境部署方便、开发速度快、功能成熟，且本身拥有丰富的功能扩展。
- PHP 开发的项目成本低、安全性高。
- PHP 开发灵活、伸缩性强，可以胜任大型网站的开发。
- PHP 成功案例多，并且有很多开源的项目直接使用或供二次开发。

2.1.2 PHP 语言标记

PHP 脚本需要放置在一组以“<?php”开始和以“?>”结束的标记中。用户可以根据需要在 HTML 文档中开启或关闭 PHP 模式，大多数的嵌入式脚本语言都是这样嵌入到 HTML 中并和 HTML 一起使用，如 CSS、JavaScript、PHP、ASP 及 JSP 等。

【示例 2-1】 在 HTML 文档中嵌入 PHP 脚本，用以输出服务器的时间。

```
<!DOCTYPE html>
<html>
<head>
    <title>使用 PHP 脚本输出服务器的时间</title>
</head>
<body>
    <?php
        date_default_timezone_set('Asia/Shanghai');    //设置时区，按照国内时间
        echo '服务器时间：'.date('Y-m-d H:i:s');
    ?>
</body>
</html>
```

当 PHP 解析一个文件时，会寻找开始和结束标记，标记用以告诉 PHP 开始和停止解释其中的代码。这种方式的解析可以使 PHP 嵌入到各种不同的文档中，只要是在开始和结束标记之外的内容，都会被 PHP 解析器忽略。示例 2-1 在浏览器中输出的结果如图 2-2 所示。

图 2-2　使用 PHP 脚本输出服务器的时间

PHP 脚本使用完整的、标准的定界标签“<?php”“?>”作为开始和结束的标记，但对于只包含 PHP 代码的文件，建议不使用结束标记（“?>”），因为 PHP 自身可以不需要结束标记（“?>”），这样做可以防止它的末尾被意外注入。如果使用了结束标记（“?>”），则注入的内容被当作 HTML 代码进行执行；如果未使用结束标记（“?>”），则注入的内容被当作 PHP 脚本进行执行，PHP 报错运行中断，可以使程序员及时发现这个意外注入错误。

2.1.3　指令分隔符“分号”

PHP 同 C、Perl 以及 Java 一样，语句分为两种：一种是在程序中使用结构定义语句，如流程控制、函数与类的定义等，用大括号来标记代码块，在大括号后面不能使用分号；另一种是在程序中使用功能执行语句，如变量的声明、内容的输出、函数的调用等，是用来在程序中执行某些特定功能的语句，这种语句也可称为指令，PHP 需要在每个指令后用分号结束。一段 PHP 脚本中的结束标记（“?>”）隐含表示一个分号，所以 PHP 代码段中的最后一行可以不用分号结束。

【示例 2-2】 指令分隔符“分号”的使用。

```
<?php
    echo 'Hello World!<br>';
?>

<?php
    echo 'Hello World!<br>'
?>

<?php
    echo 'Hello World!<br>';
```

2.1.4　程序注释

注释在程序设计中是非常重要的一个部分，对于阅读代码的人来说，注释其实就相当于代码的解释和说明。注释的内容在解析时会被 Web 服务器引擎忽略，不会被执行。程序员在编程时使用注释是一种良好的习惯。

PHP 支持 C、C++和 Shell 脚本风格的注释。PHP 的注释符号有 3 种：以“/*”和“*/”闭合的多行注释符，以及用“//”和“#”开始的单行注释符。注释一般写在被注释代码的上面或者右面，不要写在代码的下面。

【示例 2-3】 程序注释的使用。

```
<?php
    echo '欢迎学习 PHP！ <br>';                // 这是一行 C++风格的注释
    echo 'Hello World! ';                    # 这是一行 Shell 脚本风格的注释

    /* 这是多行注释
    echo '欢迎学习 PHP！ <br>';
    echo 'Hello World! ';
    */
```

2.2 变量及变量的类型

变量是用来临时存储值的容器，这些值可以是数字、文本，或者更复杂的排列组合等。变量又是指在程序的运行过程中随时可以发生变化的量，是程序中数据的临时存放场所。变量能够把在程序中准备使用的每一段数据都赋予一个简短、易于记忆的名字，因此非常有用。

另外，PHP 是一种弱类型的程序语言。在大多数编程语言中，变量只能存储一种类型的数据，而且这个类型还必须在使用变量前声明，如 C 语言。而在 PHP 中，变量的类型通常不是由程序员设定的，而是根据给该变量所赋值的类型决定的。如果想查看某个变量的值和类型，可以使用 var_dump()函数。

2.2.1 变量的声明

在 PHP 中，用户可以声明并使用变量，但 PHP 不要求在使用变量之前一定要声明变量。当用户第一次给一个变量赋值时，便创建了这个变量。PHP 的变量声明必须以一个美元符号“$”开始，后面再跟上一个变量名。变量名的命名规则如下：

- 变量名必须以字母或者下画线开头，后面可以跟任意数量的字母、数字或者下画线，中间不能有空格。
- 变量名严格区分大小写。
- 不要使用 PHP 的系统关键字作为变量名，如 echo、die、exit、case 等。
- 变量名尽量表达出清晰的含义，通常由一个或多个简单的英文单词构成。如果是由一个单词构成的，通常采用全部小写的格式；如果是由多个单词构成的，则第 1 个单词采用全部小写，后面的每个单词首字母采用大写的格式。

【示例 2-4】 变量的声明。

```
<?php
    $m;                  //声明一个变量$m，没有赋值
    $a = 15;             //声明一个变量$a，赋以整型数据值 15
    $b = 3.14;           //声明一个变量$b，赋以浮点型数据值 3.14
    $c = true;           //声明一个变量$c，赋以布尔数据值 true
```

```
$d = 'CCIT';        //声明一个变量$d，赋以字符串值'CCIT'
$x = $y = 100;      //同时声明多个变量，并赋以相同的值
```

用户可以使用 unset()函数释放指定的变量，使用 isset()函数检测变量是否设置，使用 empty()函数检查一个变量是否为空。

【示例 2-5】 empty()函数与 isset()函数的比较。

```
<?php
    $var;                   //声明变量$var 但没有赋值
    var_dump(empty($var));          //boolean(TRUE)
    var_dump(isset($var));          //boolean(FALSE)
    echo '<br>';
    $var = NULL;        //给变量$var 赋 NULL 值
    var_dump(empty($var));          //boolean(TRUE)
    var_dump(isset($var));          //boolean(FALSE)
    echo '<br>';
    $var = '';              //给变量$var 赋值空字符串
    var_dump(empty($var));          //boolean(TRUE)
    var_dump(isset($var));          //boolean(TRUE)
    echo '<br>';
    $var = 0;           //给变量$var 赋值 0
    var_dump(empty($var));          //boolean(TRUE)
    var_dump(isset($var));          //boolean(TRUE)
    echo '<br>';
    $var = 100;         //给变量$var 赋值 100
    var_dump(empty($var));          //boolean(FALSE)
    var_dump(isset($var));          //boolean(TRUE)
    echo '<br>';
    unset($var); //销毁变量$var，在内存中释放
    var_dump(empty($var));          //boolean(TRUE)
    var_dump(isset($var));          //boolean(FALSE)
```

如果 empty()函数的参数是非空或非零的值，则返回 FALSE；如果其参数是""、0、"0"、NULL、FALSE、array()以及声明但未赋值的变量（例如$var;）等诸如这样的一类值，则返回 TRUE。

如果 isset()函数的参数存在，则返回 TRUE；如果其参数是 NULL 值或者是使用 unset()函数释放的一个变量，则返回 FALSE。

推荐使用“!empty($var)”方法去判断一个变量存在且不能为空。

2.2.2 变量的类型

变量的类型是指保存在该变量中的数据类型。PHP 提供了一个完整的数据类型集，可以将不同的数据保存在不同的数据类型中。

PHP 支持如下所示的数据类型。

- integer（整型）：用来表示整数。
- float 或 double（浮点型）：用来表示所有实数。
- boolean（布尔型）：用来表示 TRUE 或者 FALSE。

- string（字符串类型）：用来表示字符串。
- array（数组类型）：用来保存数组。
- object（对象类型）：用来保存类的实例。
- resource（资源类型）：用来保存对外部资源的引用。
- NULL 类型：用来表示特殊值 NULL。

【示例 2-6】 var_dump()函数的使用，在浏览器中输出的结果如图 2-3 所示。

```
<?php
    $a = 10;
    $b = 3.14;
    $c = 'CCIT';
    $d = TRUE;
    var_dump($a);
    var_dump($b);
    var_dump($c);
    var_dump($d);
```

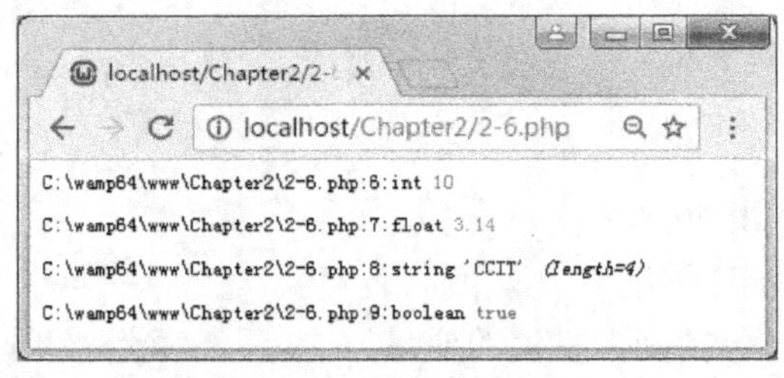

图 2-3 var_dump()函数的使用

1. 整型（integer）

整型变量用以存储整数。整型数据除了常用的十进制数以外，还可以使用十六进制（数字前加“0x”）或八进制（数字前加“0”）数表示；整型数据也可以使用“+”或者“-”开头表示数据的正负，其中“+”可以省略。

整数数据有最大的使用范围，这与平台有关。对于 32 位系统而言，整型数据的范围：-2147483648～2147483647。PHP 不支持无符号整数，如果超出了 integer 这个范围，则会解释为 float 类型。

【示例 2-7】 整型变量的声明。

```
<?php
    $a = 100;              //十进制数
    $b = -50;              //十进制负数
    $c = 0100;             //八进制数
    $d = 0x100;            //十六进制数
    $m = 3000000000;       //超出了 integer 范围的一个数
    var_dump($a);
    var_dump($b);
    var_dump($c);
    var_dump($d);
    var_dump($m);
```

2. 浮点型（float 或 double）

浮点数（也叫双精度数或实数）是包含小数部分的数。通常用来表示整数无法表示的数据，例如，金额值、距离值、速度值等。浮点数的字长也和平台相关，64 位浮点数通常最大值为 1.8e308，并具有 14 位十进制数字的精度。

浮点数只是一种近似的数值，所以永远不要比较两个浮点数是否相等。

【示例 2-8】 浮点型变量的声明。

```
<?php
    $a = 3.14;          //正常的浮点数
    $b = 4.9e5;         //使用科学计数法表示的浮点数，相当于：4.9*10^5
    $c = 6e-7;          //使用科学计数法表示的浮点数，相当于：6*10^-7
```

3. 布尔型（boolean）

布尔型是最简单的数据类型，用以表达 TRUE 或 FALSE，即“真”或“假”。要给变量指定一个布尔值，使用关键字 TRUE 或 FALSE，两个都不区分大小写。

当其他类型转换为布尔型时，以下值认为是 FALSE：

- 布尔值 FALSE；
- 整型值 0；
- 浮点型值 0.0；
- 空白字符串和字符串“0”；
- 没有成员变量的数组；
- 特殊类型 NULL（包括尚未赋值的变量）。

其他所有值都认为是 TRUE（包括任何资源）。

【示例 2-9】 布尔型变量的声明。

```
<?php
    $a = false;                 //布尔值不区分大小写
    $b = '';
    $c = '0';
    $d = 2.5;
    $m = array();
    $n = array(10);
    var_dump((bool)$a);         //boolean(FALSE)
    var_dump((bool)$b);         //boolean(FALSE)
    var_dump((bool)$c);         //boolean(FALSE)
    var_dump((bool)$d);         //boolean(TRUE)
    var_dump((bool)$m);         //boolean(FALSE)
    var_dump((bool)$n);         //boolean(TRUE)
```

4. 字符串类型（string）

一个字符串是由一系列的字符组成的。在 PHP 中，一个字符串可以只是一个字符，也可以变得非常巨大，由任意多个字符组成。PHP 没有给字符串的大小强制设定范围，因此不必担心字符串的长度。字符串可以使用单引号（'）、双引号（"）、定界符（<<<）3 种方法进行定义。

（1）单引号。

指定一个简单字符串的最简单的方法是使用一对单引号（' '）括起来。在单引号字符串中出现的变量不会被变量的值替代，即 PHP 不会解析单引号中的变量，而是将变量名原样输出。

【示例 2-10】 单引号字符串的使用。

```
<?php
    $var = 'PHP';        //单引号字符串
    echo $var;
    echo '<br>';
    echo '$var 简单易学！';  //单引号中的变量$var 不被解析，变量名原样输出
```

说明：在定义简单字符串时，使用单引号的效率会更高，因为 PHP 不会花费解析变量上的开销。因此，如果没有特别需求，应使用单引号定义字符串。

（2）双引号。

用户也可以把一个字符串使用一对双引号（" "）括起来。双引号字符串最重要一点是其中的变量名会被变量值替代，即可以解析双引号中包含的变量。

PHP 不仅仅可以解析双引号中的变量，还可以解析数组值、对象属性和方法等。如果是复杂的语法，可以使用一对花括号（{ }）括起来，以表示一个表达式。

【示例 2-11】 双引号字符串的使用。

```
<?php
    $var = 'PHP';                          //单引号字符串
    echo "$var 简单易学！<br>";            //双引号中的变量$var 会被解析出来
    echo "${var}简单易学！<br>";           //如果不使用{}分离变量，则出错
    echo "{$var}简单易学！<br>";           //使用{}分离变量的另外一种方法
```

另外，如果要输出的字符串中包含单引号（'），则把该字符串包含在一对双引号（" "）中；如果要输出的字符串中包含双引号（"），则把该字符串包含在一对单引号（''）中。

【示例 2-12】 单、双引号的输出。

```
<?php
    echo "'PHP'简单易学！<br>";      //双引号字符串中包含单引号
    echo '"PHP"简单易学！<br>';      //单引号字符串中包含双引号
```

（3）定界符。

另一种给字符串定界的方法是使用定界符语法（“<<<”）。在“<<<”之后设置一个标识符开始字符串，然后是字符串内容，最后是同样的标识符结束字符串。定界符中标识符的命名规则与变量的命名规则一样。结束标识符必须从行的第 1 列开始，并且后面除了分号(;)以外，不能包含其他任何字符，空格及空白制表符也不可以，否则会导致产生一个语法错误信息，并提示该错误的行号出现在脚本的最后一行。

【示例 2-13】 定界符的使用。

```
<?php
    //以标识符 EOT 开始和以标识符 EOT 结束定义的一个字符串
    $str=<<<EOT
```

```
        变量名必须以字母或者下划线开头。<br>
        变量名严格区分大小写。<br>
        不要使用 PHP 的系统关键字作为变量名。
EOT;
    echo $str;  //输出上面使用定界符定义的字符串
```

定界符文本表现得就和双引号字符串一样，只是没有双引号，而且定界符中的变量也会被解析，所以用户能够很容易地使用定界符定义较长的字符串，通常用于从文件或者数据库中大段文档的输出。

5. 数组类型（array）

PHP 中的数组是一种重要的复合数据类型，可以存放多个数据，而且是可以存放任何类型的数据。数组的声明和使用将在第 4 章中做详细介绍。

6. 对象类型（object）

PHP 中的对象与数组一样，也是一种复合数据类型，但对象是一种更高级的数据类型。一个对象类型的变量，是由一组属性值和一组方法构成，其中属性表明对象的一种状态，方法通常用来表明对象的功能。对象的使用将在第 7 章中做详细介绍。

7. 资源类型（resource）

资源是一种特殊变量，保存了对外部资源的一个引用。资源是通过专门的函数来建立和使用的。使用资源类型变量保存诸如打开文件、数据库连接、图形画布区域等的特殊句柄，由程序员创建、使用和释放。任何资源在不需要时都应该及时释放，如果忘记了释放资源，系统将自动启用垃圾回收机制，以避免内存被消耗殆尽。

【示例 2-14】 资源类型的使用。

```
<?php
    //使用 fopen()函数以只读的方式打开当前目录下的 readme.txt 文件，
    //如果成功，则返回文件资源引用赋给变量$file_handle，否则返回布尔值 false
    $file_handle = fopen('readme.txt', 'r');
    var_dump($file_handle);

    //使用 imagecreate()函数创建一个 100x50 的画布，
    //如果成功，则返回图像资源引用赋给变量$im_handle，否则返回布尔值 false
    $im_handle = imagecreate(100, 50);
    var_dump($im_handle);
```

8．NULL 类型

特殊的 NULL 值表示一个变量没有值。NULL 类型唯一可能的值就是 NULL。NULL 不表示空字符串，也不表示零，而是表示一个变量的值为空。NULL 不区分大小写。在下列情况下的一个变量认为是 NULL：

- 被赋值为 NULL 值的变量。
- 尚未被赋值的变量。
- 被 unset()函数销毁的变量。

【示例 2-15】 NULL 类型的使用。

```
<?php
```

```
$a = NULL;                    //声明变量$a 并赋 NULL 值
$b;                           //声明变量$b 但没有赋值
$c = "Hello World!";          //声明变量$c 并赋一个具体的值
unset($c);                    //使用 unset()函数销毁变量$c

var_dump($a);                 //输出为 NULL
var_dump($b);                 //输出为 NULL
var_dump($c);                 //输出为 NULL
```

2.2.3 数据类型的转换

类型转换是指将变量或值从一种数据类型转换成其他数据类型。转换的方法有两种：一种是自动转换，另一种是强制转换。在 PHP 中可以根据变量或值的使用环境自动将其转换为最合适的数据类型，也可以根据需要强制转换为用户指定的类型。

1. 自动类型转换

只有具有相同类型的数据才能彼此操作。在 PHP 中，自动转换通常发生在不同数据类型的变量进行混合运算的时候。如果参与运算量的类型不同，则需要首先转换成同一类型，然后再进行运算，其运算后的结果也是相同的类型。通常只有 integer、float、boolean 和 string 类型能进行自动类型转换。

自动类型转换虽然是由系统自动完成的，但在混合运算时，自动转换要遵循转换按数据长度增加的方向进行，以保证精度不降低。

- 有布尔值参与运算时，TRUE 将转换为整型 1、FALSE 将转化为整型 0 后再参与运算。
- 有 NULL 值参与运算时，NULL 值将转换为整型 0 再参与运算。
- 有 integer 型和 float 型的值参与运算时，先把 integer 型变量转换成 float 类型后再参与运算。
- 有字符串和数值型（integer、float）数据参与运算时，字符串先转换为数字，再参与运算。转换后的数字是从字符串开始的数值型字符串，如果在字符串开始的数值型字符串不带有小数点，则转换为 integer 类型的数字；如果带有小数点，则转换为 float 类型的数字。

【示例 2-16】 自动类型转换的使用。

```
<?php
    $a = '123abc';            //声明变量$a 为一个字符串，其值为：'123abc'
    $a = $a + 2;              //$a 现在是一个整型，其值为：123+2=125
    $a = $a + 3.5;            //$a 现在是一个浮点数，其值为：125+3.5=128.5
    $a = null + 'abc';        //$a 现在是一个整型，其值为：0+0=0
    $a = 3 + '12.34xyz';      //$a 现在是一个浮点数，其值为：3+12.34=15.34
```

2. 强制类型转换

PHP 中的类型强制转换和 C 语言中的非常类似，可以在要转换的变量之前加上用括号括起来的目标类型。使用括号允许的强制类型转换如下。

- (int)、(integer)：转换成整型。
- (bool)、(boolean)：转换成布尔型。

- (float)、(double)、(real)：转换成浮点型。
- (string)：转换成字符串。
- (array)：转换成数组。
- (object)：转换成对象。

也可以使用具体的转换函数 intval()、floatval()、strval()转换变量的类型。intval()函数用来获取变量的整数值；floatval()函数用来获取变量的浮点数值；strval()函数用来获取变量的字符串值。

【示例 2-17】 强制类型转换的使用。

```
<?php
    $a = 15.69;              //声明变量$a 为一个浮点型，其值为：15.69
    $b = (int)$a;            //$b 是一个整型，其值为：15

    $str = '456.789abc';     //声明变量$str 为一个字符串，其值为：'456.789abc'
    $x = intval($str);       //$x 是一个整型，其值为：456
    $y = floatval($str);     //$y 是一个浮点型，其值为：456.789
    $z = strval(100);        //$z 是一个字符串，其值为：'100'
```

注意：浮点型转换为整型时，将自动舍弃小数部分，只保留整数部分。

3．变量类型的测试函数

在 PHP 中，除了使用 var_dump()函数来查看某个变量的值和类型外，还可以使用以下函数来测试变量的类型。

- is_bool()：判断是否是布尔型。
- is_int()、is_integer()、is_long()：判断是否为整型。
- is_float()、is_double()、is_real()：判断是否为浮点型。
- is_string()：判断是否为字符串。
- is_array()：判断是否为数组。
- is_object()：判断是否为对象。
- is_resource()：判断是否为资源类型。
- is_null()：判断是否为 NULL。
- is_numberic()：判断是否是任何类型的数字和数字字符串。

2.3 PHP 中的常量

常量一般用于一些数据计算中固定的数值，例如数学中的 π 等可以定义为常量。常量是一个简单值的标识符（名字），一旦被定义，在脚本执行期间就不能再更改或者取消定义，直到脚本运行结束自动释放。常量的作用域是全局的，在脚本的任何地方都可以访问常量。

2.3.1 常量的定义和使用

在 PHP 中使用 define()函数来定义常量。常量的命名规则同变量一样。常量默认为大小写敏感，按照惯例常量标识符总是大写的，常量的前面没有“$”符号。define()函数的格式如下：

```
boolean define (string name, mixed value [, bool case_insensitive])
```

说明：

- 参数 name 表示常量名；value 表示常量值或表达式，但只能为 boolean、integer、float、string 类型。
- 参数 case_insensitive 是可选项，当设置为 TRUE 时，则表示常量名不区分大小写。默认为 FALSE。
- 可以使用 defined()函数检查是否定义了某个常量。

【示例 2-18】 常量的定义和使用。

```
<?php
    define('PI', 3.1415926);        //声明一个名为 PI 的常量，值为浮点型 3.1415926

    $area = PI * 5 * 5;             //使用常量参与运算
    echo PI;                        //输出常量 PI
    echo '<br>';
    echo $area;                     //输出变量$area
```

2.3.2 PHP 中的预定义常量

在 PHP 中，除了可以自己定义常量外，还预定义了一系列的系统常量，在程序中可直接使用它们完成一些特殊功能。例如：PHP_OS（执行 PHP 解析的操作系统名称）、PHP_VERSION（当前 PHP 服务器的版本）、M_PI（数学中的 π，3.1415926535898）、_FILE_（当前的文件名）等，在此就不一一赘述了。

2.4 PHP 中的运算符

运算符是执行计算、操作的符号。PHP 的运算符主要包括：算术运算符、字符串运算符、赋值运算符、关系运算符、逻辑运算符、其他运算符。

2.4.1 算术运算符

算术运算符是最常见的操作符，用来处理算术运算。主要包括：+（加）、-（减）、*（乘）、/（浮点除）、%（取余）、++（自加）、--（自减）。其说明如下：

- 对于非数值类型的操作数，PHP 会自动转换为数值类型的操作数。
- 执行/（除）、%（取余）运算时，其除数部分不能为 0，且%（取余）运算首先会将两边的操作数自动取整，然后再进行运算。
- ++（自加）、--（自减）是一元运算符，主要用来执行递增、递减任务，常用于循环操作之中。

【示例 2-19】 算术运算符的使用。

```
<?php
    $a = 5+2;
    var_dump($a);          //输出整数 7
    $b = 5/2;
    var_dump($b);          //输出浮点数 2.5
    $c = 5%2;
    var_dump($c);          //输出整数 1
    $d = 5%2.5;
    var_dump($d);          //输出整数 1（2.5 自动取整为 2）
```

2.4.2 字符串运算符

PHP 的字符串运算符是一个小数点（.），用来对字符串进行连接操作，合并成一个新的字符串，也称为连接运算符。

【示例 2-20】 字符串运算符的使用。

```
<?php
    $a = 'PHP';
    $b = 'MySQL';
    $c = 5.6;
    $x = $a.' + '.$b;
    var_dump($x);          //输出字符串"PHP + MySQL"
    $y = $a.$c;
    var_dump($y);          //输出字符串"PHP5.6"
```

2.4.3 赋值运算符

PHP 的赋值运算符为“=”，其左边的操作数必须是变量，右边的可以是一个表达式，用来把右边表达式的值赋给左边变量。另外，还有如下的复合赋值运算符：+=、-=、*=、/=、%=、.=。“+=”运算符表示将变量与所赋的值相加后的结果再赋给该变量，其他以此类推。

【示例 2-21】 赋值运算符的使用。

```
<?php
    $a = 10;
    $a += 5;               //等价于：$a=$a+5
    var_dump($a);          //输出整数 15
    $b = 'Hello';
    $b .= 'World';         //等价于：$b=$b.'World'
    var_dump($b);          //输出字符串"HelloWorld"
```

2.4.4 比较运算符

比较运算符也称为关系运算符，用来对运算符两边的操作数进行比较，运算结果为布尔值（TRUE/FALSE）。比较运算符主要有：>（大于）、<（小于）、>=（大于等于）、<=（小于等于）、==（等于）、!=（不等于）。

【示例 2-22】 比较运算符的使用。

```
<?php
    $a = 10;
    $b = 5;
    var_dump($a > $b);          //输出的结果为 boolean(TRUE)
    var_dump($a <= $b);         //输出的结果为 boolean(FALSE)
    var_dump($a == $b);         //输出的结果为 boolean(FALSE)
    var_dump($a != $b);         //输出的结果为 boolean(TRUE)
```

2.4.5 逻辑运算符

逻辑运算符主要包括：&&（逻辑与）、||（逻辑或）、!（逻辑非）、xor（逻辑异或），只能用来操作布尔型数值，运算结果也是布尔值（TRUE / FALSE）。经常使用逻辑运算符将多个逻辑量连接起来，构成更加复杂的条件。

- &&（逻辑与）：当左右两边的操作数都为 TRUE 时，返回 TRUE，否则返回 FALSE。
- ||（逻辑或）：当左右两边的操作数都为 FALSE 时，返回 FALSE，否则返回 TRUE。
- !（逻辑非）：这是一个一元运算符，当操作数为 TRUE 时，返回 FALSE，否则返回 TRUE。
- xor（逻辑异或）：当左右两边的操作数都为 TRUE 或者都为 FALSE 时，返回 FALSE，否则返回 TRUE。

【示例 2-23】 逻辑运算符的使用。

```
<?php
    $a = TRUE;
    $b = FALSE;
    var_dump($a && $b);         //输出的结果为 boolean(FALSE)
    var_dump($a || $b);         //输出的结果为 boolean(TRUE)
    var_dump(!$a);              //输出的结果为 boolean(FALSE)
    var_dump($a xor $b);        //输出的结果为 boolean(TRUE)
```

2.4.6 其他运算符

PHP 中除了以上介绍的运算符外，还有一些其他的运算符。例如：条件运算符（? :），这是一个三元运算符，可以用来进行简单的逻辑判断。其语法格式为：

```
表达式 ? 操作数 1 : 操作数 2
```

说明：检查给出的“表达式”，如果其结果为 TRUE 时，计算并获取“操作数 1”的值，否则计算并获取“操作数 2”的值。

【示例 2-24】 条件运算符的使用。

```
<?php
    $a = 15;
    $b = 10;
    $c = ($a<$b) ? $a+$b : $a-$b;       //执行并返回的结果是$a-$b
    echo '$c = '.$c;                    //输出$c
```

2.4.7 运算符的优先级

运算符的优先级指的是在表达式中哪一个运算符应该先计算，如果运算符的优先级相同，则按照从左到右的顺序进行计算。可以使用小括号“()”来控制运算顺序，任何在小括号内的运算将最优先进行。PHP 中主要运算符的优先级见下表。

表 PHP 中主要运算符的优先级

优先级（从高到低）	运 算 符	结 合 方 向
1	++、--	非结合
2	!、-	非结合
3	*、/、%	从左到右
4	+、-	从左到右
5	<、<=、>、>=	非结合
6	==、!=	非结合
7	&&	从左到右
8	||	从左到右
9	? :	从左到右
10	=、+=、-=、*=、/=、%=、.=	从右到左
11	xor	从左到右

2.5 表达式

在 PHP 中，几乎可以把编写的任何代码都看作一个表达式，表达式就是变量、常量和运算符号的组合。例如，诸如“$a = 1;”这样的赋值语句就是一个最基本的表达式。

2.6 访问表单变量

任何服务器端脚本语言最常见的应用之一就是处理 HTML 表单，通过表单传递变量最基本的方法是 GET 和 POST。GET 方法传递的数据存储在预定义数组$_GET 中；POST 方法传递的数据存储在预定义数组$_POST 中。不过，这两种方法传递的数据都可以通过预定义数组$_REQUEST 获得。

在 PHP 脚本中获取表单传递的数据时，PHP 变量名称必须与表单域的名称一致。例如，表单中有一个文本输入框，其 name 属性的值为“txtR”，通过 POST 方法提交后，可以通过“$_POST['txtR']”获取到该文本输入框中的内容。

【示例 2-25】 计算圆的面积。

（1）设计表单（2-25.php）：

```
<!DOCTYPE html>
<html>
```

```
<head>
    <title>计算圆的面积</title>
</head>
<body>
    <form name="form1" method="post" action="2-25_1.php">
        半径 R：<input type="text" name="txtR" />
        <input type="submit" name="btnSubmit" value="计算" />
    </form>
</body>
</html>
```

（2）处理表单数据（2-25_1.php）：

```
<?php
    define('PI', 3.1415926); //声明一个名为 PI 的常量

    $r = $_POST['txtR'];            //获取传递过来的半径 R
    $area = PI * $r * $r;           //计算圆的面积
    echo "半径为${r}的圆的面积为${area}。";
```

在浏览器中运行的页面如图 2-4 所示，输入半径 R 为 5，单击“计算”按钮，输出的结果如图 2-5 所示。

图 2-4　计算圆的面积

图 2-5　输出圆的面积

【示例 2-26】 华氏温度（℉）与摄氏温度（℃）的转换，转换公式：摄氏温度=5/9*（华氏温度-32）。在浏览器中输出的结果如图 2-6 所示。

```
<!DOCTYPE html>
<html>
<head>
    <title>华氏温度（℉）与摄氏温度（℃）的转换</title>
</head>
<body>
    <?php
        $f = '';                        //华氏温度赋初始值为空字符串
        $c = '';                        //摄氏温度赋初始值为空字符串

        if (!empty($_POST))             //判断 POST 方法传递的数据是否不为空
        {
            $f = $_POST['txtF'];        //获取传递过来的华氏温度
            $c = 5/9*($f-32);           //计算摄氏温度
        }
    ?>
```

```
        <form name="form1" method="post">
            华氏温度（℉）：<input type="text" name="txtF" value="<?php echo $f ?>" /><br>
            摄氏温度（℃）：<input type="text" name="txtC" value="<?php echo $c ?>" />
            <input type="submit" name="btnSubmit" value="转换" />
        </form>
</body>
</html>
```

图 2-6　华氏温度（℉）与摄氏温度（℃）的转换

说明：在 PHP 脚本中，可以使用“empty($_POST)”来判断 POST 方法传递过来的数据是否为空。

2.7　习题

（1）写出下面代码执行的结果。

```
<?php
    $s = 'Hello';
    $$s = 'World';
    $$s .= '!';
    echo $Hello;
?>
```

（2）写出下面代码执行的结果。

```
<?php
    $a = 25;
    $b = 025;
    $c = 0x25;
    echo '$a = '.$a.'<br>';
    echo '$b = '.$b.'<br>';
    echo '$c = '.$c;
?>
```

（3）写出下面代码执行的结果。

```
<?php
    $x1 = false;
    $x2 = null;
    var_dump($x1 == $x2);
```

```
    $x3 = null;
    $x4 = 0;
    var_dump($x3 == $x4);

    $x5 = 0;
    $x6 = '0';
    var_dump($x5 == $x6);

    $x7 = '0';
    $x8 = '';
    var_dump($x7 == $x8);

    $x9 = 0;
    $x10 = '';
    var_dump($x9 == $x10);
?>
```

（4）输入两个整数，输出其中的最大值。

第3章　流程控制语句

流程控制语句是所有编程语言的核心部分，是控制程序步骤的基本手段。结构化程序设计语言有3种基本结构：顺序结构、分支结构、循环结构。PHP提供了实现这3种程序结构的语句，其中，顺序结构就是语句按照出现的先后次序顺序执行，主要是赋值语句、输入/输出语句等，是最基本的程序结构。本章学习要点如下：

- 分支结构语句；
- 循环结构语句；
- 跳转语句。

3.1　分支结构语句

分支结构主要是用于解决一些需要先做判断再进行选择的问题。满足条件时执行某一内容，不满足时则执行另一内容。在PHP中，分支结构语句主要有以下几种形式：

- if语句；
- if … else语句；
- if … else if语句；
- switch … case语句；
- 分支结构的嵌套。

3.1.1　if语句

if语句是单一条件分支结构。其语法格式如下：

```
if (表达式)
    语句块;
```

if语句流程如图3-1所示。

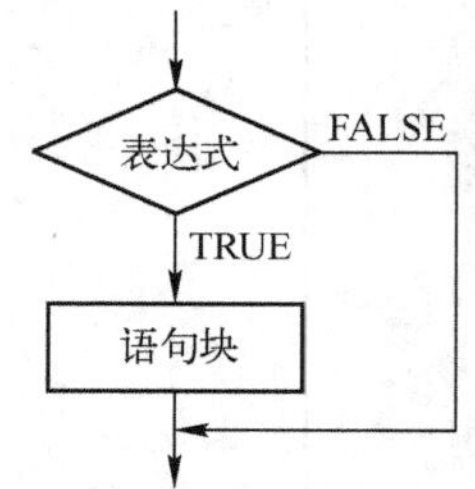

图3-1　if语句流程图

说明：

- 如果“表达式”成立，则执行“语句块”中的代码；否则不执行。
- 如果“语句块”是由多条语句组成的代码块，则必须要使用一组花括号“{ }”把该代码块括起来。

【示例3-1】 随机生成两个两位正整数，并按照从小到大的顺序输出。

```
<?php
    $a = rand(10,99);    //生成10～99范围内的随机数，赋值给$a
    $b = rand(10,99);    //生成10～99范围内的随机数，赋值给$b
    if ($a > $b) {
```

```
        $x = $a;
        $a = $b;
        $b = $x;
    }
    echo $a.' '.$b;
```

说明：生成指定范围内的随机整数使用 PHP 函数 rand(min, max)。

3.1.2 if … else 语句

if … else 语句是双向条件分支结构。其语法格式如下：

```
if (表达式)
    语句块 1;
else
    语句块 2;
```

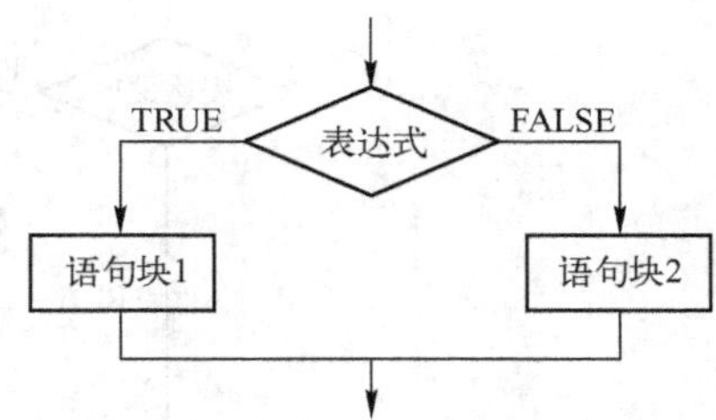

图 3-2　if … else 语句流程图

if … else 语句流程如图 3-2 所示。

说明：

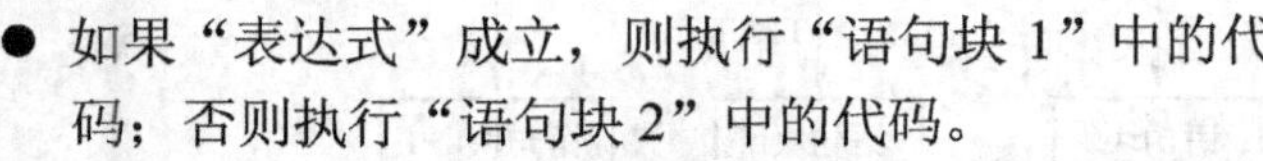

- 如果“表达式”成立，则执行“语句块 1”中的代码；否则执行“语句块 2”中的代码。
- 如果“语句块 1”或“语句块 2”是由多条语句组成的代码块，则必须要使用一组花括号“{ }”把该代码块括起来。

【示例 3-2】 随机生成 3 个两位正整数，并把其中的最大值输出。

```
<?php
    $a = rand(10,99);     //生成 10～99 范围内的随机数，赋值给$a
    $b = rand(10,99);     //生成 10～99 范围内的随机数，赋值给$b
    $c = rand(10,99);     //生成 10～99 范围内的随机数，赋值给$c
    if ($a > $b) {
        $max = $a;
    }
    else {
        $max = $b;
    }
    if ($max < $c) {
        $max = $c;
    }
    echo "${a}、${b}、${c}中的最大值为${max}。";
```

说明：if 语句如果只是控制执行一条语句，可以使用花括号“{ }”括起来，也可以不用。通常建议不要省略 if 和 else 后面的花括号，即使只有一条语句。因为保留花括号可使程序代码具有更好的可读性。

3.1.3 if … else if 语句

if … else if 语句是多向条件分支结构。其语法格式如下：

```
if (表达式 1)
```

```
        语句块 1;
else if (表达式 2)
        语句块 2;
…
else if (表达式 n)
        语句块 n;
else
        语句块 n+1;
```

if … else if 语句流程如图 3-3 所示。

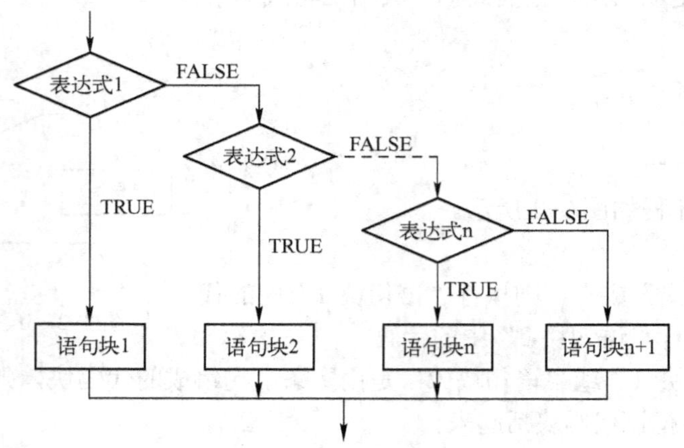

图 3-3　if … else if 语句流程图

说明：

- 如果“表达式 1”成立，则执行“语句块 1”中的代码；否则判断“表达式 2”是否成立，如果成立，则执行“语句块 2”中的代码；如果“表达式 2”也不成立，则判断“表达式 3”是否成立，依次类推；如果都不成立，则执行 else 子句中的“语句块 n+1”中的代码。实际中，else 子句也可以省略。
- 在 else if 语句中同时只能有一个表达式成立，或者都不成立，它们之间是互为排斥的关系。

【示例 3-3】 把百分制成绩转换成等级制输出。

```
<?php
    $score = 83;        //用户输入成绩
    $grade = '';        //获取成绩等级

    if ($score>=90 && $score<=100) {
        $grade = '优秀';
    }
    else if ($score>=80 && $score<=89) {
        $grade = '良好';
    }
    else if ($score>=70 && $score<=79) {
        $grade = '中等';
```

```
}
else if ($score>=60 && $score<=69) {
    $grade = '及格';
}
else if ($score>=0 && $score<=59) {
    $grade = '不及格';
}
else {
    $grade = '错误';
}
echo $grade;
```

3.1.4 switch … case 语句

switch … case 语句也是多向条件分支结构。其语法格式如下：

```
switch (表达式)
{
    case 值 1:
        语句块 1;
        break;
    case 值 2:
        语句块 2;
        break;
    …
    case 值 n:
        语句块 n;
        break;
    default:
        语句块 n+1;
}
```

switch … case 语句流程如图 3-4 所示。

说明：

- 首先计算 switch 语句后面的“表达式”的值，然后依次匹配 case 子句后面的值 1、值 2、……、值 n，如果遇到匹配的值，则执行对应语句块中的代码，执行到 break 语句后跳出 switch 条件判断；如果都不匹配，则执行 default 子句中的“语句块 n+1”中的代码。实际中，default 子句也可以省略。
- switch 语句后面的“表达式”的数据类型只能是整型或者字符串类型。
- case 子句的个数可以根据需要无限增加；case 和 default 子句的后面必须要有一个冒号“:”，它们后面的语句块可以由多行语句组成且不必使用花括号“{ }”括起来，也可以为空语句。
- 如果一条分支语句中的后面没有加上 break 语句，则程序将会继续执行下一条分支语句中的内容。

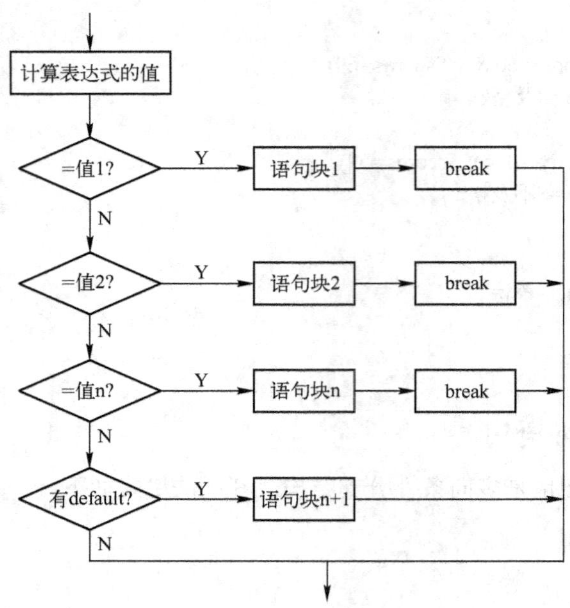

图 3-4　switch … case 语句流程图

【示例 3-4】 使用 switch … case 语句改写示例 3-3。

```
<?php
    $score = 83;        //用户输入“成绩”
    $grade = '';        //获取“成绩等级”

    if ($score>100 || $score<0) {
        $grade = '错误';
    }
    else {
        switch (intval($score/10)) {
            case 10:
            case 9:
                $grade = '优秀';
                break;
            case 8:
                $grade = '良好';
                break;
            case 7:
                $grade = '中等';
                break;
            case 6:
                $grade = '及格';
                break;
            case 5:
            case 4:
            case 3:
            case 2:
```

```
            case 1:
            case 0:
                $grade = '不及格';
                break;
            default:
                $grade = '错误';
        }
    }
    echo $grade;
```

3.1.5 分支结构的嵌套

分支结构的嵌套主要就是 if 语句的嵌套，是指 if 或 else 后面的语句块中又包含 if 语句，可以无限层地进行嵌套。其语法格式如下：

```
if (表达式 1) {
    if (表达式 2) {
        …
    }
    else {
        …
    }
}
else {
    if (表达式 3) {
        …
    }
    else {
        …
    }
}
```

说明：当流程进入某个选择分支后又引出新的选择时，就需要使用嵌套的 if 语句。对于多重嵌套 if，最需要关注的是 if 与 else 的配对关系。

【示例 3-5】 根据贷款方式和贷款期限，获取并输出房贷年利率。房贷利率表见下表。

表　房贷利率表

贷 款 方 式	贷 款 期 限	贷款年利率(%)
商业贷款	1 年以内	4.35
	1 年至 5 年	4.75
	5 年以上	4.90
公积金贷款	5 年以内	2.75
	5 年以上	3.25

```
<?php
    $type = '公积金';        //用户选择贷款方式
```

```
$year = 10;                  //用户输入贷款年限
$rate = '';                  //获取房贷年利率

if ($type == 'sy') {         //商业贷款
        if ($year>0 && $year<=1) {
            $rate = 4.35;
    }
    else if ($year>1 && $year<=5) {
            $rate = 4.75;
    }
    else if ($year>5) {
            $rate = 4.90;
    }
}
else {                       //公积金贷款
    if ($year>0 && $year<=5) {
            $rate = 2.75;
    }
    else if ($year>5) {
            $rate = 3.25;
    }
}
echo $rate;
```

3.2 循环结构语句

循环结构主要是用于解决一些需要按照规定的条件重复执行某些操作的问题，这是计算机最擅长的功能之一。当给定的条件成立时，反复执行某程序段，直到条件不成立为止。给定的条件称为循环条件，反复执行的程序段称为循环体。在 PHP 中，循环结构语句主要有以下几种形式：

- while 语句；
- do … while 语句；
- for 语句；
- 循环结构的嵌套。

3.2.1 while 语句

while 循环语句需要事先设定一个条件，当条件成立时，反复执行指定的语句块，直到条件不成立为止。其语法格式如下：

```
while (表达式)
    语句块;
```

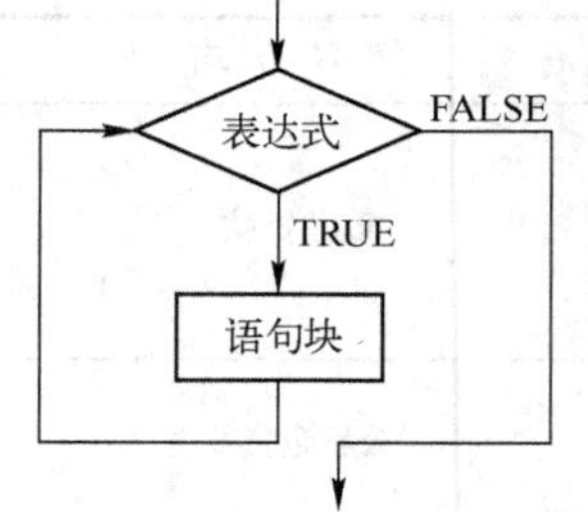

图 3-5　while 循环语句流程图

while 循环语句流程如图 3-5 所示。

说明：如果“语句块”是由多条语句组成的代码块，则必须要使用一组花括号“{ }”把该代码块括起来。while 循环语句的执行步骤如下：

（1）计算“表达式”的值，确定是 TRUE 还是 FALSE。

（2）如果“表达式”的值为 TRUE，则执行“语句块”中的代码，执行完以后返回到第（1）步执行；如果“表达式”的值为 FALSE，则该循环语句结束，执行 while 语句之后的语句。

【示例 3-6】 计算 1 + 2 + 3 + 4 + … + 100 的值。

```
<?php
    $i = 1;
    $s = 0;

    while ($i<=100) {
        $s = $s+$i;
        $i++;
    }
    echo "1 + 2 + 3 + 4 + … + 100 = ${s}";
```

【示例 3-7】 计算 10!（1 * 2 * 3 * 4 * … * 10）的值。

```
<?php
    $i = 1;
    $t = 1;

    while ($i<=10) {
        $t = $t*$i;
        $i++;
    }
    echo "10! = ${t}";
```

【示例 3-8】 计算 1! + 2! + 3! + 4! + … + n! 之和小于 10000 的 n 的最大值。在浏览器中输出的结果如图 3-6 所示。

图 3-6　输出 n 的最大值

```
<?php
    $n = 0;
    $t = 1;
    $s = 0;

        while ($s<10000)
        {
        $n++;
```

```
        $t = $t*$n;
        $s = $s+$t;
    }
echo 'n 的最大值为：'.($n-1);
```

3.2.2 do … while 语句

do … while 循环语句与 while 循环语句类似，主要区别是：do … while 循环语句首先会执行一次循环体，然后再判断条件是否成立；while 循环语句则首先判断条件是否成立，如果条件成立的话，执行循环体，否则循环终止。其语法格式如下：

```
do {
    语句块;
} while (表达式);
```

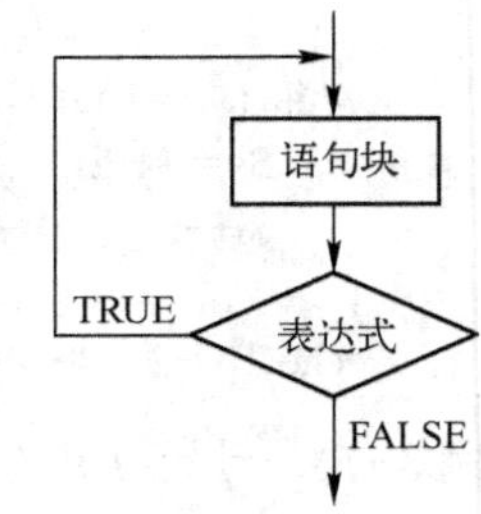

图 3-7 do … while 循环语句流程图

do … while 循环语句流程如图 3-7 所示。

说明：do … while 循环的最后一定要有一个分号“;”，分号是 do … while 语法的一部分。do … while 循环语句的执行步骤如下：

（1）执行“语句块”中的代码。

（2）计算“表达式”的值，如果“表达式”的值为 TRUE，则返回到第（1）步执行；如果“表达式”的值为 FALSE，则该循环语句结束，执行 do … while 语句之后的语句。

【示例 3-9】 使用 do … while 语句改写示例 3-6。

```
<?php
    $i = 1;
    $s = 0;

    do {
        $s = $s+$i;
        $i++;
    } while ($i<=100);
    echo "1 + 2 + 3 + 4 + … + 100 = ${s}";
```

【示例 3-10】 计算数列 1/2、2/3、3/5、5/8、… 的前 10 项之和。在浏览器中输出的结果如图 3-8 所示。

```
<?php
    $sum = 0;
    $fz = 1;
    $fm = 2;
    $i = 1;

    do
    {
        $sum = $sum + $fz/$fm;
        $t = $fz;
```

```
        $fz = $fm;
        $fm = $fm+$t;
        $i++;
    } while ($i<=10);
    echo "数列的前 10 项之和为：${sum}。";
```

图 3-8　输出数列的前 10 项之和

3.2.3　for 语句

for 循环主要用于明确知道重复执行次数的情况，将循环体重复执行预定的次数。其语法格式如下：

```
for (初始值; 条件表达式; 增量/减量)
    语句块;
}
```

for 循环语句流程如图 3-9 所示。

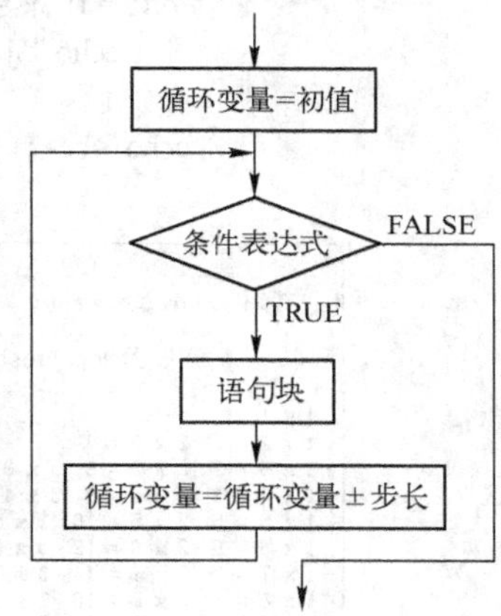

图 3-9　for 循环语句流程图

说明：for 语句是由分号“;”分隔的三大部分组成，其中的初始值、条件表达式、增量/减量都是表达式。初始值是一条赋值语句，用来给循环变量赋初值；条件表达式用来决定什么时候退出循序；增量/减量用来控制循环变量的值。for 循环语句的执行步骤如下：

（1）给循环变量赋初值。

（2）判断“条件表达式”，如果条件成立，则执行“语句块”中的代码；如果条件不成立，则该循环语句结束，执行 for 语句之后的语句。

（3）条件成立执行完“语句块”中的代码后，以增量/减量更改循环变量的值，然后再返回到第（2）步执行。

【示例 3-11】 使用 for 语句改写示例 3-6。

```
<?php
    $s = 0;
    for ($i=1; $i<=100; $i++) {
        $s = $s+$i;
    }
    echo "1 + 2 + 3 + 4 + … + 100 = ${s}";
```

【示例 3-12】 有一堆零件（100～200 个），如果以 4 个零件为一组进行分组，则多 2 个零件；如果以 7 个零件为一组进行分组，则多 3 个零件；如果以 9 个零件为一组进行分组，则多 5 个零件。求这堆零件的总数。

```
<?php
    for ($n=100; $n<=200; $n++) {
        if ($n%4==2 && $n%7==3 && $n%9==5) {
            echo "n = ${n}<br>";
        }
    }
```

3.2.4 循环语句的嵌套

与分支结构的嵌套一样，while 语句和 for 语句也都可以嵌套使用，即在 while 语句中包含另一条 while 语句、在 for 语句中包含另一条 for 语句。通过循环语句的嵌套，可以完成一些相对复杂的编程。

【示例 3-13】 输出九九乘法表。在浏览器中输出的结果如图 3-10 所示。

```
<?php
    for($i=1; $i<=9; $i++) {
        for($j=1; $j<=$i; $j++) {
            echo "$j x $i = ".($j*$i).' ';
        }
        echo '<br>';
    }
```

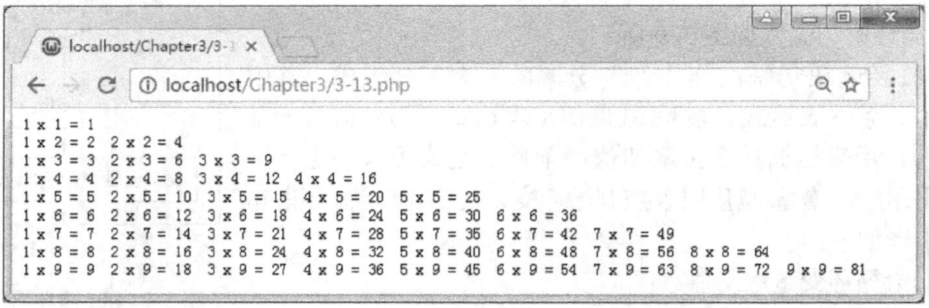
localhost/Chapter3/3-
localhost/Chapter3/3-13.php
1 x 1 = 1
1 x 2 = 2 2 x 2 = 4
1 x 3 = 3 2 x 3 = 6 3 x 3 = 9
1 x 4 = 4 2 x 4 = 8 3 x 4 = 12 4 x 4 = 16
1 x 5 = 5 2 x 5 = 10 3 x 5 = 15 4 x 5 = 20 5 x 5 = 25
1 x 6 = 6 2 x 6 = 12 3 x 6 = 18 4 x 6 = 24 5 x 6 = 30 6 x 6 = 36
1 x 7 = 7 2 x 7 = 14 3 x 7 = 21 4 x 7 = 28 5 x 7 = 35 6 x 7 = 42 7 x 7 = 49
1 x 8 = 8 2 x 8 = 16 3 x 8 = 24 4 x 8 = 32 5 x 8 = 40 6 x 8 = 48 7 x 8 = 56 8 x 8 = 64
1 x 9 = 9 2 x 9 = 18 3 x 9 = 27 4 x 9 = 36 5 x 9 = 45 6 x 9 = 54 7 x 9 = 63 8 x 9 = 72 9 x 9 = 81

图 3-10　九九乘法表

3.3 跳转语句

跳转语句主要是用于在循环体执行过程中终止循环，或者是跳过一些循环继续执行其他循环。

3.3.1 break 语句

break 语句可用于从循环体内跳出，即结束当前循环。break 语句可以结束 while、do…while、for、foreach 或者 switch 结构的执行。

【示例 3-14】 输出 100～200 所有的素数，每 5 个一行。

```
<?php
```

```
    $n = 0;
    for($i=100; $i<=200;$i++) {
        for($j=2; $j<=$i-1;$j++) {
            if($i%$j == 0) {
                break;                          //结束当前循环，也可以使用 break 1;
            }
        }
        if ($j>$i-1) {
            echo $i.' ';                    //输出素数
            $n++;
            if ($n%5 == 0) echo '<br>';         //每 5 个换行
        }
    }
```

说明：使用 break 语句可以结束当前循环，也可以在循环嵌套中使用“break n;”语句结束指定的 n 重循环。如果把【示例 3-14】代码中的“break;”更改为“break 2;”，则表示结束两重循环，不会输出任何内容。

3.3.2 continue 语句

continue 语句可用于跳过本次循环中尚未执行的语句，即 continue 后面的任何语句不再执行，重新开始新一轮的循环。

【示例 3-15】 输出两位正整数中所有不能被 2 和 5 整除的数，每 10 个一行。

```
<?php
    $n = 0;
    for($i=10; $i<=99;$i++) {
        if ($i%2 == 0 || $i%5 == 0) {
            continue;                       //跳过本次循环
        }
        echo $i.' ';
        $n++;
        if ($n%10 == 0) echo '<br>';        //每 10 个换行
    }
```

3.3.3 exit 语句

在 PHP 脚本中，只要执行到 exit 语句，则会终止当前脚本的运行。exit 是一个函数，die( )函数是 exit( )的别名。exit( )函数可以带有一个参数输出一条消息，并退出当前脚本。

【示例 3-16】 exit 语句的使用。

```
<?php
    //使用 fopen()函数以只读的方式打开当前目录下的 readme.txt 文件，
    //如果失败则使用 exit()函数输出错误消息，并退出当前脚本
    $file_handle = fopen('readme.txt', 'r') or exit('打开文件失败！');
    var_dump($file_handle);
```

3.4 习题

（1）某单位马上要加工资，增加金额取决于工龄和现工资两个因素：对于工龄大于等于20年的，如果现工资高于4000元，加500元，否则加420元；对于工龄小于20年的，如果现工资高于3000元，加300元，否则加240元。编程求加工资后的员工工资。

（2）企业发放的奖金（M）根据利润（I）进行提成。当I≤100000时，奖金可提10%；当100000<I≤200000时，低于100000元的部分按10%提成、高于100000元的部分可提成7.5%；当200000<I≤400000时，低于200000元的部分仍按上述方法提成（下同）、高于200000的部分按5%提成；当400000<I≤600000时，高于400000的部分按3%提成；当600000<I≤1000000时，高于600000的部分按1.5%提成；当I>1000000时，高于1000000的部分按1%提成。编程求应发奖金总数M。

（3）用 π/4=1−1/3 + 1/5−1/7+ … 级数，编程求π的近似值。当最后一项的绝对值小于 10^{-5} 时，停止计算。

（4）有一个四位数，已知其个位数字比十位数字大1，百位数字比十位数字小2，把这四位数各位数上的数字次序颠倒后的新数与原四位数相加，其和为10109，编程求原四位数。

（5）百马百担问题：有100匹马，驮100担货，大马驮三担，中马驮两担，两匹小马驮一担，问有大、中、小马各有多少匹？

（6）有面值为1元、2元、5元、10元的人民币若干，从中取出20张使其总值为80元，共有多少种取法？每种取法中1元、2元、5元、10元各取多少张？

第4章　PHP中的数组

数组是 PHP 中最重要的数据类型之一，在 PHP 中的应用非常广泛。使用数组的目的就是将多个相互关联的数据组织在一起形成集合，作为一个单元使用，以达到批量处理数据的目的。本章学习要点如下：

- 数组的概念及分类；
- 数组的声明与初始化；
- 数组的遍历；
- 预定义数组$_SERVER。

4.1　数组的概念

数组是一组数据有序排列的集合，把一系列数据按照一定的规则组织起来，形成一个可操作的整体。PHP 中的数组与其他高级语言相比，更为复杂和灵活。和其他语言不一样的是，PHP 可以将不同类型的数据组织在同一个数组中，而且数组存储数据的容量还可以根据里面元素个数的增减自动调整。

存储在数组中的单个值称为数组的元素，每个数组元素都有一个相关的索引，可以视为数据内容在此数组中的识别名称，通常也被称为数组下标，可以通过使用数组中的下标来访问与之对应的数组元素。

例如，在表 4-1 所示的学生信息表中，每一条记录为一个学生信息，每条学生信息都可以由多个不同类型的数据组成。

表 4-1　学生信息表

stuNo	stuName	sex	age	deptName
15031201	张华	男	20	软件学院
15031202	李丽	女	19	软件学院
15031203	王文成	男	20	软件学院
15090601	徐宏伟	男	20	网通学院
15090602	陈锋	男	21	网通学院
15090603	黄丽娜	女	20	网通学院

以数组中提供下标的方式进行分类，可以分为索引数组和关联数组。

- 索引数组：索引值是整数，从 0 开始，依次递增。当通过位置来标识数组元素时，可以使用索引数组。
- 关联数组：以字符串作为索引值，关联数组更像是操作数据表，索引值为列名，用于访问列的数据。当通过名称来标识数组元素时，可以使用关联数组。

以表 4-1 中的第 1 条学生信息记录为例，分别使用索引数组和关联数组来进行表示，如表 4-2 所示。

表 4-2　索引数组与关联数组的对比

索 引 数 组		关 联 数 组	
[0]	15031201	['stuNo']	15031201
[1]	张华	['stuName']	张华
[2]	男	['sex']	男
[3]	20	['age']	20
[4]	软件学院	['deptName']	软件学院

以数组中下标的个数进行分类，可以分为一维数组和多维数组。

- 一维数组：数组中只有一个下标。
- 多维数组：数组中有多个下标，常用的是二维数组，即有两个下标。

在表 4-1 所示的学生信息表中，即可以把一条学生信息记录当作一个一维数组来处理，把多条学生信息记录当作一个二维数组来处理。

4.2　数组的声明和初始化

在 PHP 中定义数组非常灵活，不需要在创建数组时指定数组的大小，也不需要在使用数组前先行声明，甚至可以在同一个数组中存储任何类型的数据。在 PHP 中自定义数组可以使用以下两种方法：

- 使用直接赋值方式声明数组；
- 使用 array()函数创建数组。

4.2.1　一维数组的声明和初始化

数组中索引值（下标）只有一个的数组称为一维数组，是数组中最简单的一种，也是最常用的一种。

1. 使用直接赋值方式声明一维数组

使用直接赋值方式声明数组的语法格式如下：

```
$数组名[下标] = value
```

说明：以上是在对数组声明的同时进行了初始化操作。可以在方括号（[]）中使用数字声明索引数组，使用字符串声明关联数组。

【示例 4-1】 使用直接赋值方式声明一维数组。

```
<?php
    $stu1[0] = '15031201';
    $stu1[1] = '张华';
    $stu1[2] = '男';
```

```
$stu1[3] = 20;
$stu1[4] = '软件学院';
var_dump($stu1);

$stu2['stuNo'] = '15031202';
$stu2['stuName'] = '李丽';
$stu2['sex'] = '女';
$stu2['age'] = 19;
$stu2['deptName'] = '软件学院';
var_dump($stu2);
```

2. 使用 array()函数创建一维数组

array()函数可以用来新建一个数组。其语法格式如下：

（1）创建一个空数组。

```
$数组名 = array();
```

（2）创建一个索引数组。

```
$数组名 = array( value1, values2, value3, … );
```

（3）创建一个关联数组。

```
$数组名 = array( key1=>value1, key2=>values2, key3=>value3, … );
```

说明：在创建关联数组时，需要指定一定数量用逗号（,）分割的 key=>value 参数对。其中，key 是键名，value 是键值，=>是数组运算符。

【示例 4-2】 使用 array()函数创建一维数组。

```
<?php
    $stu1 = array('15031201', '张华', '男', 20, '软件学院');
    var_dump($stu1);

    $stu2 = array(
            'stuNo'=>'15031202',
            'stuName'=>'李丽',
            'sex'=>'女',
            'age'=>19,
            'deptName'=>'软件学院'
        );
    var_dump($stu2);
```

4.2.2 多维数组的声明和初始化

数组中索引值（下标）有多个的数组称为多维数组，其中拥有两个下标的二维数组是最常用的多维数组。

1. 使用直接赋值方式声明多维数组

以二维数组为例，使用直接赋值方式声明数组的语法格式如下：

```
$数组名[下标 1][下标 2] = value
```

说明："下标 1"表示的是数组第一维的下标，"下标 2"表示的是数组第二维的下标。

【示例 4-3】 使用直接赋值方式声明二维数组（索引数组）。

```
<?php
    $stu[0][0] = '15031201';
    $stu[0][1] = '张华';
    $stu[0][2] = '男';
    $stu[0][3] = 20;
    $stu[0][4] = '软件学院';
    $stu[1][0] = '15031202';
    $stu[1][1] = '李丽';
    $stu[1][2] = '女';
    $stu[1][3] = 19;
    $stu[1][4] = '软件学院';
    var_dump($stu);
```

【示例 4-4】 使用直接赋值方式声明二维数组（关联数组）。

```
<?php
    $stu['stu1']['stuNo'] = '15031201';
    $stu['stu1']['stuName'] = '张华';
    $stu['stu1']['sex'] = '男';
    $stu['stu1']['age'] = 20;
    $stu['stu1']['deptName'] = '软件学院';
    $stu['stu2']['stuNo'] = '15031202';
    $stu['stu2']['stuName'] = '李丽';
    $stu['stu2']['sex'] = '女';
    $stu['stu2']['age'] = 19;
    $stu['stu2']['deptName'] = '软件学院';
    var_dump($stu);
```

2. 使用 array()函数创建多维数组

以二维数组为例，使用 array()函数新建一个数组的语法格式如下：

（1）创建一个索引数组。

```
$数组名 = array(
        array( value1_1, values1_2, … ),
        array( value2_1, values2_2, … ),
        array( value3_1, values3_2, … ),
        …
    );
```

（2）创建一个关联数组。

```
$数组名 = array(
        key1_1=>array( key2_1=>value1_1, key2_2=>values1_2, … ),
        key1_2=>array( key2_1=>value2_1, key2_2=>values2_2, … ),
        key1_3=>array( key2_1=>value3_1, key2_2=>values3_2, … ),
        …
    );
```

说明：二维数组可以看作是该数组的元素是由另外一个个的一维数组组成的。

【示例 4-5】 使用 array()函数创建二维数组（索引数组）。

```
<?php
    $stu = array(
            array('15031201', '张华', '男', 20, '软件学院'),
            array('15031202', '李丽', '女', 19, '软件学院')
        );
    var_dump($stu);
```

【示例 4-6】 使用 array()函数创建二维数组（关联数组）。

```
<?php
    $stu = array(
            'stu1'=>array(
                        'stuNo'=>'15031201',
                        'stuName'=>'张华',
                        'sex'=>'男',
                        'age'=>20,
                        'deptName'=>'软件学院'
            ),
            'stu2'=>array(
                        'stuNo'=>'15031202',
                        'stuName'=>'李丽',
                        'sex'=>'女',
                        'age'=>19,
                        'deptName'=>'软件学院'
            )
        );
    var_dump($stu);
```

4.3 数组的遍历

在 PHP 中，可以在程序中直接访问数组中的某个成员，如 stu[1]、stu['stuName']、stu[0][1]、stu['stu1']['stuName']等，也可以使用遍历处理数组中的每个元素。数组的遍历是数组中极其常用的操作。

4.3.1 使用 for 语句遍历数组

对于连续数字的索引数组，可以使用 for 语句进行遍历。但是在 PHP 中，不仅可以指定非连续的数字索引值，还存在以字符串为下标的关联数组，所以在 PHP 中很少使用 for 语句来循环遍历数组。

【示例 4-7】 使用 for 语句循环遍历一维数组。在浏览器中输出的结果如图 4-1 所示。

```
<?php
    $stu = array('15031201', '张华', '男', 20, '软件学院');
```

```
//使用 foreach 语句遍历一维数组，输出一个表格
$_table = "<table width='400' border='1' align='center' cellspacing='0' cellpadding='3'>";
$_table .= "<caption><h1>学生信息表</h1></caption>";
$_table .= "<tr bgcolor='#DDDDDD'>";
//以 HTML 的 th 标记输出表格的字段名称
$_table .= "<th>学号</th><th>姓名</th><th>性别</th><th>年龄</th><th>系部</th>";
$_table .= "</tr>";
//输出一维数组中的元素
$_table .= "<tr>";
for($i=0; $i<count($stu); $i++) {     //count()函数用来返回数组中元素的个数
    $_table .= "<td>{$stu[$i]}</td>";
}
$_table .= "</tr>";
$_table .= "</table>";
echo $_table;
```

图 4-1　使用 for 语句循环遍历一维数组

【示例 4-8】 使用 for 语句循环遍历二维数组。

```
<?php
    $stu = array(
        array('15031201', '张华', '男', 20, '软件学院'),
        array('15031202', '李丽', '女', 19, '软件学院'),
        array('15031203', '王文成', '男', 20, '软件学院'),
        array('15090601', '徐宏伟', '男', 20, '网通学院'),
        array('15090602', '陈锋', '男', 21, '网通学院'),
        array('15090603', '黄丽娜', '女', 20, '网通学院'),
    );

    //使用两层 for 语句嵌套遍历二维数组，输出一个表格
    $_table = "<table width='400' border='1' align='center' cellspacing='0' cellpadding='3'>";
    $_table .= "<caption><h1>学生信息表</h1></caption>";
    $_table .= "<tr bgcolor='#DDDDDD'>";
    //以 html 的 th 标记输出表格的字段名称
    $_table .= "<th>学号</th><th>姓名</th><th>性别</th><th>年龄</th><th>系部</th></th>";
    //输出二维数组中的元素
    for($i=0; $i<count($stu); $i++) {      //count()函数用来返回数组中元素的个数
        $_table .= "<tr>";
        $row = $stu[$i];       //$row 是数组$stu 中的一个元素，是一个一维数组
        for($j=0; $j<count($row); $j++) {
            $_table .= "<td>{$row[$j]}</td>";
```

```
        }
        $_table .= "</tr>";
    }
    $_table .= "</table>";
    echo $_table;
```

4.3.2 使用 foreach 语句遍历数组

在 PHP 中使用 for 语句遍历数组具有很多的局限性，所以很少使用。使用 foreach 语句遍历数组是一种较为简便的方法。foreach 语句遍历数组时与数组的下标无关，不管是连续数字的索引数组，还是以字符串为下标的关联数组，都可以使用 foreach 语句遍历。foreach 语句有以下两种语法格式：

（1）第一种语法格式：

```
foreach( $array as $value ) {
    循环体
}
```

（2）第二种语法格式：

```
foreach( $array as $key=>$value ) {
    循环体
}
```

说明：

- 第一种语法格式遍历给定的数组$array，每次循环中，当前元素的值赋给自定义的变量$value，并且把数组内部的指针向后移动一步，那么下一次循环中将会得到该数组的下一个元素，直到数组的结尾停止循环，结束数组的遍历。
- 第二种语法格式与第一种语法格式的功能相同，只不过要把当前元素的键名在每次循环中赋给自定义的变量$key。

【示例 4-9】 使用 foreach 语句循环遍历一维数组。

```
<?php
    $stu = array(
                'stuNo'=>'15031201',
                'stuName'=>'张华',
                'sex'=>'男',
                'age'=>20,
                'deptName'=>'软件学院'
            );

    //使用 foreach 语句遍历一维数组，输出数组中的元素
    foreach ($stu as $key=>$value) {
        echo "{$key}: {$value} <br>";    //输出数组中元素的键名和值
    }
```

【示例 4-10】 使用 foreach 语句循环遍历二维数组。在浏览器中输出的结果如图 4-2 所示。

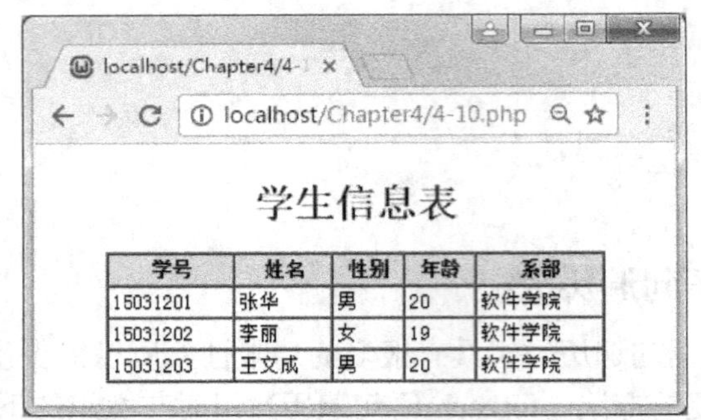

学号	姓名	性别	年龄	系部
15031201	张华	男	20	软件学院
15031202	李丽	女	19	软件学院
15031203	王文成	男	20	软件学院

图 4-2　使用 foreach 语句循环遍历二维数组

```
<?php
    $stu = array(
                'stu1'=>array(
                        'stuNo'=>'15031201',
                        'stuName'=>'张华',
                        'sex'=>'男',
                        'age'=>20,
                        'deptName'=>'软件学院'
                    ),
                'stu2'=>array(
                        'stuNo'=>'15031202',
                        'stuName'=>'李丽',
                        'sex'=>'女',
                        'age'=>19,
                        'deptName'=>'软件学院'
                    ),
                'stu3'=>array(
                        'stuNo'=>'15031203',
                        'stuName'=>'王文成',
                        'sex'=>'男',
                        'age'=>20,
                        'deptName'=>'软件学院'
                    )
            );

    //使用两层 foreach 语句嵌套遍历二维数组，输出一个表格
    $_table = "<table width='400' border='1' align='center' cellspacing='0' cellpadding='3'>";
    $_table .= "<caption><h1>学生信息表</h1></caption>";
    $_table .= "<tr bgcolor='#DDDDDD'>";
    //以 html 的 th 标记输出表格的字段名称
    $_table .= "<th>学号</th><th>姓名</th><th>性别</th><th>年龄</th><th>系部</th></tr>";
    //输出二维数组中的元素
    foreach($stu as $row) {        //$row 是数组$stu 中的一个元素，是一个一维数组
        $_table .= "<tr>";
        foreach($row as $value) {
            $_table .= "<td>{$value}</td>";
```

```
        }
        $_table .= "</tr>";
    }
    $_table .= "</table>";
    echo $_table;
```

【示例 4-11】 改写示例 4-10，把该二维数组中数据按照“系部 | 姓名 | 年龄”的样式进行输出。在浏览器中输出的结果如图 4-3 所示。

```
<?php
    $stu = array(
                ...
        );

    //使用两层 foreach 语句嵌套遍历二维数组，输出一个表格
    $_table = "<table width='400' border='1' align='center' cellspacing='0' cellpadding='3'>";
    $_table .= "<caption><h1>学生信息表</h1></caption>";
    $_table .= "<tr bgcolor='#DDDDDD'>";
    //以 HTML 的 th 标记输出表格的字段名称
    $_table .= "<th>系部</th><th>姓名</th><th>年龄</th></tr>";
    //输出二维数组中的元素
    foreach($stu as $row) {        //$row 是数组$stu 中的一个元素，是一个一维数组
        $_table .= "<tr>";
        $_table .= "<td>{$row['deptName']}</td>";      //直接指定数组中的元素
        $_table .= "<td>{$row['stuName']}</td>";
        $_table .= "<td>{$row['age']}</td>";
        $_table .= "</tr>";
    }
    $_table .= "</table>";
    echo $_table;
```

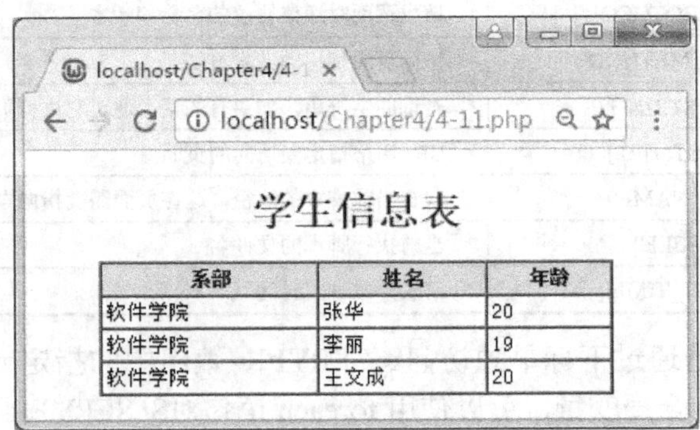

图 4-3 输出二维数组中的指定元素

4.4 预定义数组$_SERVER

$_SERVER 是一个包含了诸如头信息（header）、路径（path）以及脚本位置（script locations）等信息的数组，数组中的项目由 Web 服务器创建。这是一个自动的全局变量，在

所有的脚本中都有效。$_SERVER 数组中的主要元素见表 4-3。

表 4-3　$_SERVER 数组中的主要元素

元　素	描　述
$_SERVER['HTTP_HOST']	当前请求的 Host：头信息的内容
$_SERVER['HTTP_CONNECTION']	当前请求的 Connection：头信息的内容
$_SERVER['HTTP_ACCEPT']	当前请求的 Accept：头信息的内容
$_SERVER['HTTP_USER_AGENT']	当前请求的 User_Agent：头信息的内容
$_SERVER['HTTP_ACCEPT_ENCODING']	当前请求的 Accept-Encoding：头信息的内容
$_SERVER['HTTP_ACCEPT_LANGUAGE']	浏览器语言
$_SERVER['WINDIR']	Web 服务器的系统文件夹路径
$_SERVER['SERVER_SIGNATURE']	包含服务器版本和虚拟主机名的字符串
$_SERVER['SERVER_SOFTWARE']	服务器标识字符串，在响应请求时的头信息中给出
$_SERVER['SERVER_NAME']	当前运行脚本所在的服务器的主机名。如果脚本运行于虚拟主机中，该名称是由那个虚拟主机所设置的值决定
$_SERVER['SERVER_ADDR']	当前运行脚本所在的服务器的 IP 地址
$_SERVER['SERVER_PORT']	Web 服务器使用的端口。默认值为“80”。如果使用 SSL 安全链接，则这个值为用户设置的 HTTP 端口
$_SERVER['REMOTE_ADDR']	浏览当前页面的用户的 IP 地址
$_SERVER['DOCUMENT_ROOT']	当前运行脚本所在的文档根目录
$_SERVER['SERVER_ADMIN']	该值指明了 Apache 服务器配置文件中的 SERVER_ADMIN 参数。如果脚本运行在一个虚拟主机上，则该值是那个虚拟主机的值
$_SERVER['SCRIPT_FILENAME']	当前执行脚本的绝对路径
$_SERVER['REMOTE_PORT']	用户机器上连接到 Web 服务器所使用的端口号
$_SERVER['GATEWAY_INTERFACE']	服务器使用的 CGI 规范的版本
$_SERVER['SERVER_PROTOCOL']	请求页面时通信协议的名称和版本
$_SERVER['REQUEST_METHOD']	访问页面使用的请求方法
$_SERVER['QUERY_STRING']	查询的字符串，如果有的话，通过它进行页面访问
$_SERVER['REQUEST_URI']	URI 用来指定要访问的页面
$_SERVER['SCRIPT_NAME']	包含当前脚本的路径，这在页面需要指向自己时非常有用
$_SERVER['PHP_SELF']	当前执行脚本的文件名
$_SERVER['REQUEST_TIME']	请求开始时的时间戳

在程序中，一般是通过下标单独访问$_SERVER 数组中的指定元素；如果要查看当前 Web 服务器创建的所有全局变量，可以使用 foreach 语句对$_SERVER 数组进行遍历。

【示例 4-12】 使用 foreach 语句循环遍历数组$_SERVER。

```
<?php
    //使用 foreach 语句遍历数组$_SERVER，输出一个表格
    $_table = "<table border='1' width='600' align='center'>";
    $_table .= '<caption><h1>$_SERVER 数组</h1></caption>';
    $_table .= "<tr bgcolor='#DDDDDD'>";
    //以 html 的 th 标记输出表格的字段名称
```

```
$_table .= "<th>键名</th><th>值</th>";
//输出数组$_SERVER 中的元素
foreach($_SERVER as $key=>$value) {
      $_table .= "</tr>";
      $_table .= "<td>{$key}</td>";
      $_table .= "<td>{$value}</td>";
      $_table .= "</tr>";
}
$_table .= "</table>";
echo $_table;
```

4.5 习题

（1）随机生成由 10 个两位正整数组成的一维数组，然后把该数组中的第 1 个元素与第 10 个元素对调，把该数组中的第 2 个元素与第 9 个元素对调，以此类推。最后输出调换前后的数组。

（2）随机生成由 10 个两位正整数组成的一维数组，输出其中的最大值及所在位置。

（3）随机生成由两位正整数组成的 4×5 的二维数组，输出其中的最小值及所在位置。

（4）随机生成由两位正整数组成的 3×5 的矩阵，并输出其转置矩阵。

（5）随机生成由两位正整数组成的 5×5 的矩阵，输出其两条对角线的元素之和。

（6）把如表 4-4 所示的商品表中的数据通过一个二维数组进行存储，然后把该数组输出为表格样式。

表 4-4　商品表

商品编号	商品名称	商品种类名称	单价	库存量
P01001	洗发水	日用品	20	450
P01002	沐浴露	日用品	17.9	321
P02001	食盐	调料	2.5	215
P02002	味精	调料	9.7	363
P03001	雪碧	饮料	2.2	862
P03002	冰红茶	饮料	2.8	659

第 5 章　PHP 中的函数

函数是 PHP 中重要的组成部分。简单地说，函数就是为了完成特定功能，而作为一个整体存在的代码段。PHP 中的函数有两种：一种是用户自己定义的函数，用以实现自己独特的需求；另一种是由 PHP 内部提供的系统函数或者是由别人已经编写好的函数，只要会用就可以了，不需要关心其内部的具体实现。本章学习要点如下：

- 函数的概念及优点；
- 自定义函数的声明与调用；
- 函数的参数及返回值；
- PHP 变量的作用域；
- 导入自定义函数库；
- PHP 中的常用系统函数。

5.1　函数的概念

函数就是一段命名的、独立的、用以完成特定任务的代码块，并可以将一个值返回给调用它的程序。例如，求绝对值的函数 abs()，其功能就是用来求一个数的绝对值并返回，它是独立存在的，并不受其他函数的影响。

PHP 的模块化程序结构都是通过函数或者对象来实现的，函数则是将复杂的 PHP 程序分成若干个不同的功能模块，每个模块都编写成一个 PHP 函数，然后通过在脚本中调用函数以及在函数中调用函数来实现一些大型问题的 PHP 脚本编写。函数的优点如下：

- 控制程序设计的复杂性；
- 提高软件的可靠性；
- 提高软件的开发效率；
- 提高软件的可维护性；
- 提高程序的重用性。

5.2　自定义函数

在 PHP 中，除了已经提供给用户可直接使用的数以千计的系统函数以外，还可以根据模块需要自定义函数。自定义函数和系统函数在程序中的调用方式是一样的。

5.2.1　函数的声明

在 PHP 中声明一个自定义函数的语法格式如下：

```
function 函数名 ([参数 1 [, 参数 2 [, …]]]) {
    函数体;
    [return 返回值;]        //如需函数有返回值时使用
}
```

说明：

- 函数头由声明函数的关键字“function”、函数名和参数列表 3 部分组成。
- 函数名的命名规则与变量相同，但是函数名不区分大小写，且其前面也没有“$”符号。
- 参数列表可以没有，也可以有一个或多个参数，多个参数之间使用逗号“,”隔开，即使没有参数，函数名后面的一对小括号“( )”也不能省略。
- 函数体位于函数头的后面，使用一对花括号“{ }”括起来。函数被调用后，从函数体中的第 1 条语句开始执行，如果执行到 return 语句，则退出该函数，返回到调用的程序。
- 可以使用 return 语句从函数中返回一个值给调用的程序。

【示例 5-1】 编写一个函数，求 3 个整数中的最大值。

```php
<?php
    /**
    * 自定义函数 getMax()，共有三个参数
    * @param   int $x 参与比较的第 1 个整数
    * @param   int $y 参与比较的第 2 个整数
    * @param   int $z 参与比较的第 3 个整数
    * @return  int          返回三个整数中的最大值
    */
    function getMax($x, $y, $z) {
        if ($x > $y) {
            $max = $x;
        }
        else {
            $max = $y;
        }
        if ($max < $z) {
            $max = $z;
        }
        return $max; //返回最大值
    }
```

5.2.2 函数的调用

无论是自定义的函数还是系统函数，如果函数不被调用，则永远都不会执行。调用函数的语法格式如下：

```
函数名 ([值 1 [, 值 2 [, …]]])
```

说明：

- 如果函数有参数列表，可以通过函数名后面的小括号传入对应的值给参数。

● 如果函数有返回值，可以把函数名当作函数返回的值使用。
● 只要声明的函数在脚本中可见，就可以通过函数名在脚本的任意位置调用。既可以在函数的声明之后调用，也可以在函数的声明之前调用。

【示例 5-2】 调用示例 5-1 的函数。在浏览器中输出的结果如图 5-1 所示。

```
<!DOCTYPE html>
<html>
<head>
    <title>求三个整数的最大值</title>
</head>
<body>
    <?php
        $a = $b = $c = '';
        $max = '';

        if (!empty($_POST))          //判断 POST 方法传递的数据是否不为空
        {
            $a = intval($_POST["txtA"]);
            $b = intval($_POST["txtB"]);
            $c = intval($_POST["txtC"]);
            $max=getMax($a, $b, $c);     //调用 getMax()函数返回最大值
        }

        //自定义函数 getMax()，代码省略…
    ?>

    <form name="form1" method="post">
        a = <input type="text" name="txtA" value="<?php echo $a;?>" size="5" />
        b = <input type="text" name="txtB" value="<?php echo $b;?>" size="5" />
        c = <input type="text" name="txtC" value="<?php echo $c;?>" size="5" /><hr>
        max = <input type="text" name="txtMax" value="<?php echo $max;?>" size="5" />
        <input type="submit" name="btnSubmit" value="计算" />
    </form>
</body>
</html>
```

图 5-1 求 3 个整数中的最大值

5.2.3 函数的参数

声明函数时，函数名后面小括号内的参数列表称为形式参数（简称“形参”），被调用函数名后面小括号内的参数列表称为实际参数（简称“实参”），实参和形参需要按顺序对应传

递参数。如果函数没有参数列表，则函数执行的任务就是固定的，用户在调用函数时不能改变函数内部的一些执行行为；如果函数使用参数列表，函数参数的具体数值就可以从函数外部获得，这样函数在执行函数体时，就可以根据用户传递过来的数据决定函数体内部如何执行。所以说，函数的参数列表就是给用户调用函数时提供的操作接口。其语法格式如下：

声明函数：function 函数名 (形参)

调用函数：函数名 (实参)

例如在示例 5-1 的 getMax()函数中，参数列表中有 3 个参数，分别用来接收用户传递过来的 3 个整数，这样用户调用 getMax()函数时，可以求出任意 3 个整数中的最大值。

PHP 函数的参数主要有以下 3 种：值参数、引用参数、默认参数。下面将分别进行介绍。

1. 值参数

在 PHP 中默认是按值传递参数，在函数内部更改了形参的值以后，实参的值不会发生改变。示例 5-1 的 getMax()函数就是值参数的函数。

2. 引用参数

如果使用引用符号“&”对函数的形参进行修饰（如&$min），则表示是按引用的方式传递参数，在调用该函数时必须传入一个变量给这个参数，而不是传递一个值，这样在函数内部更改了形参的值以后，实参的值也相应发生改变。

【示例 5-3】 改造示例 5-1 的函数 getMax()，求 3 个整数中的最大值和最小值。

```
<?php
    /**
    * 自定义函数 getMax()，共有 4 个参数
    * @param   int $x 参与比较的第 1 个整数
    * @param   int $y        参与比较的第 2 个整数
    * @param   int $z        参与比较的第 3 个整数
    * @param   int $min      使用“&”将按引用方式传递参数，必须是变量（最小值）
    * @return  int           返回三个整数中的最大值
    */
    function getMax($x, $y, $z, &$min) {
        if ($x > $y) {
            $max = $x;
            $min = $y;
        }
        else {
            $max = $y;
            $min = $x;
        }
        if ($max < $z) {
            $max = $z;
        }
        if ($min > $z) {
            $min = $z;          //通过引用参数保存最小值
        }
        return $max;            //返回最大值
```

```
}

//调用函数 getMax()
$n = '';
$m = getMax(10, 20, 30, $n);
echo "10、20、30 中的最大值为${m}、最小值为${n}。";
```

3. 默认参数

在声明函数时，如果给形参指定一个默认值（例如：$a=10），则表示是按默认的方式传递参数，在调用该函数时如果没有指定该参数的值，在函数中将会使用参数的默认值。需要注意的是，默认参数必须列在所有没有默认值参数的后面。

【示例 5-4】 默认参数的函数应用。

```
<?php
    /**
    *  自定义函数 study()，用来输出一个人的学习信息
    * @param    string $name       姓名
    * @param    string $school     学校，默认值为"CCIT"
    */
    function study ($name, $school='CCIT') {
        echo "我的名字叫${name}，我在${school}学习。<br>";
    }

    //调用函数 study()
    study('张三');
    study('李四', '信息学院');
```

5.2.4 函数的返回值

函数的返回值是将函数执行后的结果返回给调用者，可以通过 return 语句向调用者传递数据。其语法格式如下：

```
return  返回值
```

【示例 5-5】 编写一个函数，用来生成一个表格，表格的"标题""行数""列数"由参数进行指定。在浏览器中输出的结果如图 5-2 所示。

```
<!DOCTYPE html>
<html>
<head>
    <title>生成表格</title>
</head>
<body>
    <?php
        $title = '';
        $rows = '';
        $cols = '';

        if (!empty($_POST))              //判断 POST 方法传递的数据是否不为空
```

```
        {
                $title = $_POST["txtTitle"];
                $rows = $_POST["txtRow"];
                $cols = $_POST["txtCol"];
        }
    ?>

    <form name="form1" method="post">
        表格标题：<input type="text" name="txtTitle" value="<?php echo $title;?>" /><br>
        行数：<input type="text" name="txtRow" value="<?php echo $rows;?>" size="5" />
        列数：<input type="text" name="txtCol" value="<?php echo $cols;?>" size="5" />
        <input type="submit" name="btnSubmit" value="生成" />
    </form>

    <?php
        if (!empty($_POST))                        //判断 POST 方法传递的数据是否不为空
        {
            echo getTable($title, $rows, $cols);   //调用 getTable()函数生成表格
        }

        /**
        * 自定义函数 getTable()，共有 3 个参数
        * @param    string $title        表格的标题
        * @param    int $rows     表格的行数
        * @param    int $cols     表格的列数
        * @return   string        返回生成表格的字符串
        */
        function getTable($title, $rows, $cols) {
            $_table = "<table width='400' border='1' cellspacing='0' cellpadding='3'>";
            $_table .= "<caption><h1>$title</h1></caption>";
            for($i=1; $i<=$rows; $i++) {
                if ($i%2 == 0)
                    $bgcolor = "#FFFFFF";
                else
                    $bgcolor = "#DDDDDD";
                $_table .= "<tr bgcolor='$bgcolor'>";
                for($j=1; $j<=$cols; $j++) {
                    $_table .= "<td>${i}-${j}</td>";
                }
                $_table .= "</tr>";
            }
            $_table .= "</table>";
            return $_table; //返回生成的表格字符串
        }
    ?>
</body>
</html>
```

图 5-2　生成表格

5.3　PHP 变量的范围

变量的范围，就是变量的作用域或者变量的能见度，可分为局部变量和全局变量两种。

5.3.1　局部变量

局部变量就是在函数内部声明的变量，其在本函数范围内有效，作用域仅限于函数体内。另外，声明函数时定义的形参也是局部变量，只能在本函数的内部使用。

【示例 5-6】 局部变量的应用测试。

```
<?php
    /**
    *  声明一个函数 sum()，用以测试局部变量
    * @param    int $one      一个整型形参，测试是否为局部变量
    */
    function sum ($one) {
        $two = 200;           //在函数内部声明一个局部变量
        echo "在函数内部执行：${one} + ${two} = ".($one+$two)."<br>";
    }

    sum(100);      //调用函数 sum()执行
    echo "在函数外部执行：${one} + ${two} = ".($one+$two)."<br>";
```

说明：上例中的$one 和$two 是函数 sum()中的局部变量，只能在 sum()函数的内部使用，在函数外部是无法访问到这两个变量的，所以没有输出结果。

5.3.2　全局变量

全局变量就是在函数外部声明的变量，其作用域是从全局变量的定义处开始，到本程序文件的末尾。在 PHP 中，局部变量会覆盖全局变量的能见度，因此在函数中无法直接使用全局变量。

【示例 5-7】 全局变量的应用测试 1。

```
<?php
    $two = 200; //在函数外部声明一个全局变量$two 的值为 200
```

```
/**
* 声明一个函数 sum()，用以测试全局变量
* @param   int $one     一个整型形参，是局部变量
*/
function sum ($one) {
    $two = 300;  //在函数内部声明一个局部变量$two 的值为 300
    echo "在函数内部执行：${one} + ${two} = ".($one+$two)."<br>";
}

sum(100);     //调用函数 sum()执行
```

说明：在 PHP 中，函数 sum()中的局部变量$two 覆盖了全局变量$two，所以输出结果为 400。

【示例 5-8】 全局变量的应用测试 2。

```
<?php
    $two = 200;        //在函数外部声明一个全局变量$two 的值为 200

    /**
    * 声明一个函数 sum()，用以测试全局变量
    * @param   int $one     一个整型形参，是局部变量
    */
    function sum ($one) {
        echo "在函数内部执行：${one} + ${two} = ".($one+$two)."<br>";
    }

    sum(100);     //调用函数 sum()执行
```

说明：在 PHP 中，函数 sum()不能直接使用全局变量。所以在 sum()函数中使用的变量$two，相当于是一个没有赋初值的新声明的变量。如果要在函数中使用全局变量，必须使用 global 关键字定义目标变量，以告知函数此变量为全局变量。

【示例 5-9】 全局变量的应用测试 3。

```
<?php
    $two = 200;        //在函数外部声明一个全局变量$two 的值为 200

    /**
    * 声明一个函数 sum()，用以测试全局变量，使用 global 关键字加载全局变量
    * @param   int $one     一个整型形参，是局部变量
    */
    function sum ($one) {
        global $two; //使用 global 关键字加载全局变量$two

        echo "在函数内部执行：${one} + ${two} = ".($one+$two)."<br>";
    }

    sum(100);     //调用函数 sum()执行
```

说明：在函数中使用全局变量，除了使用关键字 global，还可以使用全局的 PHP 预定义数组$GLOBALS。格式为：

$GLOBALS['全局变量名']

【示例 5-10】 全局变量的应用测试 4，使用$GLOBALS 替换示例 5-9 中的 global。

```
<?php
    $two = 200;        //在函数外部声明一个全局变量$two 的值为 200

    /**
    * 声明一个函数 sum()，用以测试全局变量，使用$GLOBALS 访问全局变量
    * @param   int $one     一个整型形参，是局部变量
    */
    function sum ($one) {
        echo "在函数内部执行：${one} + ${GLOBALS['two']} = ".
            ($one+$GLOBALS['two'])."<br>";
        $GLOBALS['two']= $one+$GLOBALS['two'];
    }

    echo '$two = '.$two.'<br>';
    sum(100);     //调用函数 sum()执行
    echo '$two = '.$two;
```

5.3.3 静态变量

局部变量从存储方式上又可分为动态变量和静态变量。在函数的局部变量中，以关键字 static 修饰的称为静态变量，否则默认为动态变量。其中动态变量在函数调用结束后自动释放，不会驻留在内存中；而静态变量在函数第一次被调用时被初始化，在函数调用结束后，静态变量不会自动释放，始终驻留在内存中，而且在所有对该函数的调用之间共享，当函数再次执行时，静态变量将获取前次的结果继续运算。

【示例 5-11】 静态变量的应用测试。

```
<?php
    /**
    * 声明一个函数 test()，用以测试静态变量
    */
    function test () {
        static $a = 0; //声明一个静态变量$a，并赋初值为 0

        $a++;
        echo '$a = '.$a.'<br>';
    }

    //调用 3 次函数 test()
    test();
    test();
    test();
```

说明：上例中的$a 是函数 test()中的静态变量，连续 3 次调用 test()函数以后，$a 的值分别改变为 1、2、3。

5.4 导入自定义函数库

为了更好地组织代码，使自定义的函数可以在同一个项目的多个文件中使用，通常将多个自定义的函数组织到同一个文件或多个文件中，这些文件就称为自定义的 PHP 函数库。如果在 PHP 的脚本中想要使用这些文件中定义的函数，就需要使用 include()、include_once()、require()、require_once()中的一个函数，将函数库文件加载到脚本文件中。

require()语句的功能与 include()类似，都是包含并运行指定文件。include_once()和 require_once()语句也是在脚本执行期间包含并运行指定文件，但与 include()和 require()语句的区别是，如果该文件中的代码已经被包含了，则不会再次包含，只会包含一次，这样可以避免函数的重复定义、变量的重新赋值等问题。

以 include()语句为例，include()语句的使用方法为：include('库函数文件名')，这条语句通常放在 PHP 脚本程序的最前面。PHP 程序在执行前首先会加载 include()语句所引入的文件，使它变成 PHP 脚本文件的一部分。采用这种方式，可以把程序执行时的流程简单化。include()语句的使用方法也可以为：include '库函数文件名'。

【示例 5-12】 改造示例 5-2，在示例 5-2 文件中加载示例 5-1 文件，通过使用定义在示例 5-1 文件中的 getMax()函数求 3 个整数中的最大值。

```
<!DOCTYPE html>
<html>
<head>
    <title>求三个整数的最大值</title>
</head>
<body>
    <?php
        include('5-1.php');         //包含并执行 5-1.php 文件

        $a = $b = $c = '';
        $max = '';

        if (!empty($_POST))             //判断 POST 方法传递的数据是否不为空
        {
            $a = intval($_POST["txtA"]);
            $b = intval($_POST["txtB"]);
            $c = intval($_POST["txtC"]);
            $max=getMax($a, $b, $c); //调用 getMax()函数返回最大值
        }
    ?>

    <form name="form1" method="post">
        a = <input type="text" name="txtA" value="<?php echo $a;?>" size="5" />
        b = <input type="text" name="txtB" value="<?php echo $b;?>" size="5" />
```

```
            c = <input type="text" name="txtC" value="<?php echo $c;?>" size="5" /><hr>
            max = <input type="text" name="txtMax" value="<?php echo $max;?>" size="5" />
            <input type="submit" name="btnSubmit" value="计算" />
        </form>
    </body>
    </html>
```

5.5 PHP 中的常用系统函数

系统函数就是在 PHP 中提供的可以直接使用的函数，在开发时，一些常用的功能可以借助于调用系统函数来完成。本章节主要介绍 PHP 中的数学函数、日期/时间函数、字符串处理函数和图像处理函数，其他诸如文件系统处理函数将会在后面的章节中专门介绍。

5.5.1 数学函数

数学函数用来对 PHP 中的整数和浮点数进行计算和处理。数学函数是 PHP 核心的组成部分，无需安装即可使用这些函数。PHP 中常用的数学函数及其功能见表 5-1。

表 5-1 PHP 中常用的数学函数及其功能

序号	函数名	功能
1	abs()	返回一个数的绝对值
2	acos()	返回一个数的反余弦
3	asin()	返回一个数的反正弦
4	atan()	返回一个数的反正切
5	base_convert()	在任意进制之间转换数值
6	bindec()	把二进制数转换为十进制数
7	ceil()	进一法取整
8	cos()	返回一个数的余弦
9	decbin()	把十进制数转换为二进制数
10	dechex()	把十进制数转换为十六进制数
11	decoct()	把十进制数转换为八进制数
12	deg2rad()	将角度值转换为弧度值
13	exp()	返回 E^x 的值
14	floor()	舍去法取整
15	hexdec()	把十六进制数转换为十进制数
16	hypot()	计算直角三角形的斜边长度
17	is_finite()	判断是否为有限值
18	is_infinite()	判断是否为无限值
19	is_nan()	判断是否为非数值
20	log()	返回一个数的自然对数（以 E 为底）
21	log10()	返回一个数的以 10 为底的对数
22	max()	返回最大值
23	min()	返回最小值

（续）

序　号	函 数 名	功　　能
24	octdec()	把八进制数转换为十进制数
25	pi()	返回圆周率 PI 的值
26	pow()	返回 x 的 y 次方
27	rad2deg()	把弧度值转换为角度值
28	rand()	返回随机整数
29	round()	对浮点数进行四舍五入
30	sin()	返回一个数的正弦
31	sqrt()	返回一个数的平方根
32	tan()	返回一个数的正切

【示例 5-13】 数学函数的应用。在浏览器中输出的结果如图 5-3 所示。

```
<?php
    $x1 = sqrt(81);
    $x2 = pow(2,5);
    $x3 = pi();
    $x4 = round($x3,4);
    $x5 = ceil(3.2);
    $x6 = floor(3.9);

    echo "81 的平方根为：${x1} <br>";
    echo "2 的 5 次方为：${x2} <br>";
    echo "π = ${x3} <br>";
    echo "π 保留四位有效数字为：${x4} <br>";
    echo "对 3.2 进行进一法取整为：${x5} <br>";
    echo "对 3.9 进行舍去法取整为：${x6} <br>";
```

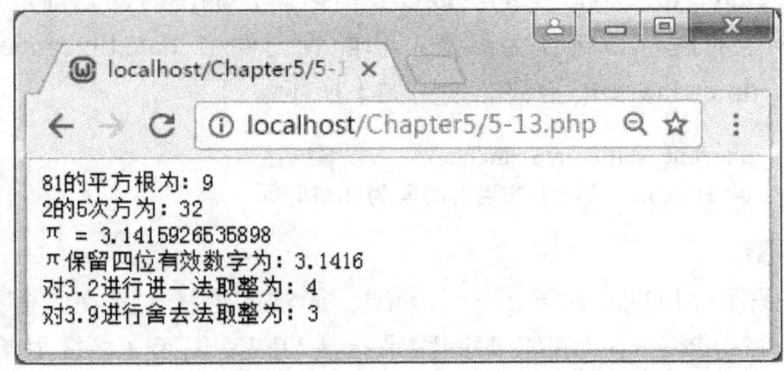

图 5-3　数学函数的应用

说明：数学函数的使用较为简单，本书限于篇幅不再一一介绍，可参考 PHP 官方手册，自行学习和掌握其他数学函数的使用方法。

5.5.2　日期/时间函数

日期/时间函数用来获取服务器上的日期和时间，并通过不同的方式格式化日期和时间。日期/时间函数是 PHP 核心的组成部分，无需安装即可使用这些函数。PHP 中常用的日期/时间函数及其功能见表 5-2。

表 5-2　PHP 中常用的日期/时间函数及其功能

序　号	函 数 名	功　能
1	checkdate()	验证是不是一个合法日期
2	date_default_timezone_get()	返回默认时区
3	date_default_timezone_set()	设置默认时区
4	date()	格式化本地日期/时间
5	getdate()	返回日期/时间信息
6	microtime()	返回当前日期/时间的微秒数
7	mktime()	返回一个日期/时间的 UNIX 时间戳
8	strtotime()	将日期/时间转换为 UNIX 时间戳
9	time()	返回当前日期/时间的 UNIX 时间戳

1. 修改 PHP 默认时区

PHP 默认的时区设置是 UTC 时间，即与格林尼治时间一致。而北京时间位于时区的东八区，比 UTC 时间领先 8 个小时，所以在使用 PHP 中诸如 time()函数等获取当前时间时，得到的时间总是不对，与北京时间总是相差 8 个小时。如果希望正确地显示北京时间，就需要修改默认的时区设置。有以下两种方法可以实现：

- 修改配置文件 php.ini 中的 date.timezone 属性。把该属性的值设置为 Asia/Shanghai、PRC 或 Etc/GMT-8 等中的一个，然后重启 Apache 服务器即可。修改配置文件中 php.ini 的 date.timezone 属性如下所示：

```
date.timezone = Asia/Shanghai
```

- 使用 date_default_timezone_set()函数设置时区。在输出时间之前，调用该函数，给该函数提供一个时区标识符作为参数，和配置文件中 date.timezone 属性的值相同。date_default_timezone_set()函数的使用如下所示：

```
date_default_timezone_set('Asia/Shanghai');    //设置时区
echo date('Y-m-d H:i:s');    //输出的当前时间为北京时间
```

2. UNIX 时间戳

UNIX 时间戳是保存日期和时间的一个紧凑、简洁的方法，是在大多数计算机语言中表示日期和时间的一种标准格式。UNIX 时间戳是指从 UNIX 纪元（格林尼治时间 1970 年 1 月 1 日 00 时 00 分 00 秒）开始到当前时间为止所经过的秒数，是一个以 32 位整数表示的格林尼治时间。即 UNIX 时间戳是以秒（s）作为计量时间的最小单位。

UNIX 时间戳在很多时候非常有用，因为它是一个 32 位的数字格式，所以特别适用于计算机处理，如计算两个时间点之间相差的天数等。

3. time()函数

time()函数用来返回当前时间的 UNIX 时间戳。格式如下：

```
int time ( )
```

【示例 5-14】 time()函数的应用。

```
<?php
date_default_timezone_set('Asia/Shanghai');     //设置时区

echo time();      //输出的是当前时间的时间戳
```

4. mktime()和 strtotime()函数

在 PHP 中，如果需要将日期和时间转变成 UNIX 时间戳，可以使用 mktime()函数或者 strtotime()函数。

（1）mktime()函数。

mktime()函数的格式如下：

```
int mktime ( [int hour [, int minute [, int second [, int month [, int day [, int year ]]]]]] )
```

说明：

- mktime()函数中的所有参数都是可选的，如果参数都为空，默认将当前时间转变成 UNIX 时间戳。
- mktime()函数中的参数也可以从右向左省略，任何省略的参数会被设置成本地日期和时间的当前值；如果只想转变日期，对具体的时间不在乎，可以将前 3 个转变时间的参数都设置为 0。
- mktime()函数对日期进行验证，可以自动校正越界的输入。

（2）strtotime()函数。

strtotime()函数的格式如下：

```
int strtotime ( string time )
```

说明：

- strtotime()函数可以将任何英文文本的日期时间转变成 UNIX 时间戳。
- strtotime()函数执行成功返回 UNIX 时间戳，否则返回 FALSE。

【示例 5-15】 mktime()和 strtotime()函数的应用。

```
<?php
    date_default_timezone_set('Asia/Shanghai');     //设置时区
    echo mktime(0,0,0,5,20,2016).'<br>';          //输出的是 2016-5-20 的时间戳
    echo mktime(0,0,0,17,20,2015).'<br>';         //月份超过 12，即输出的是 2016-5-20 的时间戳
    echo '<br>';
    echo strtotime('2016-5-20').'<br>';           //输出的是 2016-5-20 的时间戳
    echo strtotime('now').'<br>';                 //输出的是当前时间的时间戳
```

5. getdate()函数

getdate()函数用来获取日期/时间信息，返回一个包含日期信息的关联数组。格式如下：

```
array getdate ( [int timestamp] )
```

说明：

- getdate()函数中的参数是一个可选的 UNIX 时间戳，如果没有指定参数，则默认为

time()函数。

● getdate()函数共返回 11 个数组单元，如表 5-3 所示。

表 5-3 getdate()函数返回的数组单元

序号	键　名	说　明	返回值示例
1	seconds	秒的数值表示	0～59
2	minutes	分钟的数值表示	0～59
3	hours	小时的数值表示	0～23
4	mday	月份中第几天的数值表示	1～31
5	wday	星期中第几天的数值表示	0～6（0 表示星期天）
6	mon	月份的数值表示	1～12
7	year	年份的 4 位数值表示	例如：1998 或 2016
8	yday	一年中第几天的数值表示	0～365
9	weekday	星期几的完整文本表示	Sunday～Saturday
10	month	月份的完整文本表示	January～December
11	0	自从 UNIX 纪元开始至今的秒数，和 time()的返回值以及用于 date()的值类似	系统相关，典型值为：–2147483648～2147483647

【示例 5-16】 getdate()函数的应用。

```
<?php
    $timestamp = strtotime('2016-5-20 14:30:45');        //把文本日期转换成时间戳
    $date = getdate($timestamp);
    var_dump($date);
```

6. date()函数

date()函数用来格式化一个本地日期和时间。格式如下：

```
string date ( string format [, int timestamp] )
```

说明：

● date()函数中的第 1 个参数是必需的，指定 UNIX 时间戳的转换格式；第 2 个参数是可选的，需要提供一个 UNIX 时间戳，如果没有指定第 2 个参数，则默认为 time()函数。

● date()函数返回一个格式化后表示适当日期的字符串，该函数所支持的常用格式代码如表 5-4 所示。

表 5-4 date()函数所支持的常用格式代码

序号	格式化字符	说　明	返回值示例
1	d	月份中的第几天，有前导 0 的两位数值	01～31
2	D	星期中的第几天，3 个字母缩写表示	Mon～Sun
3	j	月份中的第几天，没有前导 0	1～31
4	l	星期几的完整文本表示	Sunday～Saturday

（续）

序号	格式化字符	说　明	返回值示例
5	N	星期中第几天的数值表示（ISO-8601 格式年份）	1～7（1 表示星期一）
6	S	每月天数后面的英文后缀，两个字符	st，nd，rd 或者 th
7	w	星期中第几天的数值表示	0～6（0 表示星期日）
8	z	年份中的第几天	0～366
9	W	一年中的第几周（ISO-8601 格式年份）	例如：29（当年的第 29 周）
10	F	月份的完整文本表示	January～December
11	m	月份的数值表示，有前导 0	01～12
12	M	3 个字母缩写表示的月份	Jan～Dec
13	n	月份的数值表示，没有前导 0	1～12
14	t	给定月份所应有的天数	28～31
15	L	是否为闰年	是为 1，否为 0
16	Y	年份的 4 位数值表示	例如：1998 或 2016
17	y	年份的 2 位数值表示	例如：98 或 16
18	a	小写的上午和下午值	am 或 pm
19	A	大写的上午和下午值	AM 或 PM
20	g	小时，12 小时格式，没有前导 0	1～12
21	G	小时，24 小时格式，没有前导 0	0～23
22	h	小时，12 小时格式，有前导 0	01～12
23	H	小时，24 小时格式，有前导 0	00～23
24	i	有前导 0 的分钟数	00～59
25	s	有前导 0 的秒数	00～59
26	e	时区标识	例如：UTC、GMT、Asia/Shanghai
27	O	与格林尼治时间相差的小时数	例如：+0800
28	T	本机所在的时区	例如：EST、MDT 等
29	Z	时差偏移量的秒数	-43200～43200
30	c	ISO 8601 格式的日期	例如： 2016-05-08T14:45:12+08:00
31	r	RFC 822 格式的日期	例如：Sun, 08 May 2016 14:45:12 +0800
32	U	从 UNIX 纪元开始至今的秒数	参见 time()函数

date()函数的常见调用方式如下：

```
echo date('Y-m-d H:i:s');          //输出当前日期时间格式：2016-05-20 16:08:42
```

【示例 5-17】 date()函数的应用。在浏览器中输出的结果如图 5-4 所示。

```
<?php
    date_default_timezone_set('Asia/Shanghai');       //设置时区
```

```
    echo '日期：'.date('Y-m-d H:i:s').'<br>';              //输出当前日期时间
    echo '星期：'.date('l');                               //输出星期
```

图 5-4　date()函数的应用

7. microtime()函数

microtime()函数用来返回当前的 UNIX 时间戳和微秒数。格式如下：

```
mixed microtime ( [bool get_as_float] )
```

说明：

- microtime()函数的返回值有两种不同的数据类型（浮点数或者字符串），则把其返回值的类型设置为伪类型 mixed（mixed 类型表示可以接收多种不同的类型）。
- 如果 microtime()函数中 get_as_float 参数的值为 TRUE，则返回一个浮点数。其中小数点的前面表示的是自 UNIX 纪元起到现在的秒数（UNIX 时间戳），小数点的后面表示的是微秒的值；如果 microtime()函数中 get_as_float 参数的值为 FALSE，或者没有指定，则返回一个“msec sec”格式的字符串。其中 sec 表示的是 UNIX 时间戳，msec 表示的是微秒部分，这两个部分都是以秒为单位返回的，即 msec 返回的是一个小于 1 且大于等于 0 的浮点数。

【示例 5-18】 microtime()函数的应用。

```
<?php
    $startTime = microtime(true); //获取循序执行前的时间
    $sum = 0;
    for ($i=2; $i<=100000; $i+=2)
    {
        $sum += $i;
    }
    $endTime = microtime(true);  //获取循序执行后的时间
    $spend = round($endTime-$startTime, 4); //返回两次获取时间的差值
    echo "2+4+6+...+100000 = ${sum}，用时${spend}秒。";
```

说明：PHP 的日期/时间函数很常用，但并不复杂。一般只需要掌握 UNIX 时间戳的获得和操作方法，以及格式化为本地日期和时间的方法，即可轻松掌握 PHP 中的日期/时间函数的使用。

5.5.3　字符串处理函数

在 Web 开发中，字符串是使用最为频繁的数据类型之一。信息的分类、解析、存储和

显示，以及网络中的数据传输都需要操作字符串来完成。在 PHP 中，可以把字符串当作字符集合来看待，字符串中的字符可以通过在字符串后面加花括号{index}来指定，index 表示的是所要字符从零开始的偏移量。

【示例 5-19】 字符串当作字符集合的应用。

```
<?php
    $s = 'PHP';

    echo "字符串'$s'中的第 1 个字符："'.$s{0}.'"<br>";
    echo "字符串'$s'中的第 2 个字符："'.$s{1}.'"<br>";
    echo "字符串'$s'中的第 3 个字符："'.$s{2}.'"<br>";
    $s{1} = 'h';
    echo "第 2 个字符被修改后字符串：'$s'";
```

字符串操作也是编程中极为常用的操作，例如，字符串的格式化、字符串的分割和连接、字符串的比较，以及字符串的查找、匹配和替换等。PHP 中提供了大量实用的函数，可以帮助用户完成许多复杂的字符串处理工作。字符串处理函数是 PHP 核心的组成部分，无需安装即可使用这些函数。PHP 中常用的字符串处理函数及其功能见表 5-5。

表 5-5 PHP 中常用的字符串函数及其功能

序号	函数名	功能
1	chr()	从指定的 ASCII 值返回字符
2	ord()	返回字符串中第一个字符的 ASCII 值
3	strlen()	返回字符串的长度
4	ltrim()	移除字符串左侧的空白字符或其他字符
5	rtrim()	移除字符串右侧的空白字符或其他字符
6	trim()	移除字符串两侧的空白字符和其他字符
7	chop()	删除字符串右侧的空白字符或其他字符
8	echo()	输出一个或多个字符串
9	print()	输出一个或多个字符串
10	printf()	输出格式化的字符串
11	sprintf()	把格式化的字符串写入变量中
12	number_format()	以千位分组来格式化数值
13	md5()	用 MD5 算法对字符串进行加密
14	md5_file()	用 MD5 算法对文件进行加密
15	crypt()	返回使用 DES、Blowfish 或 MD5 算法加密的字符串
16	strtolower()	把字符串转换为小写字母
17	strtoupper()	把字符串转换为大写字母
18	lcfirst()	把字符串的首字符转换为小写
19	ucfirst()	把字符串中的首字符转换为大写
20	ucwords()	把字符串中每个单词的首字符转换为大写
21	str_shuffle()	随机地打乱字符串中的所有字符
22	str_word_count()	计算字符串中的单词数

（续）

序　号	函 数 名	功　能
23	strcmp()	比较两个字符串（区分大小写）
24	strcasecmp()	比较两个字符串（不区分大小写）
25	str_pad()	对字符串进行填补
26	str_repeat()	把字符串重复指定的次数
27	implode()	把数组元素合并成一个字符串
28	join()	implode()函数的别名
29	parse_str()	把查询字符串解析到变量中
30	strstr()	查找一个子串在一个字符串中第 1 次出现的位置，并返回从该位置开始的字符串（区分大小写）
31	strchr()	strstr()函数的别名
32	stristr()	查找一个子串在一个字符串中第 1 次出现的位置，并返回从该位置开始的字符串（不区分大小写）
33	strrchr()	查找一个子串在一个字符串中最后一次出现的位置，并返回从该位置开始的字符串
34	strpos()	查找一个子串在一个字符串中第 1 次出现的位置（区分大小写）
35	stripos()	查找一个子串在一个字符串中第 1 次出现的位置（不区分大小写）
36	strrpos()	查找一个子串在一个字符串中最后一次出现的位置（区分大小写）
37	strripos()	查找一个子串在一个字符串中最后一次出现的位置（不区分大小写）
38	substr()	返回一个字符串中从指定位置开始指定长度的子串
39	substr_count()	计算子串在字符串中出现的次数
40	substr_replace()	把字符串的一部分替换为另一个字符串
41	str_replace()	替换字符串中的一些字符（区分大小写）
42	str_ireplace()	替换字符串中的一些字符（不区分大小写）
43	strrev()	反转字符串
44	explode()	以指定的字符或者字符串为分隔符，把字符串分割到数组中
45	str_split()	以指定的长度为单位，把字符串分割到数组中
46	nl2br()	把换行符“\n”转换成 HTML 的换行符“ ”
47	htmlspecialchars()	把一些预定义的字符转换为 HTML 实体
48	htmlspecialchars_decode()	把一些预定义的 HTML 实体转换为字符

1. strlen()函数

strlen()函数用来返回字符串的长度（所占字节数）。格式如下：

```
int strlen ( string str )
```

说明：

- 参数是必选项，指定被处理的目标字符串。
- 对于返回的字符串的长度，一个 GB2312 编码的汉字占 2 个字节，而一个 UTF-8 编码的汉字占 3 个字节。

【示例 5-20】 strlen()函数的应用。

```
<?php
    $s1 = 'PHP+MySQL';
    $s2 = '欢迎学习 PHP';

    echo "字符串'$s1'的长度为：".strlen($s1)."<br>";
    echo "字符串'$s2'的长度为：".strlen($s2);
```

2. trim()、ltrim()、rtrim()函数

这 3 个函数都是用来去除字符串中的空格或者其他预定义字符。格式如下：

```
string trim (string str [, string charlist] )
string ltrim (string str [, string charlist] )
string rtrim (string str [, string charlist] )
```

说明：

- trim()函数用于去除字符串两端的空格或者其他预定义字符，ltrim()函数用于去除字符串左侧的空格或者其他预定义字符，rtrim()函数用于去除字符串右侧的空格或者其他预定义字符。
- 第 1 个参数是必选项，指定被处理的目标字符串。
- 第 2 个参数是过滤字符串，用于指定希望去除的特殊符号，该参数是可选项。该参数还可以使用“..”符号指定需要去除的一个范围，例如“0..9”或“a..z”表示去掉数字和小写字符。如果不指定该参数，则默认去掉下列字符：" "（空格）、"\0"（NULL）、"\t"（制表符）、"\n"（换行）、"\r"（回车）。

【示例 5-21】 trim()、ltrim()、rtrim()函数的应用。

```
<?php
    $s1 = '    PHP+MySQL    ';
    $s2 = '欢迎学习 PHP';

    echo "去除字符串'$s1'两端的空格：'".trim($s1)."'<br>";
    echo "去除字符串'$s1'左侧的空格：'".ltrim($s1)."'<br>";
    echo "去除字符串'$s1'右侧的空格：'".rtrim($s1)."'<br>";
    echo "去除字符串'$s2'右侧的字母：'".rtrim($s2, "A..Z")."'";
```

3. str_pad()函数

str_pad()函数用来对字符串进行填补。格式如下：

```
string str_pad ( string str, int pad_length [, string pad_string [, int pad_type]] )
```

说明：

- 第 1 个参数是必选项，指定处理的目标字符串。
- 第 2 个参数也是必选项，指定处理后字符串的长度，如果该值小于原始字符串的长度，则不进行任何操作。
- 第 3 个参数指定填补时所用的字符串，其为可选参数，如果没有指定则默认使用空格填补。
- 第 4 个参数指定填补的方向，它有 3 个可选值：STR_PAD_BOTH、STR_PAD_LEFT

和 STR_PAD_RIGHT，分别表示在字符串两端、左侧和右侧进行填补，该参数也是可选参数，如果没有指定，则默认值是 STR_PAD_RIGHT。

【示例 5-22】 str_pad()函数的应用。

```
<?php
    $s = 'PHP';

    echo "在字符串'$s'右侧填补*，使其长度为 9："".str_pad($s,9,"*")."'<br>";
    echo "在字符串'$s'左侧填补*，使其长度为 9："".str_pad($s,9,"*",STR_PAD_LEFT)."'<br>";
    echo "在字符串'$s'左侧填补*，使其长度为 9："".str_pad($s,9,"*",STR_PAD_BOTH)."'";
```

4. strtolower()、strtoupper()、ucfirst()、ucwords()函数

这 4 个函数都是用来对字符串进行大小写转换。格式如下：

```
string strtolower ( string str )
string strtoupper ( string str )
string ucfirst ( string str )
string ucwords ( string str )
```

说明：

- strtolower()函数用于把指定的字符串全部转换成小写字母；strtoupper()函数用于把指定的字符串全部转换成大写字母；ucfirst()函数用于把指定的字符串中的首字母转换成大写，其余字符不变；ucwords()函数用于把指定的字符串中以空格分隔的全部单词的首字母转换成大写，其余字符不变。
- 参数表示的是要进行转换的目标字符串。

【示例 5-23】 strtolower()、strtoupper()、ucfirst()、ucwords()函数的应用。

```
<?php
    $s = 'welcome to study PHP';

    echo "字符串'$s'全部转换小写："".strtolower($s)."'<br>";
    echo "字符串'$s'全部转换大写："".strtoupper($s)."'<br>";
    echo "字符串'$s'首字母转换大写："".ucfirst($s)."'<br>";
    echo "字符串'$s'单词首字母转换大写："".ucwords($s)."'";
```

5. strpos()、strrpos()函数

这两个函数都是用来查找一个子串在一个字符串中出现的位置（字符串位置从 0 开始），如果没有找到则返回 FALSE。格式如下：

```
int strpos ( string str, string substr [, int start] )
int strrpos ( string str, string substr [, int start] )
```

说明：

- strpos()函数用于返回一个子串在一个字符串中第 1 次出现的位置（区分大小写）。
- strrpos()函数用于返回一个子串在一个字符串中最后一次出现的位置（区分大小写）。
- 第 1 个参数指定处理的目标字符串；第 2 个参数指定要查找的子串；第 3 个参数是

可选的，指定从何处开始搜索，如果省略，则表示从第 1 个字符处开始搜索。

【示例 5-24】 strpos()、strrpos()函数的应用。

```
<?php
    $s1 = 'Welcome to study PHP, I love PHP!';
    $s2 = 'PHP';

    echo "子串'$s2'在字符串'$s1'中第 1 次出现的位置：".strpos($s1,$s2)."<br>";
    echo "子串'$s2'在字符串'$s1'中最后一次出现的位置：".strrpos($s1,$s2);
```

6. strstr()函数

strstr()函数用于返回一个子串在一个字符串中第 1 次出现的位置，并返回从该位置开始的字符串（区分大小写）；如果没有找到则返回 FALSE。格式如下：

```
string strstr ( string str, string substr [, bool search] )
```

说明：

- 第 1 个参数指定处理的目标字符串。
- 第 2 个参数指定要查找的子串。
- 第 3 个参数是可选的，默认值为 FALSE；如果指定为 TRUE，则返回子串第 1 次出现之前的字符串部分。

【示例 5-25】 strstr()函数的应用。

```
<?php
    $s1 = 'You love PHP, I love PHP too!';
    $s2 = 'PHP';

    echo "字符串'$s1'中第一次出现子串'$s2'开始的字符串：'".strstr($s1,$s2)."'<br>";
    echo "字符串'$s1'中第一次出现子串'$s2'之前的字符串：'".strstr($s1,$s2,true)."'";
```

7. substr()函数

strstr()函数用于返回一个字符串中从指定位置开始指定长度的子串，也就是字符串的截取。格式如下：

```
string substr ( string str, int start [, int length] )
```

说明：

- 第 1 个参数指定处理的目标字符串。
- 第 2 个参数指定截取的起始位置（字符串位置从 0 开始），如果该参数为负数，则表示从倒数第 start 个字符处开始截取。
- 第 3 个参数是可选的，指定截取的长度，如果该参数为负数，则表示从 start 位置开始截取到倒数第 length 个字符。

【示例 5-26】 substr()函数的应用。

```
<?php
    $s = 'welcome to study PHP';
```

```
    echo "从字符串'$s'中第 12 个字符开始截取到最后："".substr($s,11).""<br>";
    echo "从字符串'$s'中第 12 个字符开始截取 5 个字符："".substr($s,11,5).""<br>";
    echo "从字符串'$s'中倒数第 9 个字符开始截取 5 个字符："".substr($s,-9,5).""<br>";
    echo "从字符串'$s'中第 12 个字符截取到倒数第 4 个字符为止："".substr($s,11,-4).""";
```

8. str_replace()函数

str_replace()函数用来把一个字符串中的任意子串全部替换为另外一个子串（区分大小写）。格式如下：

```
mixed str_replace ( mixed search, mixed replace, mixed subject [, int &count] )
```

说明：

- 第 1 个参数指定被替换的子串，或者是一个数组。
- 第 2 个参数指定用来替换的子串，或者是一个数组。
- 第 3 个参数指定被处理的目标字符串，或者是一个数组。
- 第 4 个参数是可选的，是一个变量的引用，用来保存替换的次数。

【示例 5-27】 str_replace()函数的应用。

```
<?php
    $s1 = 'welcome to study PHP, I love PHP!';
    $s2 = 'PHP';
    $s3 = 'PHP+MySQL';

    echo "把字符串'$s1'中的'$s2'替换为'$s3'："".str_replace($s2,$s3,$s1,$i).""<br><br>";
    echo "一共被替换了${i}次。";
```

9. explode()、str_split()函数

这两个函数都是用来对一个字符串按照某种规则进行分割。

（1）explode()函数。

explode()函数用来将一个字符串按照某个指定的字符分割成多段，并将每段按顺序保存到一个数组中，该函数的返回值就是一个数组。格式如下：

```
array explode ( string separator, string str [, int limit] )
```

说明：

- 第 1 个参数指定一个分割字符或者字符串。
- 第 2 个参数指定被处理的目标字符串。
- 第 3 个参数是可选的，指定最多将字符串分割为多少个子串。

（2）str_split()函数。

str_split()函数用来将一个字符串以指定的长度为单位分割成多段，并返回由每一段组成的数组。格式如下：

```
array str_split ( string str [, int split_length] )
```

说明：

- 第 1 个参数指定被处理的目标字符串。
- 第 2 个参数是可选的，指定分割的单位长度，默认为 1。

【示例 5-28】 explode()函数的应用。在浏览器中输出的结果如图 5-5 所示。

```
<?php
    $s = 'Apache;PHP;MySQL;Java;C;C++';

    echo "以';'为分隔符分割字符串'$s'：<br>";
    var_dump(explode(";", $s));
    echo "以';'为分隔符分割字符串'$s'为 4 个元素：<br>";
    var_dump(explode(";", $s, 4));
```

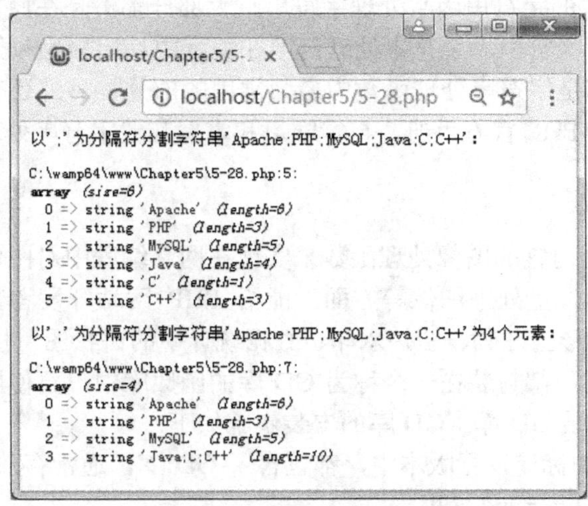

图 5-5 explode()函数的应用

【示例 5-29】 str_split()函数的应用。

```
<?php
    $s = 'PHP+MySQL';

    echo "以默认长度分割字符串'$s'：<br>";
    var_dump(str_split($s));
    echo "以指定长度 3 分割字符串'$s'：<br>";
    var_dump(str_split($s, 3));
```

10. nl2br()函数

nl2br()函数用来把换行符“\n”替换成 HTML 的换行符“
”。格式如下：

```
string nl2br ( string str [, bool xhtml] )
```

说明：

- 浏览器不能识别“\n”换行符，即使有多行文本，在浏览器中显示时也只有一行；浏览器只能通过 HTML 的“
”标记进行换行。
- 第 1 个参数指定处理的目标字符串。
- 第 2 个参数是可选的，表示是否使用兼容 XHTML 换行，默认值为 TRUE。

【示例 5-30】 nl2br()函数的应用。

```
<?php
    $s = "Apache\nPHP\nMySQL";

    echo '包含"\n"的字符串的输出：<br>';
    echo $s;
    echo '<hr>';
    echo '使用 nl2br()函数转换后的字符串的输出：<br>';
    echo nl2br($s);
```

说明：PHP 中提供的字符串函数处理字符串，大部分都不是在原字符串上做修改，而是返回一个格式化后的新字符串。字符串处理函数在编程中使用极为频繁，应当熟练掌握，多多积累。本书介绍的都是字符串处理函数中最为常用的部分，另外还有大量的函数限于篇幅不再一一介绍，可参考 PHP 官方手册，自行学习和掌握其他字符串处理函数的使用方法。

5.5.4 图像处理函数

PHP 提供了一系列内置的图像处理函数来实现在网站编程中对图像的编辑，这在很多需要动态生成图像、自动批量处理图像等方面，能给 PHP 网站开发者带来巨大帮助，其中最为典型的应用有随机图形验证码、图片水印、数据统计中的饼状图、柱状图的生成等。

PHP 的图像处理函数都封装在一个称为 GD 库的函数库中，要使用 GD 库中的函数来进行图像处理，必须先安装 GD 库。GD 库的安装步骤如下：

（1）在 PHP 官方的标准发行版本中，都包含了 GD 库，通常存放在 PHP 安装目录下的 ext 子目录中，文件名为 php_gd2.dll。

（2）配置 GD 库的自动载入功能。使用记事本打开 php.ini 配置文件，查找到代码行“;extension=php_gd2.dll”，将最前面的分号“;”去除，保存后重启 Apache 服务器，这时 GD 库就被自动加载。如果该代码行的最前面无分号“;”，则表示 GD 库已被自动加载。

最新的 GD 库支持 GIF、JPEG、PNG 和 WBMP 等格式的图像文件，通过 GD 库中的函数可以完成各种点、线、几何图形、文本及颜色的操作和处理，还可以创建或读取多种格式的图像文件。PHP 中常用的图像处理函数及其功能见表 5-6。

表 5-6　PHP 中常用的图像处理函数及其功能

序　号	函 数 名	功　能
1	gd_info()	取得当前安装的 GD 库的信息
2	getimagesize()	取得图像大小
3	getimagesizefromstring()	从字符串中获取图像尺寸信息
4	image_type_to_extension()	取得图像类型的文件后缀
5	imagewbmp()	以 WBMP 格式将图像输出到浏览器或文件
6	imagearc()	画椭圆弧
7	imagechar()	水平画一个字符
8	imagecharup()	垂直画一个字符
9	imagecolorallocate()	为一幅图像分配颜色
10	imagecolordeallocate()	取消图像颜色的分配
11	imagecolortransparent()	将某个颜色定义为透明色

（续）

序　号	函 数 名	功　能
12	imagecopy()	复制图像的一部分
13	imagecopymerge()	复制并合并图像的一部分
14	imagecopymergegray()	用灰度复制并合并图像的一部分
15	imagecopyresized()	复制部分图像并调整大小
16	imagecreate()	新建一个基于调色板的图像
17	imagecreatefromgd2()	从 GD2 文件或 URL 新建一图像
18	imagecreatefromgd2part()	从给定的 GD2 文件或 URL 中的部分新建一图像
19	imagecreatefromgd()	从 GD 文件或 URL 新建一图像
20	imagecreatefromgif()	由 GIF 文件或 URL 创建一个新图像
21	imagecreatefromjpeg()	由 JPEG 文件或 URL 创建一个新图像
22	imagecreatefrompng()	由 PNG 文件或 URL 创建一个新图像
23	imagecreatefromstring()	从字符串中的图像流新建一图像
24	imagecreatefromwbmp()	由 WBMP 文件或 URL 创建一个新图像
25	imagecreatetruecolor()	新建一个真彩色图像
26	imagedashedline()	画一虚线
27	imagedestroy()	销毁一图像
28	imageellipse()	画一个椭圆
29	imagefill()	区域填充
30	imagefilledarc()	画一椭圆弧且填充
31	imagefilledellipse()	画一椭圆并填充
32	imagefilledpolygon()	画一多边形并填充
33	imagefilledrectangle()	画一矩形并填充
34	imagefilltoborder()	区域填充到指定颜色的边界为止
35	imagefontheight()	取得字体高度
36	imagefontwidth()	取得字体宽度
37	imagegd2()	将 GD2 图像输出到浏览器或文件
38	imagegd()	将 GD 图像输出到浏览器或文件
39	imagegif()	以 GIF 格式将图像输出到浏览器或文件
40	imageistruecolor()	检查图像是否为真彩色图像
41	imagejpeg()	以 JPEG 格式将图像输出到浏览器或文件
42	imageline()	画一条线段
43	imageloadfont()	载入一新字体
44	imagepng()	以 PNG 格式将图像输出到浏览器或文件
45	imagepolygon()	画一个多边形
46	imagerectangle()	画一个矩形
47	imagerotate()	用给定角度旋转图像
48	imagesetpixel()	画一个单一像素
49	imagesetstyle()	设定画线的风格
50	imagesetthickness()	设定画线的宽度

（续）

序号	函数名	功能
51	imagestring()	水平画一行字符串
52	imagestringup()	垂直画一行字符串
53	imagesx()	取得图像宽度
54	imagesy()	取得图像高度
55	imagettfbbox()	取得使用 TrueType 字体的文本的范围
56	imagettftext()	用 TrueType 字体向图像写入文本
57	imagetypes()	返回当前 PHP 版本所支持的图像类型

在 PHP 中，通过 GD 库处理图像的操作，都是先在内存中处理，操作完成以后再以文件流的方式，输出到浏览器或保存在服务器的磁盘中。创建一幅图像应该完成以下 4 个步骤。

（1）创建画布：创建一个背景图像（也叫画布），以后所有的绘图设计都将基于这个背景图像操作。

（2）绘制图像：画布创建完成以后，就可以通过这个画布资源，使用各种图像处理函数设置图像的颜色、填充画布、画点、线段、各种几何图像，以及向图像中添加文本等。

（3）输出图像：完成整个图像的绘制以后，需要将图像以某种格式保存到服务器指定的文件中；或者将图像直接输出到浏览器上显示给用户，但在图像输出之前，一定要使用 header()函数发送 Content-type 通知浏览器，这次发送的是图片而不是文本。

（4）释放资源：图像输出以后，画布中的内容也不再有用。出于节约系统资源的考虑，需要及时清除画布占用的所有内存资源。

1. 画布管理

在 PHP 中，可以使用 imagecreate()和 imagecreatetruecolor()这两个函数创建指定的画布。创建画布就是在内存中开辟一块存储区域，以后对图像的所有操作都是基于这个画布处理的，画布就是一个图像资源。

（1）imagecreate()和 imagecreatetruecolor()函数。

imagecreate()函数用来创建一幅基于调色板的图像，其返回一个图像标识符，代表了一幅指定大小的空白图像；imagecreatetruecolor()函数用来创建一幅真彩色图像，其返回一个图像标识符，代表了一幅指定大小的黑色图像。其语法格式如下：

```
resource imagecreate ( int x_size, int y_size )
resource imagecreatetruecolor ( int x_size, int y_size )
```

说明：

- 第 1 个参数是必选项，指定画布的宽度。
- 第 2 个参数也是必选项，指定画布的高度。

（2）imagesx()和 imagesy()函数。

imagesx()函数用来获取图像的宽度，imagesy()函数用来获取图像的高度。其语法格式如下：

```
int imagesx ( resource image )
int imagesy ( resource image )
```

说明：参数 image 指定画布图像的句柄。

（3）imagedestroy()函数。

imagedestroy()函数用来销毁图像，释放内存与该图像的存储单元。其语法格式如下：

```
bool imagedestroy ( resource image )
```

说明：参数 image 指定画布图像的句柄，如果返回 TRUE 值，则表示已释放与该参数关联的内存。

【示例 5-31】 创建一幅画布，输出画布的宽度和高度，最后销毁该画布。

```
<?php
    $img = imagecreatetruecolor(800, 600);          //创建一个 800x600 像素的画布
    echo '画布的宽度：'.imagesx($img);              //输出画布的宽度
    echo '<br>';
    echo '画布的高度：'.imagesy($img);              //输出画布的高度
    imagedestroy($img);                            //销毁该画布
```

2. 设置颜色

在使用 PHP 动态输出图像的同时，可以调用 imagecolorallocate()函数对图像中的颜色进行设置。如果图像中需要设置多种颜色，只要多次调用该函数即可。该函数返回一个标识符，代表了由给定的 RGB 成份组成的颜色。其语法格式如下：

```
int imagecolorallocate ( resource image, int red, int green, int blue )
```

说明：

- 第 1 个参数是必选项，指定画布图像的句柄。
- 第 2、3、4 个参数也是必选项，指定分别所需要的颜色的红、绿、蓝成份。这些参数是 0～255 的整数或者是 0x00～0xFF 的十六进制数。
- 如果是使用 imagecreate()函数创建的画布，第 1 次调用该函数时，会给所创建的画布自动填充背景色。

【示例 5-32】 创建一幅画布，并给该画布设置一些颜色。

```
<?php
    $img = imagecreate(800, 600);//创建一个 800x600 像素的画布
    //设置红色，第 1 次调用时，画布背景即被设置为指定的颜色（红色）
    $background = imagecolorallocate($img, 255, 0, 0);
    //再设置一些其他颜色
    $green = imagecolorallocate($img, 0, 255, 0);                //设置绿色
    $blue = imagecolorallocate($img, 0, 0, 255);                 //设置蓝色
    $white = imagecolorallocate($img, 0xff, 0xff, 0xff);         //设置白色
    $black = imagecolorallocate($img, 0x00, 0x00, 0x00);         //设置黑色
```

3. 生成图像

使用 GD 库中提供的函数动态绘制完成图像以后，就需要输出到浏览器或者将图像以文件形式保存起来。在 PHP 中，可以将动态绘制完成的画布直接生成 GIF、JPEG、PNG 和 WBMP 这 4 种图像格式，分别通过调用 imagegif()、imagejpeg()、imagepng()和 imagewbmp()这 4 个函数来生成以上格式的图像。其语法格式如下：

```
bool imagegif ( resource image [, string filename] )
bool imagejpeg ( resource image [, string filename [, int quality]] )
bool imagepng ( resource image [, string filename] )
bool imagewbmp ( resource image [, string filename [, int foreground]] )
```

说明：

- 第 1 个参数是必选项，指定画布图像的句柄。
- 第 2 个参数是可选项，指定一个包含文件名的路径，把图像生成为一个文件。
- imagejpeg()函数中的第 3 个参数是可选项，指定 JPEG 格式图像的品质，其值的范围为整数 0～100。0 代表最差品质、但文件最小；100 代表最高品质、但文件最大。默认值为 75。
- imagewbmp()函数中的第 3 个参数是可选项，指定图像的前景颜色，默认颜色值为黑色。
- 如果为以上函数只提供第 1 个参数，则表示直接将原图像流输出，并在浏览器中显示动态输出的图像。但是一定要在输出之前使用 header()函数发送标头信息，用来通知浏览器使用正确的 MIME 类型对接收的内容进行解析，让它知道用户发送的是图片而不是文本的 HTML。

【示例 5-33】 创建一幅画布，生成图片输出给浏览器，最后销毁该画布。

```
<?php
    $img = imagecreate(200, 100);       //创建一个 200×100 像素的画布
    //设置红色，第 1 次调用时，画布背景即被设置为指定的颜色（红色）
    $background = imagecolorallocate($img, 255, 0, 0);
    header('Content-type: image/png');          //通知浏览器这是一幅图片
    imagepng($img);        //生成 PNG 格式的图片输出给浏览器
    imagedestroy($img);    //销毁该画布
```

4. 绘制图像

在 PHP 中绘制图像的函数非常丰富，包括点、线、各种几何图形等平面图形，都可以通过 PHP 中提供的各种画图函数完成。本书在这里介绍的都是最为常用的图像绘制函数，对于没有介绍到的函数，可以参考 PHP 官方手册自行学习和掌握。另外，这些图像绘制函数都需要使用画布资源，并在画布中的位置通过坐标（原点是该画布左上角的起始位置，以像素为单位，沿着 X 轴正方向向右延伸，沿着 Y 轴正方向向下延伸）决定，而且还可以通过函数中的最后一个参数设置每个图形的颜色。

（1）imagefill()函数。

imagefill()函数用来使用指定的颜色对图形实现区域填充。其语法格式如下：

```
bool imagefill ( resource image, int x, int y, int color )
```

说明：

- 第 1 个参数是必选项，指定画布图像的句柄。
- 第 2、3 个参数也是必选项，指定执行区域填充的坐标(x, y)。
- 第 4 个参数也是必选项，指定填充的颜色。即与坐标(x, y)相邻的点都会被填充成指定的颜色。

【示例 5-34】 将画布的背景设置为蓝色。

```
<?php
    $img = imagecreatetruecolor(100, 100);            //创建一个 100×100 像素的画布
    $blue = imagecolorallocate($img, 0, 0, 255);      //设置蓝色
    imagefill($img, 0, 0, $blue);                     //将背景设置为蓝色
    header('Content-type: image/png');                //通知浏览器这是一幅图片
    imagepng($img);          //生成 PNG 格式的图片输出给浏览器
    imagedestroy($img);      //销毁该画布
```

（2）imagesetpixel()函数。

imagesetpixel()函数用来使用指定的颜色在画布中绘制一个单一像素的点。其语法格式如下：

```
bool imagesetpixel ( resource image, int x, int y, int color )
```

说明：

- 第 1 个参数是必选项，指定画布图像的句柄。
- 第 2、3 个参数也是必选项，指定绘制点的坐标(x, y)。
- 第 4 个参数也是必选项，指定绘制点的颜色。

（3）imageline()函数。

imageline()函数用来使用指定的颜色在画布中绘制一条线段。其语法格式如下：

```
bool imageline ( resource image, int x1, int y1, int x2, int y2, int color )
```

说明：

- 第 1 个参数是必选项，指定画布图像的句柄。
- 第 2、3 个参数也是必选项，指定绘制线段的起始坐标(x1, y1)。
- 第 4、5 个参数也是必选项，指定绘制线段的结束坐标(x2, y2)。
- 第 6 个参数也是必选项，指定绘制线段的颜色。

【示例 5-35】 绘制两个像素点和一条线段。

```
<?php
    $img = imagecreatetruecolor(300, 200);                      //创建一个 300×200 像素的画布
    $background = imagecolorallocate($img, 200, 255, 200);      //设置背景颜色
    $red = imagecolorallocate($img, 255, 0, 0);                 //设置红色
    $blue = imagecolorallocate($img, 0, 0, 255);                //设置蓝色
    imagefill($img, 0, 0, $background);                         //将背景设置为指定颜色
    //在坐标(50,100)处绘制一个红色的像素点
    imagesetpixel($img, 50, 100, $red);
    //在坐标(250,100)处再绘制一个红色的像素点
    imagesetpixel($img, 250, 100, $red);
    //在坐标(50,50)和(250,150)之间绘制一条蓝色的线段
    imageline($img, 50, 50, 250, 150, $blue);
    header('Content-type: image/png');            //通知浏览器这是一幅图片
    imagepng($img);                               //生成 PNG 格式的图片输出给浏览器
    imagedestroy($img);                           //销毁该画布
```

（4）imagerectangle()和 imagefilledrectangle()函数。

imagerectangle()函数用来使用指定的颜色在画布中绘制一个矩形；imagefilledrectangle()函数用来绘制一个矩形并使用指定的颜色进行填充。其语法格式如下：

```
bool imagerectangle ( resource image, int x1, int y1, int x2, int y2, int color )
bool imagefilledrectangle ( resource image, int x1, int y1, int x2, int y2, int color )
```

说明：

- 第 1 个参数是必选项，指定画布图像的句柄。
- 第 2、3 个参数也是必选项，指定绘制矩形的左上角坐标(x1, y1)。
- 第 4、5 个参数也是必选项，指定绘制矩形的右下角坐标(x2, y2)。
- 第 6 个参数也是必选项，imagerectangle()函数中是指定绘制矩形的边线颜色；imagefilledrectangle()函数中是指定填充矩形的颜色。

【示例 5-36】 绘制一个指定颜色的矩形和一个使用指定颜色填充的矩形。

```
<?php
    $img = imagecreatetruecolor(300, 200);                    //创建一个 300×200 像素的画布
    $background = imagecolorallocate($img, 200, 255, 200);    //设置背景颜色
    $red = imagecolorallocate($img, 255, 0, 0);               //设置红色
    $blue = imagecolorallocate($img, 0, 0, 255);              //设置蓝色
    imagefill($img, 0, 0, $background); //将背景设置为指定颜色
    //以坐标(30,20)为左上角、(120,110)为右下角绘制一个红色的矩形
    imagerectangle($img, 30, 20, 120, 110, $red);
    //以坐标(150,100)为左上角、(270,180)为右下角绘制一个矩形并使用蓝色填充
    imagefilledrectangle($img, 150, 100, 270, 180, $blue);
    header('Content-type: image/png');          //通知浏览器这是一幅图片
    imagepng($img);                             //生成 PNG 格式的图片输出给浏览器
    imagedestroy($img);                         //销毁该画布
```

【示例 5-37】 绘制矩形并对图形进行区域填充。在浏览器中输出的结果如图 5-6 所示。

```
<?php
    $img = imagecreatetruecolor(300, 150);                 //创建一个 300×150 像素的画布
    $white = imagecolorallocate($img, 255, 255, 255);      //设置白色
    $red = imagecolorallocate($img, 255, 0, 0);            //设置红色
    $green = imagecolorallocate($img, 0, 255, 0);          //设置绿色
    $blue = imagecolorallocate($img, 0, 0, 255);           //设置蓝色
    imagefill($img, 0, 0, $blue);                          //将背景设置为蓝色
    //以坐标(30,20)为左上角、(200,100)为右下角绘制一个白色的矩形
    imagerectangle($img, 30, 20, 200, 100, $white);
    imagefill($img, 40, 30, $green);                       //将矩形以绿色填充
    //以坐标(100,50)为左上角、(250,120)为右下角再绘制一个白色的矩形
    imagerectangle($img, 100, 50, 250, 120, $white);
    imagefill($img, 120, 60, $red);                  //将两个矩形重合的区域以红色填充
    header('Content-type: image/png');               //通知浏览器这是一幅图片
    imagepng($img);        //生成 PNG 格式的图片输出给浏览器
    imagedestroy($img);    //销毁该画布
```

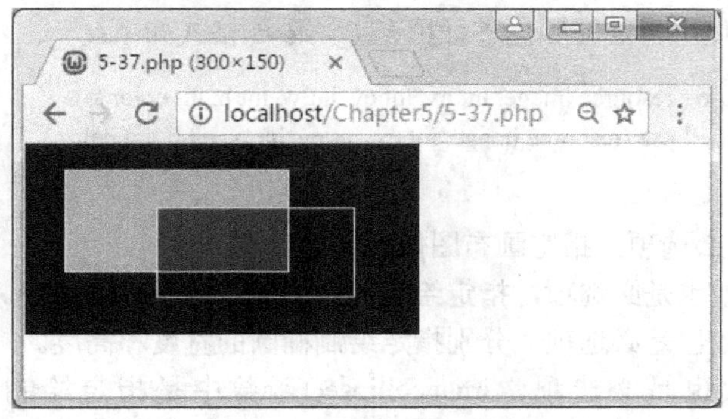

图 5-6　绘制矩形并区域填充

（5）imagepolygon()和 imagefilledpolygon()函数。

imagepolygon()函数用来使用指定的颜色在画布中绘制一个多边形；imagefilledpolygon()函数用来绘制一个多边形并使用指定的颜色进行填充。其语法格式如下：

```
bool imagepolygon ( resource image, array points, int num_points, int color )
bool imagefilledpolygon ( resource image, array points, int num_points, int color )
```

说明：

- 第 1 个参数是必选项，指定画布图像的句柄。
- 第 2 个参数也是必选项，这是一个数组，指定绘制多边形的各个顶点坐标。即 points[0]=x1，points[1]=y1，points[2]=x2，points[3]=y2，以此类推。
- 第 3 个参数也是必选项，指定绘制多边形的顶点的总数，必须大于 3。
- 第 4 个参数也是必选项，imagepolygon()函数中是指定绘制多边形的边线颜色；imagefilledpolygon()函数中是指定填充多边形的颜色。

【示例 5-38】 绘制一个指定颜色的五边形和一个使用指定颜色填充的六边形。

```
<?php
    $img = imagecreatetruecolor(300, 200);          //创建一个 300×200 像素的画布
    $background = imagecolorallocate($img, 200, 255, 200);      //设置背景颜色
    $red = imagecolorallocate($img, 255, 0, 0);                 //设置红色
    $blue = imagecolorallocate($img, 0, 0, 255);                //设置蓝色
    imagefill($img, 0, 0, $background); //将背景设置为指定颜色
    //绘制一个红色的五边形
    $points = array(60,40,20,90,20,140,100,140,100,90);
    imagepolygon($img, $points, 5, $red);
    //绘制一个六边形并使用蓝色填充
    $points = array(180,80,140,120,180,160,240,160,280,120,240,80);
    imagefilledpolygon($img, $points, 6, $blue);
    header('Content-type: image/png');          //通知浏览器这是一幅图片
    imagepng($img);     //生成 PNG 格式的图片输出给浏览器
    imagedestroy($img);     //销毁该画布
```

（6）imageellipse()和 imagefilledellipse()函数。

imageellipse()函数用来使用指定的颜色在画布中绘制一个椭圆；imagefilledellipse()函数

用来绘制一个椭圆并使用指定的颜色进行填充。其语法格式如下：

```
bool imageellipse ( resource image, int cx, int cy, int w, int h, int color )
bool imagefilledellipse (resource image, int cx, int cy, int w, int h, int color )
```

说明：

- 第 1 个参数是必选项，指定画布图像的句柄。
- 第 2、3 个参数也是必选项，指定绘制椭圆的中心点坐标(cx, cy)。
- 第 4、5 个参数也是必选项，分别指定绘制椭圆的宽度和高度。
- 第 6 个参数也是必选项，imageellipse()函数中是指定绘制椭圆的边线颜色；imagefilledellipse()函数中是指定填充椭圆的颜色。

【示例 5-39】 绘制一个指定颜色的圆和一个使用指定颜色填充的椭圆。

```
<?php
    $img = imagecreatetruecolor(300, 200);          //创建一个 300×200 像素的画布
    $background = imagecolorallocate($img, 200, 255, 200);    //设置背景颜色
    $red = imagecolorallocate($img, 255, 0, 0);                //设置红色
    $blue = imagecolorallocate($img, 0, 0, 255);               //设置蓝色
    imagefill($img, 0, 0, $background);        //将背景设置为指定颜色
    //以坐标(60,80)为中心点、宽度和高度都为 90 绘制一个红色的圆
    imageellipse($img, 60, 80, 90, 90, $red);
    //以坐标(200,135)为中心点、宽度为 150、高度为 80 绘制一个椭圆并使用蓝色填充
    imagefilledellipse($img, 200, 135, 150, 80, $blue);
    header('Content-type: image/png');         //通知浏览器这是一幅图片
    imagepng($img);      //生成 PNG 格式的图片输出给浏览器
    imagedestroy($img);     //销毁该画布
```

（7）imagearc()函数。

imagearc()函数用来使用指定的颜色在画布中绘制一个椭圆弧，也可以绘制完整的圆形或者椭圆形。其语法格式如下：

```
bool imagearc ( resource image, int cx, int cy, int w, int h, int s, int e, int color )
```

说明：

- 第 1 个参数是必选项，指定画布图像的句柄。
- 第 2、3 个参数也是必选项，指定椭圆的中心点坐标(cx, cy)。
- 第 4、5 个参数也是必选项，分别指定椭圆的宽度和高度。
- 第 6、7 个参数也是必选项，分别指定椭圆弧的起始点和结束点，以角度作为单位。
- 第 8 个参数也是必选项，指定绘制椭圆弧的颜色。

【示例 5-40】 绘制一个笑脸图形。在浏览器中输出的结果如图 5-7 所示。

```
<?php
    $img = imagecreatetruecolor(200, 200);          //创建一个 200×200 像素的画布
    $black = imagecolorallocate($img, 0, 0, 0);           //设置黑色
    $blue = imagecolorallocate($img, 0, 0, 255);          //设置蓝色
    $yellow = imagecolorallocate($img, 255, 255, 0);      //设置黄色
    imagefill($img, 0, 0, $blue);          //将背景设置为蓝色
```

```
//以坐标(100,100)为中心点、宽度和高度都为 150 绘制一个黑色的圆
imagearc($img, 100, 100, 150, 150, 0, 360, $black);
imagefill($img, 100, 100, $yellow); //将以上的圆以黄色填充
//以坐标(75,75)为中心点、宽度和高度都为 10 再绘制一个黑色的圆
imagearc($img, 75, 75, 10, 10, 0, 360, $black);
imagefill($img, 75, 75, $black);          //将以上的圆以黑色填充
//以坐标(125,75)为中心点、宽度和高度都为 10 再绘制一个黑色的圆
imagearc($img, 125, 75, 10, 10, 0, 360, $black);
imagefill($img, 125, 75, $black);         //将以上的圆以黑色填充
//以坐标(100,110)为中心点、宽度为 100、高度为 75 绘制一个黑色的椭圆弧
imagearc($img, 100, 110, 100, 75, 0, 180, $black);
//以坐标(100,110)为中心点、宽度为 100、高度为 60 再绘制一个黑色的椭圆弧
imagearc($img, 100, 110, 100, 60 , 0, 180, $black);
imagefill($img, 100, 145, $black);        //将两个椭圆弧闭合的区域以黑色填充
header('Content-type: image/png');        //通知浏览器这是一幅图片
imagepng($img);           //生成 PNG 格式的图片输出给浏览器
imagedestroy($img);       //销毁该画布
```

图 5-7　绘制笑脸图形

5. 在图像中绘制文字

在图像中显示的文字也需要按照坐标位置绘制上去。在 PHP 中提供了非常灵活的文字绘制方法，可以使用 imagestring()、imagestringup()、imagechar()等函数使用内置的字体文字绘制到图像中。

（1）imagestring()和 imagestringup()函数。

imagestring()函数用来使用指定的颜色在画布中水平地绘制一行字符串；imagestringup()函数用来使用指定的颜色在画布中垂直地绘制一行字符串。其语法格式如下：

```
bool imagestring ( resource image, int font, int x, int y, string s, int color )
bool imagestringup ( resource image, int font, int x, int y, string s, int color )
```

说明：

- 第 1 个参数是必选项，指定画布图像的句柄。
- 第 2 个参数也是必选项，指定文字字体标识符，其值的范围为整数 1～5，表示使用

的是内置的字体，数字越大则输出的文字尺寸就越大。

- 第 3、4 个参数也是必选项，指定绘制字符串的起始位置坐标(x, y)。如果是水平地绘制一行字符串则是从左向右输出，而垂直地绘制一行字符串则是从下而上输出。
- 第 5 个参数也是必选项，指定绘制字符串或字符的内容。
- 第 6 个参数也是必选项，指定绘制字符串的颜色。

【示例 5-41】 绘制一个水平字符串和一个垂直字符串。

```
<?php
    $img = imagecreatetruecolor(300, 200);          //创建一个 300×200 像素的画布
    $background = imagecolorallocate($img, 200, 255, 200);    //设置背景颜色
    $red = imagecolorallocate($img, 255, 0, 0);               //设置红色
    $blue = imagecolorallocate($img, 0, 0, 255);              //设置蓝色
    imagefill($img, 0, 0, $background); //将背景设置为指定颜色
    //从坐标(50,80)处开始水平地绘制一行红色的字符串
    imagestring($img, 5, 50, 80, 'PHP IS EASY!', $red);
    //从坐标(200,150)处开始水平地绘制一行红色的字符串
    imagestringup($img, 5, 200, 150, 'Hello WORLD!', $blue);
    header('Content-type: image/png');         //通知浏览器这是一幅图片
    imagepng($img);          //生成 PNG 格式的图片输出给浏览器
    imagedestroy($img);      //销毁该画布
```

（2）imagechar()和 imagecharup()函数。

imagechar()函数用来使用指定的颜色在画布中水平地绘制一个字符；imagecharup()函数用来使用指定的颜色在画布中垂直地绘制一个字符。其语法格式如下：

```
bool imagechar ( resource image, int font, int x, int y, char c, int color )
bool imagecharup ( resource image, int font, int x, int y, char c, int color )
```

说明：

- 第 1 个参数是必选项，指定画布图像的句柄。
- 第 2 个参数也是必选项，指定文字字体标识符，其值的范围为整数 1～5。
- 第 3、4 个参数也是必选项，指定绘制字符的起始位置坐标(x, y)。
- 第 5 个参数也是必选项，指定绘制字符的内容。
- 第 6 个参数也是必选项，指定绘制字符的颜色。

【示例 5-42】 使用循环把一个字符串中的字符单个绘制到图像中。

```
<?php
    $img = imagecreatetruecolor(300, 200);          //创建一个 300×200 像素的画布
    $background = imagecolorallocate($img, 200, 255, 200);    //设置背景颜色
    $red = imagecolorallocate($img, 255, 0, 0);               //设置红色
    $blue = imagecolorallocate($img, 0, 0, 255);              //设置蓝色
    imagefill($img, 0, 0, $background); //将背景设置为指定颜色
    $str = 'PHP + MySQL';
    $n = strlen($str);
    for($i=0; $i<strlen($str); $i++) {
        //水平地向下倾斜绘制每一个字符（红色）
        imagechar($img, 3, $i*15+50, $i*12+30, $str[$i], $red);
```

```
        //垂直地向上倾斜绘制每一个字符（蓝色）
        imagecharup($img, 3, $i*15+50, $n*12+30, $str[$i], $blue);
        $n--;
    }
    header('Content-type: image/png');          //通知浏览器这是一幅图片
    imagepng($img);          //生成 PNG 格式的图片输出给浏览器
    imagedestroy($img);      //销毁该画布
```

6. 验证码的绘制与使用

验证码就是将一串随机产生的数字或符号动态生成一幅图片，再在图片中加上一些干扰像素，只要让用户可以通过肉眼识别其中的信息即可，并且在表单提交时使用，只有输入正确的验证码后才能继续使用某项功能。验证码经常在用户注册、登录或者网上发帖时使用。验证码主要是为了防止有人利用计算机程序自动批量注册、对特定的注册用户使用特定程序暴力破解方式进行不断的登录、灌水等。因为验证码是一个混合了数字或符号的图片，人眼看起来都费劲，机器识别起来就更困难了，这样可以确保当前访问者是一个真实的人而非机器。

【示例 5-43】 绘制一个宽度为 80 像素、高度为 20 像素，由 4 个字母或数字组成的验证码。在浏览器中输出的结果如图 5-8 所示。

```
<?php
    /* 初始化 */
    $border = 0;               //是否需要边框：1 要；0 不要
    $n = 4;                    //验证码位数
    $w = $n * 20;              //图片宽度
    $h = 20;                   //图片高度
    $font = 5;                 //字体(1～5)
    $code = '3456789';         //验证码内容包含数字（去除掉容易混淆的 012）
    //验证码内容还包含小写字母（去除掉容易混淆的 loz）
    $code .= 'abcdefghijkmnpqrstuvwxy';
    //验证码内容还包含大写字母（去除掉容易混淆的 LOZ）
    $code .= 'ABCDEFGHIJKMNPQRSTUVWXY';
    $vCode = '';               //验证码字符串初始化

    /* 绘制基本框架 */
    $img = imagecreatetruecolor($w, $h);         //创建验证图片
    $background = imagecolorallocate($img, 255, 255, 255);     //设置背景颜色（白色）
    imagefill($img, 0, 0, $background); //填充背景色
    if ($border) {
        $black = imagecreatetruecolor($img, 0, 0, 0);      //设置边框颜色（黑色）
        imagerectangle($img, 0, 0, $w-1, $h-1, $black);  //绘制边框
    }

    /* 逐位产生随机字符 */
    for ($i = 0; $i < $n; $i++) {
        $ix = rand(0, strlen($code) - 1);               //在验证码组合中随机产生一个序号
        $c = substr($code, $ix, 1);                     //获取该序号处的字符
        $x = floor($w/$n)*$i + 5;                   //设置绘制字符的位置（x 坐标）
```

```
        $y = rand(0,$h-imagefontheight($font));    //设置绘制字符的位置（y 坐标）
        //设置字符颜色（随机）
        $charColor = imagecolorallocate($img, rand(0,100), rand(0,100), rand(0,100));
        ImageChar($img, $font, $x, $y, $c, $charColor);  //绘制字符
        $vCode .= $c;              //逐位加入到验证码字符串中
}

/* 添加干扰 */
for ($i = 0; $i < 5; $i++) {       //绘制背景干扰线
        //设置干扰线颜色（随机）
        $lineColor = imagecolorallocate($img, rand(0,255), rand(0,255), rand(0,255));
        //绘制干扰线
        imagearc($img, rand(-5,$w), rand(-5,$h), rand(20,300), rand(20,200),
                        55, 44, $lineColor);
}
for ($i = 0; $i < $n * 30; $i++) {      //绘制背景干扰点
        //设置干扰点颜色（随机）
        $pointColor = imagecolorallocate($img, rand(0,255), rand(0,255), rand(0,255));
        //绘制干扰点
        imagesetpixel($img, rand(0,$w), rand(0,$h), $pointColor);
}

/* 绘图结束，输出图片 */
header('Content-type: image/png');            //通知浏览器这是一幅图片
imagepng($img);         //生成 PNG 格式的图片输出给浏览器
imagedestroy($img);     //销毁该画布

/* 把产生的验证码字符串写入到 SESSION 中 */
if (!isset($_SESSION)) session_start();      //开启 Session 会话
$_SESSION['vCode'] = $vCode;
```

图 5-8　绘制验证码

说明：在上面的脚本中，可以向客户端浏览器中输出一幅图片，并且可以在浏览器表单中使用。另外，验证码图片中的字符串保存在服务器中的$_SESSION['vCode']中。在提交表单时，只有当用户在表单中输入验证码图片上显示的文字，并和服务器中保留的验证码字符串完全匹配时，表单才可以提交成功。需要注意的是，验证码字符串保存在服务器端的$_SESSION 中，所有必须开启 Session 会话才能使用。

【示例 5-44】 在表单中应用验证码。在表单中获取并显示验证码图片，如果验证码上的字符串看不清楚，还可以通过单击它重新获取一张。表单提交后，对从客户端接收到验证码与服务器中保留的验证码进行对照，如果相同，则提交成功。在浏览器中输出的结果如图 5-9 所示。

```
<!DOCTYPE html>
<html>
    <head>
        <title>表单中应用验证码</title>
    </head>
    <body>
        <form method="post" action="">
            请输入验证码：<input type="text" size="8" name="vCode">
            <img src="5-43.php" onclick="this.src='5-43.php?rand='+Math.random();"
                    title="单击，更换验证码"><br>
              <input type="submit" name="btnOk" value="提交">
         </form>

         <?php
              session_start();
               //验证用户输入的验证码是否正确
               if (!empty ($_POST))
                   //获取用户输入的验证码，并全部转换为大写
                   $vCode = strtoupper($_POST['vCode']);
                   if(strtoupper($_SESSION['vCode']) == $vCode) {
                           echo '验证码输入正确，验证通过！';
                    }
                    else {
                           echo '验证码输入错误，验证失败！';
                   }
              }
        ?>
    </body>
</html>
```

图 5-9　表单中应用验证码

说明：在上面的脚本中，在进行验证码的匹配时，事先将客户端提交的验证码与在服务器端存储的验证码都全部转换成了大写，这样就达到了匹配时不区分大小写的目的。

5.6　习题

（1）编写函数，用来求两个整数的最大公约数。

（2）编写函数，用来返回一个字符串中的前 n1 与后 n2 个字符，其余字符以指定的符号

来表示。例如，字符串“18991255109”，n1=3，n2=4，指定的符号为“*”，则返回为字符串“189****5109”。

（3）编写函数，用来返回字符串中包含在两个指定符号中的子串。例如，字符串“abc|123|xyz”，指定的符号为“|”，则返回子串“123”。

（4）编写函数，用来截取字符串中的前 n 个字符，其余字符用省略号（“...”）表示。测试该函数，在浏览器中输出的结果如图 5-10 所示。

图 5-10　截取指定长度的字符串

（5）有一个日期字符串“2016-5-29 11:15:21”，把它转换成“2016 年 5 月 29 日 11 时 15 分 21 秒 星期几”的格式进行输出。

（6）实现一个用户登录界面使用验证码的功能，当输入正确的“验证码”以及用户名“Admin”和密码“123456”后，提示“用户登录成功！”；如果验证码输入错误，则提示“验证码输入错误！”；如果验证码输入正确，而用户名或者密码输入错误，则提示“用户名或密码错误！”。

第 6 章　文件系统处理

持久化存储数据的方法通常有两种：普通文件或数据库。在 Web 编程中，文件的操作是非常实用的，可以在客户端通过访问 PHP 脚本程序，动态地在 Web 服务器上实现目录和文件的多种操作，例如：目录的创建和删除，文件的创建、打开、写入数据、读取数据、删除等。本章学习要点如下：

- 文件系统概述；
- 目录的基本操作；
- 文件的基本操作；
- 文件的上传和下载。

6.1　文件系统概述

文件系统是操作系统用于明确存储设备或分区上的文件的方法和数据结构，即在存储设备上组织文件的方法，利用目录可以有效地对文件进行区分和管理。操作系统中负责管理和存储文件信息的软件机构称为文件管理系统，简称文件系统。从系统角度来看，文件系统是对文件存储设备的空间进行组织和分配，负责文件存储并对存入的文件进行保护和检索的系统。具体地说，它负责为用户建立文件，存入、读出、修改、转储文件，控制文件的存取，当用户不再使用时删除文件等。在 PHP 中，可以通过其内置的文件系统处理函数完成对 Web 服务器端文件系统的操作。

6.2　目录的基本操作

PHP 中提供了一系列的文件系统处理函数实现诸如目录路径解析、目录创建、目录复制、目录删除等操作。

6.2.1　解析目录路径

指定一个文件的位置，可以使用绝对路径或相对路径两种方式进行描述。绝对路径是从根目录开始一级一级地进入各个子目录，最后指定该文件名或目录名；相对路径是从当前目录进入某目录，最后指定该文件名或目录名。在系统的每个目录下都有两个隐藏的特殊的目录“.”和“..”，分别表示当前目录和当前目录的父目录。

1. 函数 basename()

basename()函数用来返回目录路径中的文件名部分。格式如下：

```
string basename ( string path [, string suffix] )
```

说明：

- 第 1 个参数是必选项，指定被处理的目录路径的字符串。
- 第 2 个参数是可选项，指定文件的扩展名，如果提供了则返回不包含该扩展名的文件名。

【示例 6-1】 basename()函数的应用。

```
<?php
    $path = '/mvc/views/bookstore/index.php';
    echo basename($path).'<br>';
    echo basename($path, '.php').'<br>';
```

2. 函数 dirname()

dirname()函数用来返回目录路径中的去掉文件名后的目录名。格式如下：

```
string dirname ( string path )
```

【示例 6-2】 dirname()函数的应用。

```
<?php
    $path = '/mvc/views/bookstore/index.php';
    echo dirname($path).'<br>';
```

3. 函数 pathinfo()

pathinfo()函数用来返回一个关联数组，其中包含指定路径中的目录名、带有文件扩展名的文件名、不带有文件扩展名的文件名、文件扩展名 4 个部分，分别通过数组键名 dirname、basename、filename、extension 来引用。格式如下：

```
array pathinfo ( string path )
```

【示例 6-3】 pathinfo()函数的应用。在浏览器中输出的结果如图 6-1 所示。

```
<?php
    $path = '/mvc/views/bookstore/index.php';
    $path_parts = pathinfo($path);
    var_dump($path_parts);
```

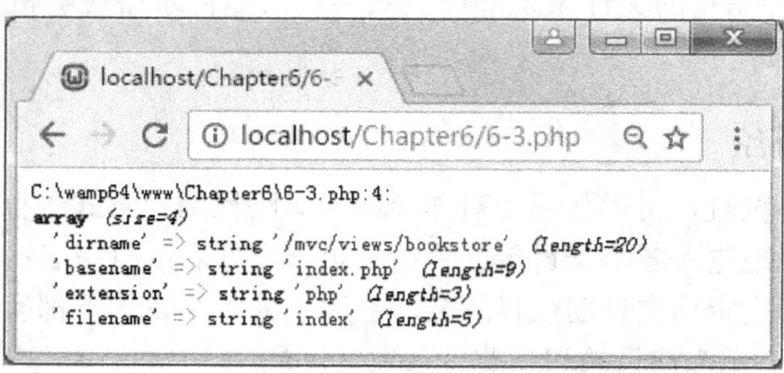

图 6-1 pathinfo()函数的应用

6.2.2 遍历目录

在 PHP 编程时，需要对服务器某个目录下面的文件进行浏览，通常称为遍历目录，主要用到 opendir()、readdir()、closedir()、rewinddir()函数。

1. 函数 opendir()

opendir()函数用来打开指定目录，返回一个可供其他目录函数使用的目录句柄（资源类型）；如果指定目录不存在或者没有访问权限，则返回 FALSE。格式如下：

```
resource opendir ( string path )
```

说明：参数 path 指定要打开的目录路径。

2. 函数 readdir()

readdir()函数用来读取指定目录，返回当前目录指针位置的一个文件名，并且将目录指针向后移动一位；当指针位于目录的结尾时，因为没有文件存在而返回 FALSE。格式如下：

```
string readdir ( resource dir_handle )
```

说明：参数 dir_handle 指定之前由 opendir()函数打开的目录句柄。

3. 函数 closedir()

closedir()函数用来关闭指定目录，函数无返回值，运行后将关闭打开的目录。格式如下：

```
void closedir ( resource dir_handle )
```

说明：参数 dir_handle 指定之前由 opendir()函数打开的目录句柄。

4. 函数 rewinddir()

rewinddir()函数用来重置目录句柄，函数无返回值，运行后把目录指针重置到目录的开始处。格式如下：

```
void rewinddir ( resource dir_handle )
```

说明：参数 dir_handle 指定之前由 opendir()函数打开的目录句柄。

【示例 6-4】 遍历目录。

注意：在执行该示例之前，请确保在同一目录下有一个名为“myPHP”的文件夹。在浏览器中输出的结果如图 6-2 所示。

```
<?php
    $dirname = './myPHP';                          //当前目录下用来遍历的一个目录名
    $dir_handle = opendir($dirname);               //用 opendir 打开目录

    //将遍历的目录和文件名使用表格格式输出
    $_table = '<table width="400" border="1" align="center"
                cellspacing="0" cellpadding="3">';
    $_table .= '<caption><h1>目录'.$dirname.'中的内容</h1></caption>';
    $_table .= '<tr bgcolor="#CCCCCC"><th>文件名</th><th>文件类型</th></tr>';

    //使用 readdir 循环读取目录里的内容
    while($file = readdir($dir_handle)) {
        if ($file=='.' || $file=='..' ) continue;    //忽略掉两个特殊的目录
```

```
            //将目录下的文件和当前目录链接起来，才能在程序中使用
            $dirFile = $dirname.'/'.$file;

            $_table .= '<tr>';
            $_table .= '<td>'.iconv('GB2312', 'UTF-8', $file).'</td>'; //显示文件名
            $_table .= '<td>'.filetype($dirFile).'</td>';              //显示文件类型
            $_table .= '</tr>';
        }
        $_table .= '</table>';
        closedir($dir_handle);   //关闭文件操作句柄
        echo $_table;      //输出表格
```

localhost/Chapter6/6-4.php

目录./myPHP中的内容

文件名	文件类型
PHP动态网页设计	dir
SQL Server数据库应用	dir
搭建PHP网站建设平台.ppt	file
配置DW可以运行PHP文件.doc	file

图 6-2　遍历目录

说明：iconv()函数用来转换字符串编码。本例中是将字符串变量$file 的编码由 GB2312 转换成 UTF8。

6.2.3　创建和删除目录

在 PHP 编程时，需要对某个目录进行创建和删除，主要用到 mkdir()、rmdir()函数。

1. 函数 mkdir()

mkdir()函数用来创建一个新目录，如果创建成功，则返回 TRUE；否则返回 FALSE。格式如下：

```
bool mkdir ( string pathname )
```

说明：参数 pathname 指定要创建的目录名称。

【示例 6-5】 在 myPHP 目录中创建子目录 source。

```
<?php
    $dirName = './myPHP';  //当前路径下的目录名
    $subDir = 'source';        //需要创建的子目录
    if (mkdir($dirName.'/'.$subDir))
        echo '创建新目录成功！<br>';
```

2. 函数 rmdir()

rmdir()函数用来删除一个已经存在的空目录，对于非空目录，一般需要使用递归的方法删除每一层目录中的子目录和文件。如果删除成功，则返回 TRUE；否则返回 FALSE。格式如下：

```
bool rmdir ( string pathname )
```

说明：参数 pathname 指定要删除的目录名称。

【示例 6-6】 删除 myPHP 目录中的子目录 source。

```
<?php
    $dirName = './myPHP';  //当前路径下的目录名
    $subDir = 'source';        //需要删除的子目录
    if (rmdir($dirName.'/'.$subDir))
        echo '删除空目录成功！<br>';
```

6.3 文件的基本操作

文件的操作最常见的就是读（将文件中的数据输入到程序中）和写（将数据保存到文件中），以及一些其他的相关处理，这些操作都可以通过 PHP 提供的众多与文件有关的标准函数来完成。

文件的基本操作函数主要有 file_exists()、filesize()、unlink()等。

1. 函数 file_exists()

file_exists()函数用来检查文件或目录是否存在，存在则返回 TRUE，否则返回 FALSE。格式为：

```
bool file_exists ( string filename )
```

说明：参数 filename 指定要被检查文件的 URL。

2. 函数 filesize()

filesize()函数用来获得文件大小，成功则返回文件大小的字节数，否则返回 FALSE。格式为：

```
int filesize ( string filename )
```

3. 函数 unlink()

unlink()函数用来删除文件，成功则返回 TRUE，否则返回 FALSE。格式如下：

```
bool unlink ( string filename )
```

6.3.1 打开与关闭文件

打开文件，实际上就是建立文件的各种有关信息，并使文件指针指向该文件，就可以将发起输入或输出流的实体联系在一起，以便进行读写等其他操作；关闭文件则断开指针与文件之间的联系，即禁止再对该文件进行操作。在 PHP 中可以通过标准函数 fopen()建立与文件资源的连接，使用 fclose()函数关闭通过 fopen()函数打开的各种资源。

1. 函数 fopen()

fopen()函数用来打开一个文件，成功则返回一个指向该文件的文件指针，否则返回 FALSE。格式如下：

```
resource fopen ( string filename, string mode )
```

说明：

- 参数 filename 指定要打开文件的 URL。这个 URL 可以是脚本所在的服务器中的绝对路径，也可以是相对路径。
- 参数 mode 指定文件打开的模式，文件模式及其意义如表 6-1 所示。

表 6-1　文件模式及其意义

序　号	模式字符	描　述
1	r	只读方式打开文件，文件指针位于文件的开头
2	r+	读/写方式打开文件，文件指针位于文件的开头
3	w	只写方式打开文件，文件指针位于文件的开头。如果文件已经存在，则删除该文件中的所有内容；如果文件不存在，则创建该文件
4	w+	读/写方式打开文件，文件指针位于文件的开头。如果文件已经存在，则删除该文件中的所有内容；如果文件不存在，则创建该文件
5	x	创建并以写入方式打开文件，文件指针位于文件的开头。如果文件已经存在，则返回 FALSE；如果文件不存在，则创建该文件
6	x+	创建并以读/写方式打开文件，文件指针位于文件的开头。如果文件已经存在，则返回 FALSE；如果文件不存在，则创建该文件
7	a	只写方式打开文件，文件指针位于文件的末尾。如果文件已经存在并已存在内容，则从该文件的末尾开始追加；如果文件不存在，则创建该文件
8	a+	读/写方式打开文件，文件指针位于文件的末尾。如果文件已经存在并已存在内容，则从该文件的末尾开始追加；如果文件不存在，则创建该文件
9	b	以二进制模式打开文件，用于与其他模式进行连接，是默认的模式

2. 函数 fclose()

fclose()函数用来关闭 fopen()函数打开的文件指针，成功则返回 TRUE，否则返回 FALSE。格式如下：

```
bool fclose ( resource file_handle )
```

说明：参数 file_handle 指定之前由 fopen()函数打开的文件指针。

【示例 6-7】 文件的打开和关闭。

```
<?php
    //以只读模式打开 file.txt 文件（绝对路径），返回资源$handle1
    $handle1 = fopen('/mvc/views/bookstore/data/file.txt', 'r');
    //以二进制和只读模式打开 file.gif 文件（绝对路径），返回资源$handle2
    $handle2 = fopen('/mvc/views/bookstore/image/file.gif', 'rb');
    //以只写模式打开 info.txt 文件（相对路径），返回资源$handle3
    $handle3 = fopen('../data/info.txt', 'w');
```

```
    //关闭资源$handle1
    fclose($handle1);
    //关闭资源$handle2
    fclose($handle2);
    //关闭资源$handle3
    fclose($handle3);
```

6.3.2 写文件

在 PHP 中提供了 fwrite()和 file_put_contents()函数将程序中的数据保存到文件中，这两个函数的功能及其描述如表 6-2 所示。

表 6-2 将数据保存到文件中的函数

序号	函　数	描　述
1	fwrite()	写入文件。在写入之前，需要使用 fopen()函数打开文件；写入结束以后，使用 fclose()函数关闭文件
2	file_put_contents()	快速写入文件。该函数与依次调用 fopen()、fwrite()、fclose()函数的功能一样

1. 函数 fwrite()

fwrite()函数用来把字符串内容写入一个打开的文件中。在文件中通过字符序列“\n”表示换行符，表示文件中一行的末尾（基于 Windows 的系统使用“\r\n”作为行结束字符）。该函数执行完成以后会返回写入的字符数，出现错误时则返回 FALSE。格式如下：

```
int fwrite ( resource file_handle, string data [, int length] )
```

说明：

- 参数 file_handle 指定之前由 fopen()函数打开的文件指针。
- 参数 data 指定要写入到文件中的字符串内容。
- 参数 length 是可选的，指定把字符串中的前 length 个字节写入到文件中。如果字符串的字节数小于 length 或者省略，则把整个字符串的内容写入到文件中。

【示例 6-8】 使用 fwrite()函数写入数据到文件。

```
<?php
    //声明一个变量用来保存文件名
    $fileName = 'data.txt';
    //使用 fopen()函数以只写的模式打开文件，如果不存在则创建它，打开失败则提示错误
    $handle = fopen($fileName, 'w') or die("打开<b>{$fileName}</b>文件失败！");

    //循环 5 次，写入 5 行数据到文件中
    for($i=0; $i<5; $i++){
        $row++;
        fwrite($handle, "{$row}: http://www.ccit.js.cn\r\n");
    }

    fclose($handle);            //关闭由 fopen()打开的文件指针资源
```

说明：该程序执行后，如果当前目录下存在 data.txt 文件，则清空该文件并写入 5 行数据；如果不存在 data.txt 文件，则创建该文件并将这 5 行数据写入。

2. 函数 file_put_contents()

file_put_contents()函数用来将数据直接写入到指定的文件中。如果同时调用多次，并向同一个文件中写入数据，则文件中只保存最后一次调用该函数写入的数据。因为在每次调用时都会重新打开文件并将文件中原有的数据清空，然后再写入数据。该函数执行完成以后会返回写入的字符数，出现错误时则返回 FALSE。格式如下：

```
int file_put_contents ( string filename [, mixed data] )
```

说明：

- 参数 filename 指定要写入数据的文件。如果文件不存在，则创建一个新的文件。
- 参数 data 是可选的，指定要写入到文件中的数据，可以是字符串、数组或数据流。

【示例 6-9】 使用 file_put_contents()函数写入数据到文件。

```
<?php
    //声明一个变量用来保存文件名
    $fileName = 'data.txt';
    $data = "";

    //循环 5 次，形成 5 行数据保存到字符串变量$data 中
    for($i=0; $i<5; $i++){
        $row++;
        $data .= "{$row}: http://www.ccit.js.cn\r\n";
    }

    //将$data 中的数据一次性写入到指定的文件中
    file_put_contents($fileName, $data);
```

说明：该程序执行后，写入到 data.txt 文件中的数据与示例 6-8 的完全一致。

6.3.3 读文件

在 PHP 中提供了多个从文件中读取内容的标准函数，可以根据它们的功能特性在程序中选择使用哪个函数。这些函数的功能及其描述如表 6-3 所示。

表 6-3 读取文件内容的函数

序 号	函 数	描 述
1	fread()	读取打开文件中的内容
2	file_get_contents()	将文件读入字符串。该函数无需使用 fopen()打开文件
3	fgets()	读取打开文件中的一行内容
4	fgetc()	读取打开文件中的一个字符
5	file()	将文件读入一个数组中。该函数无需使用 fopen()打开文件
6	readfile()	读取一个文件，并输出到输出缓冲区。该函数无需使用 fopen()打开文件

1. 函数 fread()

fread()函数用来在打开的文件中读取指定长度的字符串，也可以用于二进制文件的读取。在区分二进制文件和文本文件的系统上打开文件时，fopen()函数的 mode 模式要加上"b"。该函数执行完成以后会返回读取的内容字符串，出现错误时则返回 FALSE。格式如下：

```
string fread ( resource file_handle, int length )
```

说明：

- 参数 file_handle 指定之前由 fopen()函数打开的文件指针。
- 参数 length 指定最多读取文件中的 length 个字节。在读取完 length 个字节或到达文件末尾（EOF）时，则会停止读取文件。

【示例 6-10】 使用 fread()函数读取文件中的指定字节数的数据。

```
<?php
    $filename = 'data.txt';          //将本地文件名保存在变量中
    //以只读的方式打开文件
    $handle = fopen($filename, 'r') or die('文件打开失败！');
    //从文件中读取前 50 个字节的数据
    $contents = fread($handle, 50);
    fclose($handle);         //关闭文件资源
    echo nl2br($contents);   //将从文件中读取的内容输出
```

【示例 6-11】 使用 fread()函数读取文件中的全部数据。

```
<?php
    $filename = 'data.txt';          //将本地文件名保存在变量中
    //以只读的方式打开文件
    $handle = fopen($filename, 'r') or die('文件打开失败！');
    //使用 filesize()函数获得文件的大小
    $contents = fread($handle, filesize($filename));
    fclose($handle);         //关闭文件资源
    echo nl2br($contents);   //将从文件中读取的内容输出
```

【示例 6-12】 使用 fread()函数循环读取文件中的部分数据，直至全部读完。

```
<?php
    $filename = 'image.jpg'; //将本地文件名（二进制文件）保存在变量中
    //以二进制和只读的方式打开文件
    $handle = fopen($filename, 'rb') or die('文件打开失败！');
    //读取文件中的内容到一个变量中，每次读取一部分，循环读取
    $contents = "";
    while (!feof($handle)) { //使用 feof()判断文件结尾
        $contents .= fread($handle, 1024);         //每次读取 1024 个字节
    }

    fclose($handle);          //关闭文件资源
    echo $contents;           //将从文件中读取的内容输出
    //把读取的数据写入到另外一个文件中
```

```
file_put_contents('image_bak.jpg', $contents);
```

说明：feof()函数用来检测是否已到达文件末尾（EOF）。如果是则返回 TRUE；否则返回 FALSE。格式如下：

```
bool feof ( resource file_handle )
```

2. 函数 file_get_contents()

file_get_contents()函数用来把一个文件的内容读入到一个字符串中，其性能要比示例 6-11、示例 6-12 的代码好得多。file_get_contents()函数是用于将文件的内容读入到一个字符串中的首选方法。如果操作系统支持，还会使用内存映射技术来增强性能。如果失败，则返回 FALSE。格式如下：

```
string file_get_contents ( string filename )
```

说明：参数 filename 指定要读取的文件。

【示例 6-13】 使用 file_get_contents()函数读取文件中的全部数据。

```
<?php
    $filename = 'data.txt';            //将本地文件名保存在变量中
    //读取文件中的全部内容到一个变量中
    $contents = file_get_contents($filename);
    echo nl2br($contents);             //将从文件中读取的内容输出
```

3. 函数 fgets()

fgets()函数用来在打开的文件中读取一行数据，如果读取失败，则返回 FALSE。格式如下：

```
string fgets ( resource file_handle [, int length] )
```

说明：

- 参数 file_handle 指定之前由 fopen()函数打开的文件指针。
- 参数 length 是可选的，指定读取文件中的一行并返回最多为 length-1 个字节的字符串，或者返回遇到换行或 EOF 之前读取的所有内容。如果忽略该参数，则默认为 1024 个字节。

【示例 6-14】 使用 fgets()函数读取文件中的一行数据。

```
<?php
    $filename = 'data.txt';            //将本地文件名保存在变量中
    //以只读的方式打开文件
    $handle = fopen($filename, 'r') or die('文件打开失败！ ');
    //循环读取每一行数据
    while (!feof($handle)) {
        buffer = fgets($handle);             //一次读取一行数据
        echo $buffer."<br>";                 //输出每一行数据
    }
    fclose($handle);            //关闭文件资源
```

4. 函数 fgetc()

fgetc()函数用来在打开的文件中读取当前指针位置处的一个字符，如果遇到文件结束标志 EOF，则返回 FALSE。格式如下：

```
string fgetc ( resource file_handle )
```

说明：参数 file_handle 指定之前由 fopen()函数打开的文件指针。

【示例 6-15】 使用 fgetc()函数读取文件中的一个字符。

```
<?php
    $filename = 'data.txt';          //将本地文件名保存在变量中
    //以只读的方式打开文件
    $handle = fopen($filename, 'r') or die('文件打开失败！');
    //循环 5 次，每次读取一个字符
    for($i=0; $i<5; $i++){
        $char = fgetc($handle);   //一次读取一个字符
        echo $char.'<br>';        //输出每一个字符
    }
    fclose($handle);          //关闭文件资源
```

5. 函数 file()

file()函数用来把整个文件读入到一个数组中。数组中的每个元素都是文件中相应的一行，包括换行符在内。如果失败，则返回 FALSE。格式如下：

```
array file ( string filename )
```

说明：参数 filename 指定要读取的文件。

【示例 6-16】 使用 file()函数读取文件中的全部数据。

```
<?php
    $filename = 'data.txt';          //将本地文件名保存在变量中
    $contents = file($filename);   //读取文件中的全部内容到一个数组中
    var_dump($contents);           //将从文件中读取的内容输出
```

6. 函数 readfile()

readfile()函数用来读取指定的整个文件，并立即输出到输出缓冲区。如果成功，则返回从文件中读入的字节数；如果失败，则返回 FALSE。格式如下：

```
int readfile ( string filename )
```

说明：参数 filename 指定要读取的文件。

【示例 6-17】 使用 readfile()函数读取文件中的全部数据，并输出到输出缓冲区。

```
<?php
    $filename = 'data.txt';          //将本地文件名保存在变量中
    readfile($filename);             //读取文件中的全部内容，并输出到浏览器
```

6.4 文件的上传与下载

在 Web 开发中，经常需要将本地文件上传到 Web 服务器中，也可以从 Web 服务器上下载一些文件到本地磁盘。文件的上传和下载应用十分广泛，在 PHP 中可以接收来自几乎所

有类型浏览器上传的文件，PHP 还允许对服务器的下载进行控制。

6.4.1 文件上传

在 Web 程序中，文件上传已经成为一个常用功能，其目的是客户可以通过浏览器将文件上传到 Web 服务器上的指定目录中。上传文件时，需要在客户端选择本地磁盘文件，而在 Web 服务器端需要接收并处理来自客户端上传的文件，所以客户端和 Web 服务端都需要进行设置。

1. 客户端上传设置

文件上传的最基本方法是在 form 表单中通过<input type = "file">标记选择本地文件进行提交，但是必须给<form>标签中的 method 和 enctype 属性设置相应的值来完成文件的传递。

- method = "POST"：用来指定发送数据的方法。
- enctype = "multipart/form-data"：用来指定表单编码数据的方式，这样服务器就会知道，我们要传递的是一个文件，并且带有常规的表单信息。

另外，还需要在 form 表单中设置一个<input type = "hidden">标记，其中 name 属性值为“MAX_FILE_SIZE”的隐藏值域，并通过设置其 value 属性限制上传文件的大小（单位为字节），但这个值不能超过 PHP 的配置文件中的 upload_max_filesize 参数所设置的值。

【示例 6-18】 文件上传表单（表单限制上传文件的大小为 1MB）。

```
<html>
    <head>
        <title>文件上传</title>
    </head>
    <body>
        <form action="upload.php" method="post" enctype="multipart/form-data">
            <input type="hidden" name="MAX_FILE_SIZE" value="1000000" />
            选择文件：<input type="file" name="myfile" size="60" />
            <input type="submit" value="上传文件" />
        </form>
    </body>
</html>
```

2. 在服务器端通过 PHP 处理上传

在客户端通过 HTML 表单可以提供本地文件选择，并提供将文件发送给服务器的标准化方式，但并没有提供相关功能来确定文件到达目的地后发生了什么。所以上传文件的接收和后续处理就要通过 PHP 脚本来处理。要想通过 PHP 成功地管理文件上传，需要通过以下 3 个方面的信息。

（1）设置 PHP 配置文件中的参数。

文件上传与 PHP 配置文件的设置有关。用户可以设置 php.ini 文件中的一些参数，用来精确调节 PHP 的文件上传功能。在 PHP 配置文件 php.ini 中与上传文件有关的参数如表 6-4 所示。

表 6-4 PHP 配置文件 php.ini 中与上传文件有关的选项

序　号	参 数 名	默 认 值	功 能 描 述
1	file_uploads	ON	确定是否开启文件上传功能
2	upload_max_filesize	2MB	限制 PHP 处理上传文件大小的最大值。此值必须小于配置参数 post_max_size 的值
3	post_max_size	8MB	限制通过 POST 方法可以接受信息的最大值，也就是整个 POST 请求的提交值。此值必须大于配置参数 upload_max_filesize 的值
4	upload_tmp_dir	NULL	上传文件存放的临时路径，可以是一个绝对路径，这个目录对于拥有此服务器进程的用户必须是可写的。默认值 NULL 则表示使用系统的临时目录

（2）$_FILES 多维数组。

表单提交给服务器的数据，可以通过在 PHP 脚本中使用全局数组$_GET、$_POST 或 $_REQUEST 接收。而通过 POST 方法上传的文件有关信息都存储在多维数组$_FILES 中。文件上传后，首先存储于 Web 服务器的临时目录中，同时在 PHP 脚本中就可以获取到一个 $_FILES 全局数组。$_FILES 数组的第 1 个下标是表单中<input type = "file">标记的 name 属性值，第 2 个下标可以是“name”“type”“size”“tmp_name”或“error”。全局数组$_FILES 中的元素说明如表 6-5 所示。

表 6-5 全局数组$_FILES 中的元素说明

序　号	数　组	描　述
1	$_FILES["myfile"]["name"]	客户端上传文件的原名称，包括扩展名
2	$_FILES["myfile"]["type"]	客户端上传文件的类型
3	$_FILES["myfile"]["size"]	已上传文件的大小，单位为字节
4	$_FILES["myfile"]["tmp_name"]	文件被上传后，在 Web 服务器端存储的临时文件名，这是存储在临时目录中时所指定的文件名
5	$_FILES["myfile"]["error"]	文件上传时产生的错误信息代码，有以下 8 个可能值。 ● 0：表示没有发生任何错误 ● 1：表示上传文件的大小超出了在 PHP 配置文件中参数 upload_max_filesize 所限定的值 ● 2：表示上传文件大小超出了 HTML 表单中 name 属性为 MAX__FILE__SIZE 的隐藏域所限定的值 ● 3：表示文件只有部分上传 ● 4：表示没有上传任何文件 ● 6：表示没有找到临时目录 ● 7：表示文件写入到临时目录中时失败

说明：在表 6-5 中，$_FILES 数组的第一个下标“myfile”，代表的是文件上传表单元素（<input type="file" name="myfile">）中 name 属性的值，这个值将根据用户所设置的名字而有所不同。

（3）PHP 的文件上传处理函数。

文件上传成功以后，文件会被放置在 Web 服务器端的临时目录下，文件名是随机生成的临时文件名。该文件在程序执行完后将会自动删除，在删除前可以像本地文件一样进行操作。PHP 提供了专门用于文件上传处理的 is_uploaded_file()和 move_uploaded_file()函数。

① 函数 is_uploaded_file()。

is_uploaded_file()函数用来判断指定的文件是否是通过 HTTP POST 上传的，如果是则返回 TRUE，否则返回 FALSE。格式如下：

```
bool is_uploaded_file ( string filename )
```

说明：参数 filename 必须指定类似于$_FILES["myfile"]["tmp_name"]的变量，才能判断指定的文件确实是上传文件。如果用来判断从客户端上传的文件名$_FILES["myfile"]["name"]，则不能正常运行。

② 函数 move_uploaded_file()。

move_uploaded_file()函数用来把上传的文件从 Web 服务器的临时目录中移动到新的位置，如果目标文件已经存在，将会被覆盖。成功则返回 TRUE，否则返回 FALSE。格式如下：

```
bool move_uploaded_file ( string filename, string destination )
```

说明：

- 参数 filename 必须指定一个合法的上传文件（即通过 PHP 的 HTTP POST 上传机制所上传的文件）。
- 参数 destination 指定一个移动到目标位置的文件。

编写示例 6-18 中用到的 upload.php 文件，用来实现文件上传功能，同时把用户上传的文件从临时目录移动到当前路径的 uploads 目录下，并把上传文件的原始文件名更改为由系统定义的文件名。在浏览器中输出的结果如图 6-3、图 6-4 所示。

```
<?php
    date_default_timezone_set('Asia/Shanghai');      //设置时区
    //设置上传后保存文件的文件夹
    $path = './uploads';
    //设置允许上传的类型为 gif、png 和 jpg
    $allowtype = array('gif', 'png', 'jpg');
    //获取在 PHP 配置文件中参数 upload_max_filesize 所限定的值
    $upload_max_filesize = ini_get('upload_max_filesize');
    //获取 HTML 表单中 name 属性为 MAX__FILE__SIZE 的隐藏域所限定的值
    $max_filesize = $_POST['MAX_FILE_SIZE'];
    //获取上传的文件名
    $upfile = $_FILES['myfile']['name'];
    $tmpfile = $_FILES['myfile']['tmp_name'];
    //获取上传文件的大小
    $filesize = $_FILES['myfile']['size'];

    /* 判断文件是否可以成功上传到 Web 服务器 */
    if($_FILES['myfile']['error'] > 0) {
        echo '上传错误: ';
        switch ($_FILES['myfile']['error']) {
            case 1:   die("上传文件大小超出了 PHP 配置文件中的限定值：".
                $upload_max_filesize."！"); break;
            case 2:   die("上传文件大小超出了表单中的限定值：".$max_filesize."！");
                break;
            case 3:   die("文件只被部分上传！"); break;
            case 4:   die("没有上传任何文件！"); break;
```

```
            default: die("未知错误！");
        }
    }

    /* 通过文件的后缀名，判断上传的文件是否为允许的文件类型 */
    $path_parts = pathinfo($upfile);
    $ext = $path_parts['extension'];
    if(!in_array($ext, $allowtype)) {
        die("上传文件的后缀为<b>{$ext}</b>，不是允许的文件类型！");
    }

    /* 为了系统安全，也为了同名文件不被覆盖，上传后将更改为由系统定义的文件名 */
    $filename = date('YmdHis').rand(1000,9999).'.'.$ext;

    /* 判断是否为上传文件 */
    if (is_uploaded_file($_FILES['myfile']['tmp_name'])){
        if (!move_uploaded_file($tmpfile, $path.'/'.$filename)){
            die('不能将文件移动到指定目录！');
        }
    }
    else{
        die("文件{$upfile}不是一个合法的上传文件！");
    }

    /* 如果文件上传成功则输出提示信息 */
    echo "文件<b>{$upfile}</b>上传成功，保存在目录<b>{$path}</b>中，".
        "新的文件名为<b>{$filename}</b>，大小为<b>{$filesize}</b>字节！";
```

图 6-3　文件上传

图 6-4　文件上传成功后的提示信息

另外，对于多个文件上传的处理，其与单个文件上传的处理方式是一样的，只需要在客户端多提供几个类型为“file”的输入表单，并指定不同的“name”属性值。多个“file”的输入表单，可以使用数组格式的表单元素，也可以是不同的表单元素。

【示例 6-19】 多个文件上传表单。

```
<html>
    <head>
        <title>多个文件上传表单</title>
    </head>
    <body>
        <form action="mul_upload.php" method="post" enctype="multipart/form-data">
            <input type="hidden" name="MAX_FILE_SIZE" value="1000000" />
            选择文件 1：<input type="file" name="myfile[]" size="60" /><br>
            选择文件 2：<input type="file" name="myfile[]" size="60" /><br>
            选择文件 3：<input type="file" name="myfile[]" size="60" /><br>
            <input type="submit" value="上传文件" />
        </form>
    </body>
</html>
```

说明：在上面的代码中，将 3 个文件类型的表单以数组的形式组织在一起。当上面的表单提交给 PHP 的脚本文件 mul_upload.php 时，在服务器端同样使用全局数组$_FILES 存储所有上传文件的信息，但$_FILES 已经由二维数组转变为三维数组，这样就可以存储多个上传文件的信息。处理多个文件的上传和处理单个文件上传时的情况是一样的，只是$_FILES 数组的结构形式略有不同。通过这种方式可以支持更多数量的文件上传。

6.4.2 文件下载

简单的文件下载只需要使用 HTML 的链接标记<a>，例如：

```
<a href="http://www.ccit.js.cn/download/book.rar">下载 book.rar 文件</a>
<a href="http://www.ccit.js.cn/download/logo.gif">下载 logo.gif 文件</a>
```

说明：这种方式只能处理一些浏览器不能默认识别的 MIME 类型的文件。例如当访问 book.rar 文件时，浏览器并没有直接打开，而是弹出一个下载提示框，提示用户“下载”还是“打开”等处理方式。但是在下载图片、PHP 程序脚本等文件时，如果使用这种链接方式，则文件内容直接在浏览器中输出，并不会提示用户下载。

为了提高文件的安全性，不希望在<a>标签中给出文件的链接，则需要向浏览器发送必要的头信息，以通知浏览器将要进行下载文件的处理。PHP 使用 header()函数发送网页的头部信息给浏览器，该函数接收一个头信息的字符串作为参数。文件下载需要发送的头信息包括 3 部分，通过调用 3 次 header()函数完成。

【示例 6-20】 使用 header()函数下载图片 image.jpg。

```
<?php
    $file_name = "./image.jpg";
    /获取下载文件的大小
    $file_size = filesize($file_name);
    //获取下载文件的文件名（不包含路径）
    $File_basename = basename($file_name);
    //指定下载文件的类型
```

```
header("Content-type: application/octet-stream");
//指定下载文件的大小
header("Content-Length: $file_size");
//指定下载文件的描述信息（客户端的弹出对话框，对应的文件名）
header("Content-Disposition: attachment; filename=$File_basename");
//将内容输出，以便下载
readfile($file_name);
```

6.5 习题

（1）编写一个简单的留言簿，可以实现浏览和发布留言的功能。在浏览器中的输出结果如图 6-5、图 6-6 所示。

图 6-5 浏览留言

图 6-6 发布留言

（2）完善示例 6-19 中的多个文件上传功能。在浏览器中的输出结果如图 6-7、图 6-8 所示。

图 6-7　多个文件上传

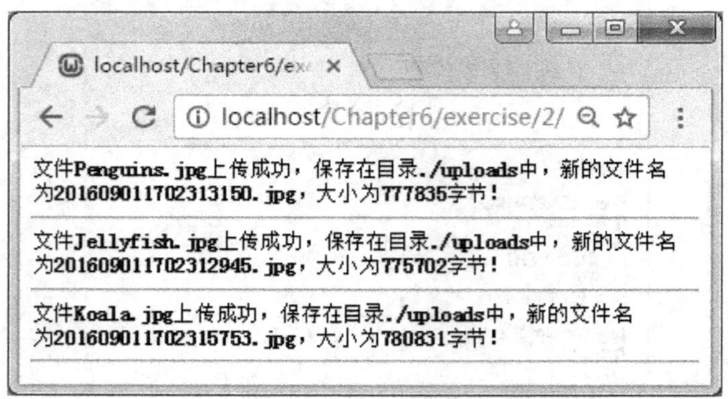

图 6-8　文件上传成功后的提示信息

第7章　PHP面向对象程序设计

PHP 的面向对象实现提供了一个全面的面向对象语言所能提供的所有特性。面向对象的特点是封装性、继承性、多态性。对象通过封装保护对象中的成员，通过继承对类进行扩展，通过多态机制编写“一个接口，多种实现”的方式。本章学习要点如下：

- 面向对象的概念；
- 类的声明；
- 类的成员；
- 对象的实例化；
- 对象中成员的访问；
- 构造方法与析构方法；
- 类的封装性；
- 类的继承性；
- 抽象类的概念与定义；
- 接口的定义与实现。

7.1　面向对象概述

对于软件开发来说，当今编程语言大都支持甚至要求使用面向对象的方法。面向对象程序设计（Object Oriented Programming，OOP）是一种计算机编程架构，面向对象的开发方式试图在系统中引入对象的分类、关系和属性，从而有助于程序开发和代码重用。

面向对象程序设计达到了软件工程的 3 个目标：重用性、灵活性和扩展性，使其编程的代码更简洁、更易于维护，并且具有更强的可重用性。面向对象一直是软件开发领域比较热门的话题，首先，面向对象符合人类看待事物的一般规律；其次，采用面向对象的设计方式可以使系统各部分各司其职、各尽所能。

PHP 与 C#、Java 一样，都可以采用面向对象的方式设计程序。但 PHP 并不是一个真正的面向对象的语言，而是一个混合型语言，既可以使用面向对象去设计程序，也可以使用传统的过程化进行编程。对于大型项目而言，则需要在 PHP 中使用纯面向对象的思想去进行设计。

7.2　类和对象

7.2.1　类和对象的关系

类与对象之间的关系就如同模具与铸件之间的关系。类的实例化结果就是对象，而对象的抽象就是类。类描述了一组具有相同特性（属性）和相同行为（方法）的对象。在程序设计时，首先要抽象类，然后再用该类去创建对象，在程序中直接使用的是对象而不是类。

1. 什么是对象

在客观世界里，所有的事物都是由对象和对象之间联系组成的。对象是系统中用来描述客观事物的一个实体，它是构成系统的一个基本单位，一个对象由一组属性和有权对这些属性进行操作的一组服务组成的封装体。

例如，一辆汽车、一个人、一本书，乃至一种语言、一个图形等都可以作为一个对象。

2. 什么是类

类是创建对象的模板，是对一组客观对象的抽象，将该组对象所具有的共同特征集中起来，以说明该组对象的性质和能力。

在面向对象的编程语言中，类是一个独立的程序单位，是具有相同属性和方法的一组对象的集合。它为属于该类的所有对象提供了统一的抽象描述，其内部包括成员属性和成员方法两个主要部分。

例如，每一辆汽车都是一个对象，那我们可以定义一个汽车类，汽车类中包含品牌、型号等属性，以及启动、行驶、停车等方法。这样，所有的汽车都可以归属于这个类。

在程序设计中，类的实例化结果就是对象，可以实例化多个对象，每一个对象都具有该类中定义的内容特性，但它们是相互独立的，对其中任何一个对象的修改，都不会影响到其他对象。

7.2.2 类的声明

类的声明比较简单，使用关键字 class 声明即可。类的声明的语法格式如下：

```
[类修饰符] class 类名 {
    [类的成员]
}
```

说明：

- 类名的命名规则与变量名、函数名的命名规则一致。
- 类修饰符可以省略，也可以使用诸如 abstract、final 等关键字进行修饰。
- 类的成员包含成员属性和成员方法。

【示例 7-1】 声明一个 Person 类。

```
<?php
    class Person{

    }
```

7.2.3 类的成员

类的成员由成员属性和成员方法构成。

1. 成员属性

在类中直接声明变量就称为成员属性，可以在类中声明多个变量，即对象中有多个成员属性，每个变量都存储对象不同的属性信息。在类中声明成员属性时，变量前面一定要使用 public、private、protected、static 等关键字的修饰来控制成员属性的一些权限，这些关键字的具体功能将会在后面进行详细介绍。

【示例 7-2】 声明一个 Person 类，在类中声明 3 个成员属性。

```
<?php
    class Person{
        public $name;      //存储人的名字
        public $sex; //存储人的性别
        public $age; //存储人的年龄
    }
```

2. 成员方法

在对象中需要声明一些可以操作本对象成员属性的方法，来实现对象的一些行为。在类中直接声明的函数就称为成员方法。可以在类中声明多个函数，对象中就有多个成员方法。成员方法的声明和函数的声明完全一样，不过可以使用 public、private、protected、static 等关键字的修饰来控制成员方法的一些权限。

【示例 7-3】 声明一个 Person 类，在类中声明两个成员方法。

```
<?php
    class Person{
        function say(){            //定义人说话的功能
            echo "这个人在说话！<br>";
        }

        public function run(){   //定义人走路的功能
            echo "这个人在走路！<br>";
        }
    }
```

对象就是把相关属性和方法组织在一起形成一个集合，在声明类时可以根据需求，有选择地声明成员。其中成员属性和成员方法都是可选的，可以只有成员属性，也可以只有成员方法，也可以没有成员。

7.2.4 对象的实例化

因为在程序中不是直接使用类，使用的是通过类创建的对象，所以在使用对象之前，首先要通过声明的类实例化出一个或多个对象。

使用 new 关键字可以将类实例化成对象。对象的实例化的语法格式如下：

```
$变量名 =new 类名称( [参数列表] );
```

【示例 7-4】 声明一个 Person 类，并实例化出两个对象。

```
<?php
    class Person{
        public $name;      //存储人的名字
```

```
        public $sex; //存储人的性别
        public $age; //存储人的年龄

        function say(){           //定义人说话的功能
            echo "这个人在说话！<br>";
        }

        public function run(){  //定义人走路的功能
            echo "这个人在走路！<br>";
        }
    }

    //通过 Person 类实例化出两个对象$person1、$person2
    $person1 = new Person();
    $person2 = new Person();
```

说明：一个类可以实例化出多个对象，每个对象都是独立的。使用同一个类声明的多个对象之间是没有联系的，只是它们都属于同一种类型，每个对象内部都有类中声明的成员属性和成员方法。在上例中，对象$person1 和$person2 在内存中使用两个独立的空间分别存储，它们之间是没有任何联系的。

7.2.5 对象中成员的访问

对象中成员的访问就是对对象中成员属性的访问和成员方法的访问，而对成员属性的访问则又包括赋值操作和获取成员属性值的操作。访问对象中的成员是使用一个特殊的运算符号“->”、通过对象的引用来访问的。访问对象中成员的语法格式如下：

```
$引用名 =new 类名称( [参数列表] );
$引用名 -> 成员属性 = 值;
echo $引用名 -> 成员属性;
$引用名 -> 成员方法;
```

【示例 7-5】 声明一个 Person 类，单独放置在一个“./7-5.class/Person.class.php”文件中。然后再通过 Person 类实例化出两个对象，分别访问这两个对象中的成员属性和成员方法。在浏览器中的输出结果如图 7-1 所示。

Person.class.php 文件：

```
<?php
    class Person{
        public $name;      //存储人的名字
        public $sex; //存储人的性别
        public $age; //存储人的年龄

        function say(){           //定义人说话的功能
            echo "这个人在说话！<br>";
        }
```

```
    public function run(){    //定义人走路的功能
        echo "这个人在走路！<br>";
    }
}
```

7-5.php 文件：

```
<?php
    include('./7-5.class/Person.class.php');    //包含并执行 Person.class.php 文件

    //通过 Person 类实例化出对象$person1
    $person1 = new Person();
    $person1->name = '张华';    //将对象$person1 中的$name 属性赋值为：张华
    $person1->sex = '男';       //将对象$person1 中的$sex 属性赋值为：男
    $person1->age = 20;         //将对象$person1 中的$age 属性赋值为：20
    echo "person1 对象的名字为：{$person1->name}<br>";
    echo "person1 对象的性别为：{$person1->sex}<br>";
    echo "person1 对象的年龄为：{$person1->age}<br>";
    $person1->say();        //调用对象$person1 中的 say()方法
    $person1->run();        //调用对象$person1 中的 run()方法
    echo '<hr>';
    //通过 Person 类实例化出对象$person2
    $person2 = new Person();
    $person2->name = '李丽';    //将对象$person2 中的$name 属性赋值为：李丽
    $person2->sex = '女';       //将对象$person2 中的$sex 属性赋值为：女
    $person2->age = 19;         //将对象$person2 中的$age 属性赋值为：19
    echo "person2 对象的名字为：{$person2->name}<br>";
    echo "person2 对象的性别为：{$person2->sex}<br>";
    echo "person2 对象的年龄为：{$person2->age}<br>";
    $person2->say();        //调用对象$person2 中的 say()方法
    $person2->run();        //调用对象$person2 中的 run()方法
```

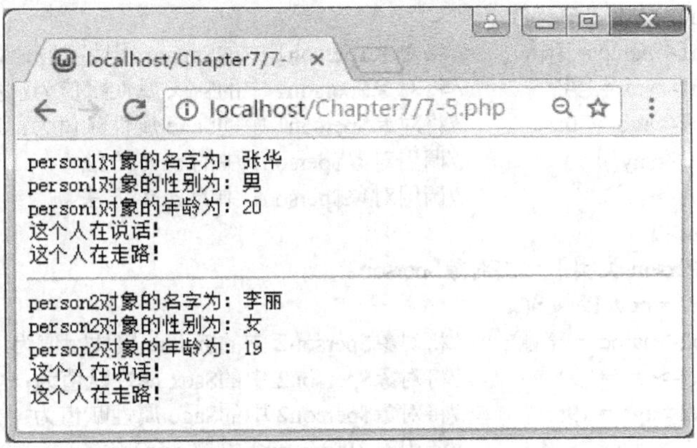

图 7-1　对象成员的访问

7.2.6 特殊的对象引用"$this"

访问对象中的成员必须通过对象的引用来实现。对象一旦被创建，在对象中的每个成员方法里面都会存在一个特殊的对象引用"$this"，成员方法属于哪个对象，$this 引用就代表哪个对象，专门用来完成对象内部成员之间的访问。即，在对象的成员方法中访问自己对象中的成员属性，或者访问自己对象内其他的成员方法。

【示例 7-6】 声明一个 Person 类，单独放置在一个"./7-6.class/Person.class.php"文件中。在其成员方法中使用$this 引用访问自己对象内部的成员属性。在浏览器中的输出结果如图 7-2 所示。

Person.class.php 文件：

```
<?php
    class Person{
        public $name;       //存储人的名字
        public $sex;        //存储人的性别
        public $age;        //存储人的年龄

        function say(){              //定义人说话的功能
            echo "我的名字为：{$this->name}；性别为：{$this->sex}；".
                "年龄为：{$this->age}。<br>";
        }

        public function run(){   //定义人走路的功能
            echo "{$this->name}在走路！<br>";
        }
    }
```

7-6.php 文件：

```
<?php
    include('./7-6.class/Person.class.php');     //包含并执行 Person.class.php 文件

    //通过 Person 类实例化出对象$person1
    $person1 = new Person();
    $person1->name = '张华';     //将对象$person1 中的$name 属性赋值为：张华
    $person1->sex = '男';         //将对象$person1 中的$sex 属性赋值为：男
    $person1->age = 20;          //将对象$person1 中的$age 属性赋值为：20
    $person1->say();             //调用对象$person1 中的 say()方法
    $person1->run();             //调用对象$person1 中的 run()方法
    echo '<hr>';
    //通过 Person 类实例化出对象$person2
    $person2 = new Person();
    $person2->name = '李丽';     //将对象$person2 中的$name 属性赋值为：李丽
    $person2->sex = '女';         //将对象$person2 中的$sex 属性赋值为：女
    $person2->age = 19;          //将对象$person2 中的$age 属性赋值为：19
    $person2->say();             //调用对象$person2 中的 say()方法
    $person2->run();             //调用对象$person2 中的 run()方法
```

图 7-2　使用“$this”引用访问对象内部成员

7.3　构造方法和析构方法

构造方法和析构方法是对象中两个特殊的方法，它们都与对象的生命周期有关。构造方法是对象创建完成后第一个被对象自动调用的方法，而析构方法是对象在销毁之前最后一个被对象自动调用的方法。所以，通常使用构造方法完成一些对象的初始化工作，使用析构方法完成后一些对象在销毁前的清理工作。

7.3.1　构造方法

在每个类中都有一个称为构造方法的特殊成员方法，可以进行显式声明，也可以不进行显式声明。如果没有显式声明构造方法，则类中都会默认存在一个没有参数列表并且内容为空的构造方法；如果显式声明构造方法，则构造方法的方法名称必须是以两个下画线开始的“__construct()”。其语法格式如下：

```
function __construct( [参数列表] ) {
    //方法体，通常用来对成员属性进行初始化赋值
}
```

在 PHP 中，同一个类中只能声明一个构造方法。当创建一个对象时，构造方法就会被自动调用一次，即每次使用关键字 new 来实例化对象时都会自动调用构造方法，不能主动通过对象的引用调用构造方法。

【示例 7-7】 声明一个 Person 类，单独放置在一个“./7-7.class/Person.class.php”文件中。添加一个构造方法，用来在创建对象时为对象中的成员属性赋予初值（构造方法使用了默认参数）。

Person.class.php 文件：

```
<?php
    class Person{
        public $name;      //存储人的名字
        public $sex; //存储人的性别
        public $age; //存储人的年龄

        //声明一个构造方法，参数中使用了默认参数
        public function __construct($name, $sex, $age=19) {
            $this->name = $name;
```

```
            $this->sex = $sex;
            $this->age = $age;
        }

        function say(){            //定义人说话的功能
            echo "我的名字为：{$this->name}；性别为：{$this->sex}；".
                "年龄为：{$this->age}。<br>";
        }
    }
```

7-7.php 文件：

```
<?php
    include('./7-7.class/Person.class.php');    //包含并执行 Person.class.php 文件

    //通过 Person 类实例化出对象$person1，
    //并使用构造方法为新创建对象的成员属性赋予初值
    $person1 = new Person('张华', '男', 20);
    $person1->say();        //调用对象$person1 中的 say()方法
    echo '<hr>';
    //通过 Person 类实例化出对象$person2，
    //并使用构造方法为新创建对象的成员属性赋予初值
    $person2 = new Person('李丽', '女');
    $person2->say();        //调用对象$person2 中的 say()方法
```

7.3.2 析构方法

与构造方法相对应的就是析构方法，PHP 将在对象被销毁前自动调用这个方法。析构方法允许在销毁一个对象之前执行一些特定操作，例如关闭文件、释放结果集等。析构方法的声明格式与构造方法相似，也是以两个下画线开头的方法名"_ _destruct()"，而且不能带有任何参数。其语法格式如下：

```
function __destruct( ) {
    //方法体，通常用来完成一些在对象销毁前的清理工作
}
```

在 PHP 中，析构方法并不是很常用，它是属于类中可选的一部分，只有需要时才在类中声明。

【示例 7-8】 声明一个 Person 类，单独放置在一个"./7-8.class/Person.class.php"文件中。除了构造方法以外，再添加一个析构方法，用来在对象销毁时输出一条语句。在浏览器中的输出结果如图 7-3 所示。

Person.class.php 文件：

```
<?php
    class Person{
        public $name;    //存储人的名字
        public $sex; //存储人的性别
        public $age; //存储人的年龄
```

```
        //声明一个构造方法，参数中使用了默认参数
        public function __construct($name, $sex, $age=19) {
            $this->name = $name;
            $this->sex = $sex;
            $this->age = $age;
        }

        function say(){              //定义人说话的功能
            echo "我的名字为：{$this->name}；性别为：{$this->sex}；".
                "年龄为：{$this->age}。<br>";
        }

        //声明一个析构方法，在对象销毁前自动调用
        public function __destruct() {
            echo "再见{$this->name}！<br>";
        }
    }
```

7-8.php 文件：

```
<?php
    include('./7-8.class/Person.class.php');    //包含并执行 Person.class.php 文件

    //通过 Person 类实例化出对象$person1，
    //并使用构造方法为新创建对象的成员属性赋予初值
    $person1 = new Person('张华', '男', 20);
    $person1->say();          //调用对象$person1 中的 say()方法
    echo '<hr>';
    //通过 Person 类实例化出对象$person2，
    //并使用构造方法为新创建对象的成员属性赋予初值
    $person2 = new Person('李丽', '女');
    $person2->say();          //调用对象$person2 中的 say()方法
    echo '<hr>';
```

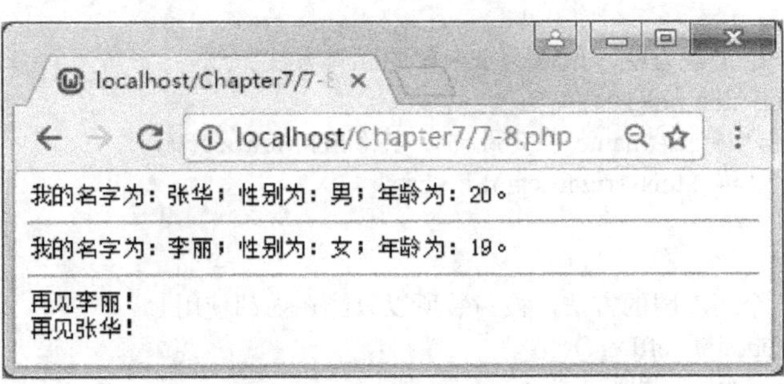

图 7-3　构造方法与析构方法的应用

说明：由于对象的引用都是存放在栈内存中，而栈具有后进先出的特点，所以最后创建的对象引用会被最先释放。

7.4 封装性

封装性是面向对象编程中的三大特性之一。封装就是把对象中的成员属性和成员方法加上访问修饰符，使其尽可能隐藏对象的内部细节，以达到对成员的访问控制（切记不是拒绝访问）。

PHP 支持如下 3 种访问修饰符。

- public：公有的、默认修饰符；
- private：私有的；
- protected：受保护的。

7.4.1 设置私有成员

只要在声明成员属性或成员方法时，使用 private 关键字修饰就是实现了对成员的私有封装。封装后的成员在对象的外部不能被访问，但在对象内部的成员方法中可以使用$this 引用访问到被封装的成员属性和被封装的成员方法。

【示例 7-9】 声明一个 Person 类，单独放置在一个“./7-9.class/Person.class.php”文件中。使用 private 关键字对该类中的成员属性和部分成员方法进行封装。

Person.class.php 文件：

```
<?php
    class Person{
        private $name;      //定义人的名字，该属性被封装
        private $sex;       //定义人的性别，该属性被封装
        private $age;       //定义人的年龄，该属性被封装

    public function __construct($name, $sex='男', $age=19) {
        $this->name = $name;
        $this->sex = $sex;
        $this->age = $age;
    }

    //声明一个走路方法，调用两个内部的私有方法完成
    public function run(){
        echo "{$this->name}在走路时，先{$this->leftLeg()}，".
            "再{$this->rightLeg()}！<br>";
    }

    //声明一个迈左腿的方法，被封装所以只能在内部使用
    private function leftLeg(){
        return "迈左腿";
    }

    //声明一个迈右腿的方法，被封装所以只能在内部使用
    private function rightLeg(){
            return "迈右腿";
```

```
        }
    }
```

7-9.php 文件：

```
<?php
    include('./7-9.class/Person.class.php');    //包含并执行 Person.class.php 文件

    //通过 Person 类实例化出对象$person，
    //并使用构造方法为新创建对象的成员属性赋予初值
    $person = new Person('张华', '男', 20);
    $person->run();   //run()的方法没有被封装，所以可以在对象外部使用
    echo '<hr>';
    $person->name = '李丽';         //$name 属性被封装，不能在对象外部给私有属性赋值
    echo $person->age;             //$age 属性被封装，不能在对象外部获取私有属性的值
    $person->leftLeg();       //leftLeg()方法被封装，不能在对象外部调用对象中私有的方法
```

说明：在上面的程序中，使用 private 关键字将成员属性和成员方法封装成私有的之后，就不可以在对象的外部通过对象的引用直接访问了，试图去访问私有成员将发生错误。

7.4.2 私有成员的访问

对象中的成员属性一旦被 private 关键字封装成私有成员以后，就只能在对象内部的成员方法中使用，不能被对象外部直接赋值，也不能在对象外部直接获取私有属性的值。如果不让用户在对象的外部设置私有属性的值，但可以获取私有属性的值；或者允许用户对私有属性赋值，但需要限制一些赋值的条件，解决的方法是使用两个预定义的方法"_ _set()"和"_ _get()"。

PHP 提供了很多预定义的方法，可以在需要的时候添加到类中。它们的作用、方法名称、使用的参数列表和返回值都是在 PHP 中规定好的，并且都是以两个下画线（"_ _"）开始的方法名称。如果需要使用这些方法，方法体中的内容需要用户自己按需求进行编写。每一个预定的方法都有它特定的作用，使用时不需要用户直接调用，而是在特定的情况下自动调用。本章节中介绍的_ _set()和_ _get()两个方法，以及前面介绍过的构造方法_ _construct()和析构方法_ _destruct()都是这样的方法，通常也称为魔术方法。

一般来说，类中的成员属性都是使用 private 关键字进行封装的，这样更符合现实的逻辑，能够更好地对类中成员起到保护作用。但是，对成员属性的读取和赋值操作也是非常频繁的，因此，在 PHP 中预定义了两个方法_ _get()和_ _set()用来完成对所有私有成员属性都能获取和赋值的操作。

1. 魔术方法_ _set()

使用魔术方法_ _set()可以控制在对象外部为私有的成员属性赋值，但不能获取私有成员属性的值。在_ _set()方法中可以根据不同的属性，设置一些条件来限制将非法的值赋给私有属性。在类中声明的格式如下：

```
function _ _set( string name, mixed value ) {
    //方法体
}
```

说明：

- name 参数表示为私有属性设置值时的属性名。
- value 参数表示为私有属性设置的值。
- 该方法无需任何返回值。

【示例 7-10】 声明一个 Person 类，单独放置在一个“./7-10.class/Person.class.php”文件中。使用魔术方法__set()实现对私有属性的赋值。

Person.class.php 文件：

```
<?php
    class Person{
        private $name;    //定义人的名字，该属性被封装
        private $sex;     //定义人的性别，该属性被封装
        private $age;     //定义人的年龄，该属性被封装

        public function __construct($name, $sex='男', $age=19) {
            $this->name = $name;
            $this->sex = $sex;
            $this->age = $age;
        }

        /**
        * 声明魔术方法__set()，给私有属性赋值时自动调用，并可以屏蔽一些非法赋值
        * @param   string $propertyName       成员属性名
        * @param   mixed $propertyValue       成员属性值
        */
        public function __set($propertyName, $propertyValue) {
            if($propertyName == 'sex'){
                //控制$sex 属性值只能为"男"或"女"
                if($propertyValue != '男' && $propertyValue != '女')
                    return;
            }

            if($propertyName == 'age'){
                //控制$age 属性值在 15～80 之间
                if($propertyValue > 80 || $propertyValue < 15)
                    return;
            }

            //根据传入参数决定为那个属性赋值
            $this->$propertyName = $propertyValue;
        }

        public function say(){          //定义人说话的功能
            echo "我的名字为：{$this->name}；性别为：{$this->sex}；".
                "年龄为：{$this->age}。<br>";
        }
    }
```

7-10.php 文件：

```
<?php
    include('./7-10.class/Person.class.php');   //包含并执行 Person.class.php 文件

    //通过 Person 类实例化出对象$person，
    //并使用构造方法为新创建对象的成员属性赋予初值
    $person = new Person('张华', '男', 20);
    $person->say();
    echo '<hr>';
    //给对象$person 的成员属性重新赋值
    $person->name = '李丽';      //自动调用了_ _set()方法为私有属性$name 赋值成功
    $person->sex = '女';         //自动调用了_ _set()方法为私有属性$sex 赋值成功
    $person->age = 19;           //自动调用了_ _set()方法为私有属性$age 赋值成功
    $person->say();
    echo '<hr>';
    //再次给对象$person 的成员属性重新赋值，且赋给$sex 和$age 属性非法值
    $person->name = '王斌';      //自动调用了_ _set()方法为私有属性$name 赋值成功
    $person->sex = '未知';       //"未知"是一个非法值，为私有属性$sex 赋值失败
    $person->age = 90;           //"90"是一个非法值，为私有属性$age 赋值失败
    $person->say();
```

说明：在上面的 Person 类中，将所有的成员属性设置为私有，并将魔术方法_ _set()声明在这个类的里面。在对象外部通过对象的引用就可以直接为私有的成员属性赋值了，看上去就像没有被封装一样。但在赋值过程中自动调用了_ _set()方法，并将直接赋值时使用的属性名传给了第 1 个参数，将值传给了第 2 个参数。通过_ _set()方法间接地为私有属性设置新值，这样就可以在_ _set()方法中通过两个参数为不同的成员属性限制不同的条件，屏蔽掉为一些私有属性设置的非法值。例如在上例中的_ _set()方法中，对对象中的成员属性$name 没有进行限制，所以可以为它设置任意的值；但对对象中的成员属性$sex 限制了只能有"男""女"两个值，对成员属性$age 限制了只能是 15～80 的值。

2. 魔术方法_ _get()

使用魔术方法_ _get()可以控制在对象外部获取私有成员属性的值，并且可以在_ _get()方法中根据不同的属性，设置一些条件来限制对私有属性的非法取值操作。在类中声明的格式如下：

```
function _ _get( string name ) {
    //方法体
}
```

说明：

- name 参数表示获取私有属性值时的属性名。
- 该方法返回一个处理后的允许对象外部使用的值。

【示例 7-11】 声明一个 Person 类，单独放置在一个"./7-11.class/Person.class.php"文件中。使用魔术方法_ _get()实现对私有属性的取值。在浏览器中的输出结果如图 7-4 所示。

Person.class.php 文件：

```php
<?php
	class Person{
		private $name;	//定义人的名字，该属性被封装
		private $sex;	//定义人的性别，该属性被封装
		private $age;	//定义人的年龄，该属性被封装

		public function __construct($name, $sex='男', $age=19) {
			$this->name = $name;
			$this->sex = $sex;
			$this->age = $age;
		}

		/**
		 * 声明魔术方法__get()，在直接获取属性值时自动调用
		 * @param	string $propertyName	成员属性名
		 * @return	mixed			返回属性的值
		 */
		public function __get($propertyName) {
			if($propertyName == 'sex') {
				//以“♂”和“♀”符号替代$sex 属性的值进行返回
				if($this->sex == '男')
					return '♂';
				else
					return '♀';
			}
			else if($propertyName == 'age') {
				return '保密';	//以"保密"替代$age 属性的值进行返回
			}
			else {
				//对其他属性没有限制，可以直接返回属性的值
				return $this->$propertyName;
			}
		}
	}
```

7-11.php 文件：

```php
<?php
	include('./7-11.class/Person.class.php');	//包含并执行 Person.class.php 文件

	//通过 Person 类实例化出对象$person，
	//并使用构造方法为新创建对象的成员属性赋予初值
	$person = new Person('张华', '男', 20);
	//自动调用了__get()方法，返回私有属性$name 的值
	echo "姓名：{$person->name}<br>";
	//自动调用了__get()方法，以"♂"和"♀"符号替代返回私有属性$sex 的值
	echo "性别：{$person->sex}<br>";
	//自动调用了__get()方法，以"保密"替代返回私有属性$age 的值
	echo "年龄：{$person->age}<br>";
```

图 7-4　使用魔术方法_ _get()实现对私有属性取值

说明：在上面的 Person 类中，将所有的成员属性设置为私有，并将魔术方法_ _get()声明在这个类的里面。在通过该类的对象直接获取私有属性的值时，会自动调用_ _get()方法间接获取到值。例如在上例中的_ _get()方法中，没有对$name 属性进行限制，所有直接访问就可以获取到对象中真实的$name 属性的值；但在对象外部获取$sex 属性值时，对$sex 属性做了限制，以符号“♂”和“♀”替代性别“男”“女”进行返回；在获取$age 属性值时，也对$age 属性做了限制，隐瞒其真实年龄，以“保密”进行返回。

7.5　继承性

继承性也是面向对象程序设计中的重要特性之一，在面向对象的领域有着极其重要的作用。

7.5.1　类继承的定义

继承的概念是指建立一个新的派生类，从一个先前定义的类中继承其属性和方法，而且可以重新定义或新增类的成员。继承就是对已经存在的类进行扩充、完善、创建新类的过程。我们把被继承的类称为基类，通过继承产生的类称为派生类（又称为父类和子类）。

在软件开发中，类的继承性使所建立的软件具有更强的开放性和可扩充性，通过类的继承关系，使公共的特性能够共享，提供了软件的可重用性。

PHP 只支持单继承，不允许多重继承。一个子类只能有一个父类，不允许一个类直接继承多个类，但一个类可以被多个类继承。不过 PHP 可以有多层继承，即一个类可以继承某一个类的子类，例如，类 B 继承了类 A，类 C 又继承了类 B，那么类 C 也就间接继承了类 A。

在 PHP 中，实现继承的方式就是使用“extends”关键字定义派生类。格式如下：

```
[类修饰符] class 子类名 extends 父类名 {
        [新增的类成员]
}
```

说明：

- 子类可以继承父类的所有内容，但是父类中使用 private 关键字修饰的成员不能被继承。
- 子类中新增加的成员属性和成员方法是对父类的扩展。
- 子类中若定义与父类中同名的成员属性或同名的成员方法，表示是对父类中成员属性以及父类中成员方法的覆盖。

【示例 7-12】 声明一个 Person 类，单独放置在一个“./7-12.class/Person.class.php”文件中；再声明一个继承于 Person 类的子类 Student，也单独放置在一个“./7-12.class/Student.class.php”文件中；然后通过 Student 类实例化出一个对象，并访问这个对象中的成员属性和成员方法。在浏览器中的输出结果如图 7-5 所示。

Person.class.php 文件：

```
<?php
    //声明一个 Person 类，定义人的基本的属性和方法，作为父类
    class Person{
        private $name;    //定义人的名字，该属性被封装
        private $sex;     //定义人的性别，该属性被封装
        private $age;     //定义人的年龄，该属性被封装

        public function __construct($name, $sex='男', $age=19) {
            $this->name = $name;
            $this->sex = $sex;
            $this->age = $age;
        }

        public function say(){          //定义人说话的功能
            echo "我的名字为：{$this->name}；性别为：{$this->sex}；".
                "年龄为：{$this->age}。<br>";
        }
    }
```

Student.class.php 文件：

```
<?php
    //声明一个 Student 类，使用 extends 关键字扩展（继承）Person 类
    class Student extends Person {
        public $school;       //定义一个所在学校的成员属性，该属性是公有的

            //在学生类中声明一个学生可以学习的方法（首先调用父类中的 say()方法）
            public function study() {
                $this->say();      //访问父类中的公有成员方法
                echo "我正在{$this->school}学习。<br>";
            }
    }
```

7-12.php 文件：

```
<?php
    include('./7-12.class/Person.class.php');  //包含并执行 Person.class.php 文件
    include('./7-12.class/Student.class.php'); //包含并执行 Student.class.php 文件

    //通过 Student 类实例化出对象$student,
    //并使用继承过来的构造方法为新创建对象的成员属性赋予初值
```

```
$student = new Student('张华', '男', 20);
$student->school = 'CCIT';   //给对象$student 中的公有成员属性赋值
$student->say(); //调用对象$student 中的 say()方法（从父类中继承下来的）
echo '<hr>';
$student->study();       //调用对象$student 中的 study()方法
```

图 7-5　类继承的应用

说明：在上面的程序中，声明了一个 Person 类，在类中定义了 3 个成员属性$name、$sex 和$age，一个成员方法 say()，以及一个构造方法。当声明 Student 类时使用“extents”关键字把 Person 类中的 say()方法和构造方法继承了过来，并在 Student 类中扩展了一个学生所在学校的成员属性$school 和一个学生学习的方法 study()。所以在 Student 类中现在就存在 4 个成员属性和两个成员方法，以及一个构造方法。当对 Person 类中的成员进行变动时，继承它的子类也会随着变化。

7.5.2　访问类型的控制

访问类型的控制是指通过使用修饰符对类中成员进行修饰后，进而达到访问限制的目的。PHP 支持如下 3 种访问修饰符：public（共有的、默认的）、private（私有的）、protected（受保护的）。它们的作用域及其区别如表 7-1 所示。

表 7-1　访问控制修饰符的作用域及其区别

作用域 修饰符	同一个类中	类的子类中	其他外部类中
public（默认）	√	√	√
private	√		
protected	√	√	

1. 公有的访问修饰符 public

使用 public 关键字修饰的成员，本类以及该类的子类中的成员都可以对它进行访问，所有的外部成员也能对它进行访问。如果类的成员没有指定成员访问修饰符，则视为 public。相关代码可参考示例 7-12。

2. 私有的访问修饰符 private

使用 private 关键字修饰的成员，本类中的成员都可以对它进行访问，但该类的子类中的成员以及所有的外部成员不能对它进行访问。

【示例 7-13】 声明一个 Person 类，单独放置在一个“./7-13.class/Person.class.php”文件

中；再声明一个继承于 Person 类的子类 Student，也单独放置在一个“./7-13.class/Student.class.php”文件中；然后通过 Student 类实例化出一个对象，并访问这个对象中的私有成员。

Person.class.php 文件：

```
<?php
    //声明一个 Person 类，定义人的基本的属性和方法，作为父类
    class Person{
        private $name;   //定义人的名字，该属性被封装
        private $sex;    //定义人的性别，该属性被封装
        private $age;    //定义人的年龄，该属性被封装

        public function __construct($name, $sex='男', $age=19) {
            $this->name = $name;
            $this->sex = $sex;
            $this->age = $age;
        }

        private function say(){         //定义人说话的功能
            echo "我的名字为：{$this->name}；性别为：{$this->sex}；".
                "年龄为：{$this->age}。<br>";
        }
    }
```

Student.class.php 文件：

```
<?php
    //声明一个 Student 类，使用 extends 关键字扩展（继承）Person 类
    class Student extends Person {
        private $school;         //定义一个所在学校的成员属性，该属性被封装

        //在学生类中声明一个学生可以学习的方法（首先调用父类中的 say()方法）
        public function study() {
            $this->say();      //访问父类中的私有成员方法，结果出错
            echo "我正在{$this->school}学习。<br>";
        }
    }
```

7-13.php 文件：

```
<?php
    include('./7-13.class/Person.class.php');   //包含并执行 Person.class.php 文件
    include('./7-13.class/Student.class.php'); //包含并执行 Student.class.php 文件

    //通过 Student 类实例化出对象$student,
    //并使用继承过来的构造方法为新创建对象的成员属性赋予初值
    $student = new Student('张华', '男', 20);
    $student->school = 'CCIT';   //给对象$student 中的私有成员属性赋值，结果出错
    $student->study();       //调用对象$student 中的 study()方法
```

说明：在上面的程序中，在父类 Person 中声明了一个私有的成员方法 say()，当子类 Student 中的 study()方法试图对该私有成员方法 say()进行访问时，结果出错；在子类 Student 中声明了一个私有的成员属性$school，当外部成员试图对该私有成员属性$school 进行访问时，结果也同样出错。

3．保护的访问修饰符 protected

使用 protected 关键字修饰的成员，本类以及该类的子类中的成员都可以对它进行访问，但所有的外部成员不能对它进行访问。

【示例 7-14】 声明一个 Person 类，单独放置在一个"./7-14.class/Person.class.php"文件中；再声明一个继承于 Person 类的子类 Student，也单独放置在一个"./7-14.class/Student.class.php"文件中；然后通过 Student 类实例化出一个对象，并访问这个对象中的受保护成员。

Person.class.php 文件：

```
<?php
    //声明一个 Person 类，定义人的基本的属性和方法，作为父类
    class Person{
        private $name;    //定义人的名字，该属性被封装
        private $sex;     //定义人的性别，该属性被封装
        private $age;     //定义人的年龄，该属性被封装

    public function __construct($name, $sex='男', $age=19) {
        $this->name = $name;
        $this->sex = $sex;
        $this->age = $age;
    }

    protected function say(){              //定义人说话的功能
        echo "我的名字为：{$this->name}；性别为：{$this->sex}；".
            "年龄为：{$this->age}。<br>";
    }
}
```

Student.class.php 文件：

```
<?php
    //声明一个 Student 类，使用 extends 关键字扩展（继承）Person 类
    class Student extends Person {
    protected $school;       //定义一个所在学校的成员属性，该属性是受保护的

    //在学生类中声明一个学生可以学习的方法（首先调用父类中的 say()方法）
    public function study() {
        $this->say();   //访问父类中的受保护方法
        echo "我正在{$this->school}学习。<br>";
    }
}
```

7-14.php 文件：

```
<?php
    include('./7-14.class/Person.class.php');   //包含并执行 Person.class.php 文件
    include('./7-14.class/Student.class.php');  //包含并执行 Student.class.php 文件

    //通过 Student 类实例化出对象$student，
    //并使用继承过来的构造方法为新创建对象的成员属性赋予初值
    $student = new Student('张华', '男', 20);
    $student->school = 'CCIT';          //给对象$student 中的受保护成员属性赋值，结果出错
    $student->study();                  //调用对象$student 中的 study()方法
```

说明：在上面的程序中，在父类 Person 中声明了一个受保护的成员方法 say()，当子类 Student 中的 study()方法试图对该受保护成员方法 say()进行访问时，访问正常；在子类 Student 中声明了一个受保护的成员属性$school，当外部成员试图对该受保护成员属性$school 进行访问时，结果出错。

7.5.3 重载父类中的方法

1. 在子类中重写父类中的方法

在 PHP 中不能定义重名的函数，也不能在同一个类中定义重名的方法，所以 PHP 没有方法重载。但是在子类中可以定义与父类中同名的方法，意味着在子类中可以把从父类中继承过来的方法重写，即在子类中重载父类中的方法。

【示例 7-15】 声明一个 Person 类，单独放置在一个“./7-15.class/Person.class.php”文件中；再声明一个继承于 Person 类的子类 Student，在子类中重写父类中的方法，也单独放置在一个“./7-15.class/Student.class.php”文件中；然后通过 Student 类实例化出一个对象，并访问这个对象中的重写的方法。在浏览器中的输出结果如图 7-6 所示。

Person.class.php 文件：

```
<?php
//声明一个 Person 类，定义人的基本的属性和方法，作为父类
class Person{
    protected $name;        //定义人的名字，该属性是受保护的
    protected $sex;         //定义人的性别，该属性是受保护的
    protected $age;         //定义人的年龄，该属性是受保护的

    public function __construct($name, $sex='男', $age=19) {
        $this->name = $name;
        $this->sex = $sex;
        $this->age = $age;
    }

    public function say(){          //定义人说话的功能
        echo "我的名字为：{$this->name}；性别为：{$this->sex}；".
            "年龄为：{$this->age}。<br>";
    }
}
```

Student.class.php 文件：

```
<?php
//声明一个 Student 类，使用 extends 关键字扩展（继承）Person 类
class Student extends Person {
      private $school;          //定义一个所在学校的成员属性，该属性被封装

      //覆盖父类中的构造方法，在参数列表中多添加一个所在学校的成员属性
      public function __construct($name, $sex='男', $age=19, $school='') {
            $this->name = $name;
            $this->sex = $sex;
            $this->age = $age;
            $this->school = $school;
      }

      //定义一个与父类中同名的方法，覆盖并重写父类中的 say()方法
      public function say(){
            echo "我的名字为：{$this->name}；性别为：{$this->sex}；".
                  "年龄为：{$this->age}。<br>我正在{$this->school}学习。<br>";
      }
}
```

7-15.php 文件：

```
<?php
      include('./7-15.class/Person.class.php');   //包含并执行 Person.class.php 文件
      include('./7-15.class/Student.class.php');  //包含并执行 Student.class.php 文件

      //通过 Student 类实例化出对象$student，
      //并使用继承过来的构造方法为新创建对象的成员属性赋予初值
      $student = new Student('张华', '男', 20, 'CCIT');
      $student->say();  //调用对象$student 中覆盖父类的 say()方法
```

图 7-6　在子类中重写父类中的方法

说明：在上面的程序中，在父类 Person 中声明了一个构造方法和一个成员方法 say()，在子类 Student 中覆盖并重写了从父类 Person 中继承过来的构造方法和成员方法 say()。在子类的构造方法中多添加了一条对$school 属性初始化赋值的代码，在子类的 say()方法中多添加了一条说出自己所在学校的代码，都是将父类被覆盖的方法中原有的代码重新写了一次，并在此基础上多添加了一些内容。

另外，在子类覆盖父类的方法时一定要注意，在子类中重写的方法的访问权限一定不能低于父类被覆盖的方法的访问权限。例如，如果父类中的方法的访问权限是 protected，那么

在子类中重写的方法的权限就要是 protected 或 public；如果父类的方法是 public 权限，那么子类中要重写的方法只能是 public 权限。总之，在子类中重写父类的方法时，一定要高于或等于父类被覆盖的方法的访问权限。

2．在子类中访问父类中被覆盖的方法

在 PHP 中，在子类的方法中可以继续使用从父类中继承过来并被覆盖的方法，调用的格式如下。

- 调用父类中被覆盖的析构方法：parent::__construct();
- 调用父类中被覆盖的成员方法：parent::fun();

【示例 7-16】 声明一个 Person 类，单独放置在一个“./7-16.class/Person.class.php”文件中；再声明一个继承于 Person 类的子类 Student，在子类中访问父类中被覆盖的方法，也单独放置在一个“./7-16.class/Student.class.php”文件中；然后通过 Student 类实例化出一个对象，并访问这个对象中的重写的方法。

Person.class.php 文件：

```
<?php
    //声明一个 Person 类，定义人的基本的属性和方法，作为父类
    class Person{
        protected $name;        //定义人的名字，该属性是受保护的
        protected $sex;         //定义人的性别，该属性是受保护的
        protected $age;         //定义人的年龄，该属性是受保护的

        public function __construct($name, $sex='男', $age=19) {
            $this->name = $name;
            $this->sex = $sex;
            $this->age = $age;
        }

        public function say(){          //定义人说话的功能
            echo "我的名字为：{$this->name}；性别为：{$this->sex}；".
                "年龄为：{$this->age}。<br>";
        }
    }
```

Student.class.php 文件：

```
<?php
    //声明一个 Student 类，使用 extends 关键字扩展（继承）Person 类
    class Student extends Person {
        private $school;                    //定义一个所在学校的成员属性，该属性被封装

        //覆盖父类中的构造方法，在参数列表中多添加一个所在学校的成员属性
        public function __construct($name, $sex='男', $age=19, $school='') {
        //调用父类中被本方法覆盖的构造方法，为从父类中继承过来的属性赋初值
            parent::__construct($name, $sex, $age);
            $this->school = $school;       //为子类中新声明的成员属性赋初值
        }
```

```
        //定义一个与父类中同名的方法，覆盖并重写父类中的 say()方法
        public function say(){
            parent::say();                    //调用父类中被本方法覆盖掉的方法
            //在原有的功能基础上多加一点功能
            echo "我正在{$this->school}学习。<br>";
        }
    }
```

7-16.php 文件：

```
<?php
    include('./7-16.class/Person.class.php');   //包含并执行 Person.class.php 文件
    include('./7-16.class/Student.class.php');  //包含并执行 Student.class.php 文件

    //通过 Student 类实例化出对象$student，
    //并使用继承过来的构造方法为新创建对象的成员属性赋予初值
    $student = new Student('张华', '男', 20, 'CCIT');
    $student->say();  //调用对象$student 中覆盖父类的 say()方法
```

说明：上面的例子输出的结果和前一个例子是一样的，但在本例中通过在子类中直接调用父类中被覆盖的方法要简便得多。

7.6 抽象类与接口

抽象类和接口类似，都是一种比较特殊的类。抽象类是一种特殊的类，而接口是一种特殊的抽象类。它们通常配合面向对象的多态性一起使用。

7.6.1 抽象类

抽象类是指没有完整实现的类，其只能供派生类继承，不能用来创建实例。通常使用抽象类来描述一个类层次的总体框架，就是将抽象类作为子类重载的模版使用，定义抽象类就相当于定义了一种规范，这种规范要求子类去遵守。

抽象类使用 abstract 关键词来修饰，并在类中定义抽象方法。抽象方法就是没有方法体的方法，所谓没有方法体是指在方法声明时没有花括号“{ }”及其中的内容，而是在声明方法时直接在方法名后加上分号“;”结束。另外，在声明抽象方法时，也要使用 abstract 关键字来修饰。抽象类的声明的语法格式如下：

```
abstract class 类名 {
    abstract function fun1();
    abstract function fun2();
    …

}
```

说明：

- 在抽象类中也可以有不是抽象的成员方法和成员属性。
- 当子类继承抽象类以后，必须把抽象类中所有的抽象方法按照子类自己的需要去实现。

【示例 7-17】 声明一个抽象类 Person，定义两个抽象方法，单独放置在一个“./7-17.class/Person.class.php”文件中；再声明一个继承于 Person 类的子类 Chineses，在 Chineses 类中实现 Person 类中的抽象方法，也单独放置在一个“./7-17.class/Chineses.class.php”文件中；再声明一个继承于 Person 类的子类 Americans，在 Americans 类中实现 Person 类中的抽象方法，也单独放置在一个“./7-17.class/Americans.class.php”文件中；然后通过 Chineses 类和 Americans 类分别实例化出两个对象，并访问这两个对象中的方法。在浏览器中的输出结果如图 7-7 所示。

Person.class.php 文件：

```
<?php
    //使用 abstract 关键字声明一个抽象类 Person
    abstract class Person {
        protected $name;        //声明一个存储人的名字的成员属性
        protected $country;     //声明一个存储人的国籍的成员属性

        function __construct($name, $country) {
            $this->name = $name;
            $this->country = $country;
        }

        //使用 abstract 关键字在抽象类中声明一个没有方法体的抽象方法 say()
        abstract function say();

        //使用 abstract 关键字在抽象类中声明一个没有方法体的抽象方法 eat()
        abstract function eat();

        //在抽象类中声明一个正常的、有方法体的非抽象方法 run()
        function run(){
            echo "{$this->name}在走路！<br>";
        }
    }
```

Chineses.class.php 文件：

```
<?php
    //声明一个 Chineses 类，使用 extends 关键字去继承抽象类 Person
    class Chineses extends Person {
        //将父类中的抽象方法 say()覆盖，按自己的需求去实现
        function say() {          //实现的内容
            echo "{$this->name}是{$this->country}人，讲汉语！<br>";
        }

        //将父类中的抽象方法 eat()覆盖，按自己的需求去实现
        function eat() {          //实现的内容
            echo "{$this->name}使用筷子吃饭！<br>";
        }
    }
```

Americans.class.php 文件：

```
<?php
    //声明一个 Americans 类，使用 extends 关键字去继承抽象类 Person
    class Americans extends Person {
        //将父类中的抽象方法 say()覆盖，按自己的需求去实现
        function say() {            //实现的内容
            echo "{$this->name}是{$this->country}人，讲英语！<br>";
        }

        //将父类中的抽象方法 eat()覆盖，按自己的需求去实现
        function eat() {            //实现的内容
            echo "{$this->name}使用刀叉吃饭！<br>";
        }
    }
```

7-17.php 文件：

```
<?php
    include('./7-17.class/Person.class.php');          //包含并执行 Person.class.php 文件
    include('./7-17.class/Chineses.class.php');        //包含并执行 Chineses.class.php 文件
    include('./7-17.class/Americans.class.php');       //包含并执行 Americans.class.php 文件

    //通过 Chineses 类实例化出对象$chineses，
    //并使用继承过来的构造方法为新创建对象的成员属性赋予初值
    $chineses = new Chineses('张华', '中国');
    $chineses->say();          //调用对象$chineses 中已经实现的 say()方法
    $chineses->eat();          //调用对象$chineses 中已经实现的 eat()方法
    $chineses->run();          //调用对象$chineses 中继承父类的 run()方法
    echo '<hr>';
    //通过 Americans 类实例化出对象$americans，
    //并使用继承过来的构造方法为新创建对象的成员属性赋予初值
    $americans = new Americans('Jhon', '美国');
    $americans->say();         //调用对象$americans 中已经实现的 say()方法
    $americans->eat();         //调用对象$americans 中已经实现的 eat()方法
    $americans->run();         //调用对象$americans 中继承父类的 run()方法
```

图 7-7　在子类中实现抽象类中的抽象方法

说明：在上例中声明了一个抽象类 Person，在这个类中定义了两个成员属性、一个构造方法、两个抽象方法及一个非抽象的方法。另外声明了两个类 Chineses 和 Americans 去

继承抽象类 Person，并将 Person 类中的抽象方法按照各自的需求分别实现，这样两个子类就都可以创建对象了。抽象类 Person 可以看成是一个模板，类中的抽象方法自己不去实现，只是规范了子类中必须要有父类中声明的抽象方法，而且要按照自己类的特点实现抽象方法中的内容。

7.6.2 接口

我们知道，PHP 只支持单继承，也就是说每个类只能继承一个父类。当一个类继承了另外的一个类以后，它就不能再有其他的父类了。为了解决这个问题，PHP 引入了接口的概念。接口是一种特殊的抽象类，如果抽象类中的所有方法都是抽象方法，那么我们就可以使用另外一种声明方式——“接口”技术。接口中声明的方法必须都是抽象方法，而且不能在接口中声明变量，可以使用 const 关键字声明为常量的成员属性，接口中的所有成员都必须具有 public 的访问权限。

接口和抽象类一样也不能实例化对象，它是一种更严格的规范，也需要通过子类来实现。一个类只能有一个父类，但是一个类可以实现多个接口。

1．接口的定义

接口使用 interface 关键词来修饰，接口的声明的语法格式如下：

```
interface 接口名称 {
    //常量成员
    //抽象方法
}
```

说明：

- 接口中所有的方法都要求是抽象方法，所以不需要在方法前使用 abstract 关键字来标识。
- 因为 public 是默认的访问权限，所以不需要显式地使用 public 关键进行修饰。
- 可以直接使用接口名称在接口的外面获取常量成员的值。

声明接口的示例代码如下：

```
<?php
    //使用 interface 关键字声明一个接口 Istate
    interface Istate {
        function open();          //在接口中声明一个抽象方法 open()
        function close();         //在接口中声明一个抽象方法 close()
    }
```

2．接口的实现

如果需要使用接口中的成员，则需要通过子类去实现接口中的全部抽象方法，然后创建子类的对象去调用在子类中实现后的方法。

通过类去继承接口时使用 implements 关键字来实现，接口的实现的语法格式如下。

（1）实现单个接口。

```
class 类名 implements 接口名称 {
    //实现接口中所有的抽象方法
}
```

（2）实现多个接口，多个接口之间使用逗号“,”隔开。

```
class 类名 implements 接口 1, 接口 2, …, 接口 n {
        //实现所有接口中的抽象方法
}
```

（3）继承一个类的同时实现多个接口。

```
class 类名 extends 父类名 implements 接口 1, 接口 2, …, 接口 n {
        //实现所有接口中的抽象方法
}
```

【示例 7-18】 声明一个接口 Istate，定义两个抽象方法，单独放置在一个“./7-18.class/Istate.interface.php”文件中；再声明一个实现 Istate 接口的 Fan 类，在 Fan 类中实现接口中的抽象方法，也单独放置在一个“./7-18.class/Fan.class.php”文件中；再声明一个实现 Istate 接口的 Lamp 类，在 Lamp 类中实现接口中的抽象方法，也单独放置在一个“./7-18.class/Lamp.class.php”文件中；然后通过 Fan 类和 Lamp 类分别实例化出两个对象，并访问这两个对象中的方法。在浏览器中的输出结果如图 7-8 所示。

Istate.interface.php 文件：

```
<?php
//使用 interface 关键字声明一个接口 Istate
interface Istate {
function open();            //在接口中声明一个抽象方法 open()
function close();           //在接口中声明一个抽象方法 close()
}
```

Fan.class.php 文件：

```
<?php
    //声明一个 Fan 类，使用 implements 关键字去实现接口 Istate
    class Fan implements Istate {
        private $id;        //声明一个存储电风扇的编号的成员属性

        function __construct($id) {
            $this->id = $id;
        }

        //实现接口中的方法 open()
        function open() {
            echo "编号为 {$this->id} 的电风扇打开了！<br>";
        }

        //实现接口中的方法 close()
        function close() {
            echo "编号为 {$this->id} 的电风扇关闭了！<br>";
        }
    }
```

Lamp.class.php 文件：

```
<?php
```

```
//声明一个 Lamp 类，使用 implements 关键字去实现接口 Istate
class Lamp implements Istate {
	private $id;	//声明一个存储电灯的编号的成员属性

	function __construct($id) {
		$this->id = $id;
	}

	//实现接口中的方法 open()
	function open() {
		echo "编号为 {$this->id} 的电灯打开了！<br>";
	}

	//实现接口中的方法 close()
	function close() {
		echo "编号为 {$this->id} 的电灯关闭了！<br>";
	}
}
```

7-18.php 文件：

```
<?php
	include('./7-18.class/Istate.interface.php');	//包含并执行 Istate.interface.php 文件
	include('./7-18.class/Fan.class.php');	//包含并执行 Fan.class.php 文件
	include('./7-18.class/Lamp.class.php');	//包含并执行 Lamp.class.php 文件

	//通过 Fan 类实例化出对象$fan，并使用构造方法为新创建对象的成员属性赋予初值
	$fan = new Fan(21);
	$fan->open();	//调用对象$fan 中已经实现的 open()方法
	$fan->close();	//调用对象$fan 中已经实现的 close()方法
	echo '<hr>';
	//通过 Lamp 类实例化出对象$lamp，并使用构造方法为新创建对象的成员属性赋予初值
	$lamp = new Lamp(396);
	$lamp->open();	//调用对象$lamp 中已经实现的 open()方法
	$lamp->close();	//调用对象$lamp 中已经实现的 close()方法
```

图 7-8　通过类实现接口中的抽象方法

说明：除了以上简单的应用以外，还有很多地方可以使用到接口。例如对于一些已经开发好的系统，在结构上进行较大的调整已经不太现实，这时可以通过定义一些接口并追加相应的实现来完成功能结构的扩展。

7.7 习题

（1）声明一个 Employee 类，成员属性为如表 7-2 所示“员工表”中的各个字段；定义一个成员方法 show()，用来输出“数据正在显示！”的提示信息。实例化 Employee 类的对象，给对象中的属性赋值，并输出属性值以及调用方法 show()。

表 7-2　员工表

empNo	empName	Sex	Birthday	Telephone
J0015	王中宏	男	1973-5-15	1812345678'
J0256	张丽丽	女	1985-12-3	1812345678

（2）声明一个 Employee 类，成员属性为如表 7-2 所示“员工表”中的各个字段，并使用 private 关键字对成员属性进行封装；定义一个带有参数的成员方法 init()，用来给成员属性赋值；再定义一个成员方法 show()，用来输出员工的详细信息。实例化 Employee 类的对象，调用对象中的方法 init()和 show()。

（3）声明一个 Employee 类，成员属性为如表 7-2 所示“员工表”中的各个字段，并使用 private 关键字对成员属性进行封装；定义一个构造方法，用来给成员属性赋予初值；再定义一个成员方法 show()，用来输出员工的详细信息。实例化 Employee 类的对象，调用对象中的方法 show()。

（4）声明一个 Employee 类，成员属性为如表 7-2 所示“员工表”中的各个字段，并使用 private 关键字对成员属性进行封装；定义一个构造方法，用来给成员属性赋予初值；再定义一个魔术方法__set()给成员属性赋值，对于 sex 属性，只能赋值为“男”或者“女”，对于 birthday 属性，如果是一个非法日期，则不能赋值；再定义一个成员方法 show()，用来输出员工的详细信息。实例化 Employee 类的对象，调用对象中的方法 show()。

（5）声明一个 Employee 类，成员属性为如表 7-2 所示“员工表”中的各个字段，并使用 private 关键字对成员属性进行封装；定义一个构造方法，用来给成员属性赋予初值；再定义一个魔术方法__get()获取成员属性的值，对于 birthday 属性，以“保密”进行返回，对于 telephone 属性，返回其前 3 位和后 4 位数字，其余数字以字符“*”代替。实例化 Employee 类的对象，输出对象中的属性值。

（6）声明一个 Employee 类，成员属性为如表 7-2 所示“员工表”中的各个字段，并使用 private 关键字对成员属性进行封装；定义一个构造方法，用来给成员属性赋予初值；再定义一个成员方法 show()，用来输出员工的详细信息。再声明一个继承于 Employee 类的子类 Seller，定义一个公有的成员属性 area，表示销售员所负责的区域；再定义一个成员方法 sell()，用来输出销售员所负责的区域。实例化 Seller 类的对象，给对象中的 area 属性赋值、并调用方法 show()和 sell()。

（7）声明一个 Employee 类，成员属性为如表 7-2 所示“员工表”中的各个字段，并使用 private 关键字对成员属性进行封装；定义一个构造方法，用来给成员属性赋予初值；再定义一个成员方法 show()，用来输出员工的详细信息。再声明一个继承于 Employee 类的子类 Seller，定义一个私有的成员属性 area，表示销售员所负责的区域；重写构造方法，增加给成员属性 area 赋予初值的功能代码；重写成员方法 show()，增加输出销售员所负责区域的功能代码。实例化 Seller 类的对象，调用对象中的方法 show()。

（8）声明一个接口 Istate，定义 3 个抽象方法 insert()、update()、delete()；声明一个实现 Istate 接口的 Seller 类，成员属性为如表 7-2 所示“员工表”中的各个字段，并使用 private 关键字对成员属性进行封装；定义一个构造方法，用来给成员属性赋予初值；并实现接口中所有的抽象方法。再声明一个实现 Istate 接口的 Worker 类，成员属性为如表 7-2 所示“员工表”中的各个字段，并使用 private 关键字对成员属性进行封装；定义一个构造方法，用来给成员属性赋予初值；并实现接口中所有的抽象方法。分别实例化 Seller 类和 Worker 类的对象，调用这两个对象中的方法 insert()、update()和 delete()。

第 8 章　MySQL 数据库管理与应用

MySQL 是一个小型的关系型数据库管理系统，它操作简单、使用方便、执行效率与稳定性高。本章主要介绍 MySQL 数据库的常见操作、数据表的创建与管理、数据表内容的管理以及数据查询等。本章学习要点如下：

- 数据库的连接与关闭；
- 创建新用户并授权；
- 创建数据库；
- 数据库的备份和恢复；
- 创建数据表；
- 添加/修改/删除数据；
- 数据查询。

8.1　MySQL 数据库概述

MySQL 是一个小型的关系型数据库管理系统，由瑞典 MySQL AB 公司开发，目前属于 Oracle 公司。MySQL 是一个真正多用户、多线程的结构化查询语言（SQL）数据库服务器，其所使用的 SQL 语言是用于访问数据库的最常用标准化语言。MySQL 运行速度快、执行效率与稳定性高、操作简单、非常易于使用，是目前最流行的数据库管理系统应用软件之一。

MySQL 软件采用了双授权政策，它分为社区版和商业版，由于其体积小、速度快、总体拥有成本低，尤其是开放源码这一特点，一般中小型网站的开发都首选 MySQL 作为网站数据库。其社区版的性能卓越，搭配 PHP、Linux 和 Apache 可组成良好的 Web 开发环境。

MySQL 的官方网站是http://www.mysql.com/，在该网站上可以免费下载其最新版本和各种技术资料，目前 MySQL 发布的最新版本是 5.7.16。

8.2　MySQL 数据库的常见操作

MySQL 采用的是“客户机/服务器”体系结构，要连接上服务器，需要使用 MySQL 客户端程序。MySQL 客户机主要用于传递 SQL 命令给服务器，并显示执行后的结果，可以与服务器运行在同一台机器上，也可以在网络中的两台机器上分别运行。但在使用客户机连接服务器之前，一定要确保成功启动数据库服务器，才能监听客户机的连接请求。

MySQL 客户端程序可以使用第 1 章介绍的 phpMyAdmin 软件，通过 Web 形式直接管理 MySQL 数据库。而本章使用的是 Windows 操作系统中的命令行程序（cmd.exe），通过执行系统命令来管理，以便更好地熟悉数据库的操作命令。

我们知道，在第 1 章介绍的 WampServer 安装示例中，已集成了 MySQL 数据库管理系统，版本号为 5.7.9。如果没有配置环境变量的话，在使用命令行进行 MySQL 命令操作时就必须要进入 MySQL 安装目录才行，这样操作起来就会非常麻烦。通常我们采用在 Windows 系统中配置 MySQL 环境变量的方法来解决这个问题，操作步骤如下：

（1）找到 mysql.exe 安装路径，本书为“C:\wamp64\bin\mysql\mysql5.7.9\bin”，我们可以先进入该路径，然后复制地址栏里的路径。

（2）在“计算机”上右击，选择“属性”菜单命令，在弹出的界面中单击“高级系统设置”，显示“系统属性”对话框，切换到“高级”选项卡，单击“环境变量”按钮，弹出如图 8-1 所示的“环境变量”对话框。

（3）在“系统变量”列表中选中“Path”，单击“编辑”按钮，弹出如图 8-2 所示的“编辑系统变量”对话框。

图 8-1 “环境变量”对话框

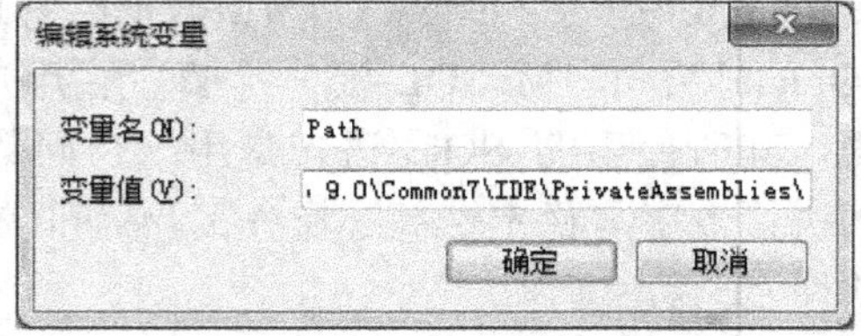

图 8-2 “编辑系统变量”对话框

（4）在“变量值”内容框中，将光标移动到最后，输入一个分号（“;”），然后将之前复制的 mysql.exe 路径（“C:\wamp64\bin\mysql\mysql5.7.9\bin”）粘贴到分号的后面。然后依次单击“确定”按钮即可。

（5）打开 Windows 中的命令行窗口程序（cmd.exe），输入如下命令：

```
mysql –u root -p
```

输入后按〈Enter〉键，如果提示要求输入密码，则配置成功。如图 8-3 所示。

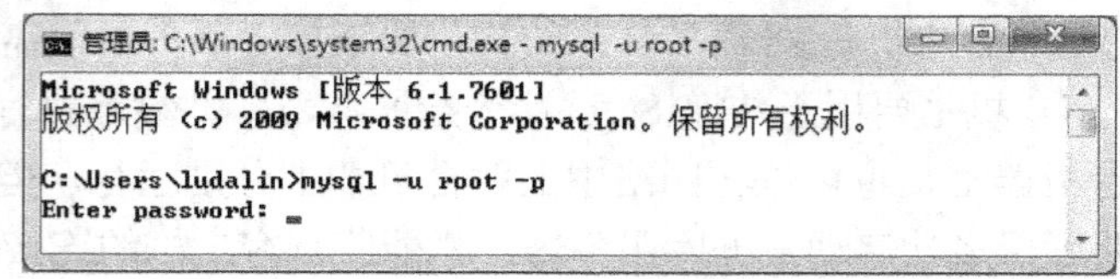

图 8-3 命令行窗口提示-配置成功

8.2.1 数据库的连接与关闭

当用户连接一个 MySQL 服务器时，其身份是由那台连接的主机和所指定的用户名来决定的，所以 MySQL 在认定身份中会考虑用户的主机名和登录的用户名，只有客户机所在的主机被授予权限才能去连接 MySQL 服务器。连接 MySQL 服务器使用 mysql 命令，其语法格式如下：

```
mysql –h 服务器主机地址 –u 用户名 –p 用户密码
```

说明：

- -h 后面的参数指定所连接的数据库服务器地址，可以是 IP 地址，也可以是服务器名称。如果是连接本机，则该选项可以省略。
- -u 后面的参数指定连接数据库服务器使用的用户名，例如 root，表示是管理员，具有所有权限。
- -p 后面的参数指定连接数据库服务器使用的密码，但-p 和其后的参数之间不要有空格。也可以省略-p 后面的参数，直接按“Enter”键后以密文的形式输入密码。

【示例 8-1】 使用管理员用户名“root”、密码“123456”连接本机的 MySQL 服务器。

```
mysql –u root –p
```

按〈Enter〉键后输入密码“123456”，连接成功以后就会显示 MySQL 客户机的标准界面，即 MySQL 控制台，出现提示符号“mysql>”，表示正等待用户输入 SQL 命令。如图 8-4 所示。

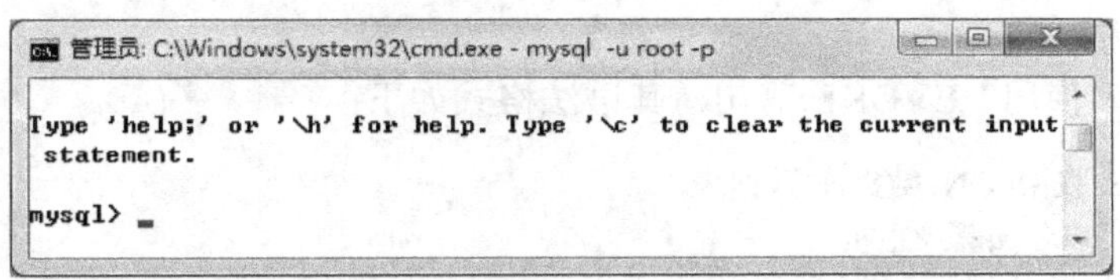

图 8-4 MySQL 控制台

说明：

- 在该控制台中输入 SQL 命令并发送，就可以对 MySQL 数据库服务器进行管理。
- 每条 SQL 命令都要以分号（“;”）结束，然后按〈Enter〉键进行发送。
- 可以将一条 SQL 命令拆成多行，最后使用一个分号结束即可。
- 可以通过\c 来取消当前行的输入。
- 可以通过\q、exit 或者 quit 来结束当前会话，退出客户机。
- 以下两条命令也可实现同样的功能：

```
mysql –u root –p123456
mysql –h localhost –u root –p123456
```

8.2.2 创建新用户并授权

1. 创建新用户

为 MySQL 创建新用户的方法有两种：一种是使用 GRANT 语句；另一种是直接操作

MySQL 授权表 mysql.user。其中使用 GRANT 语句的方法更简明且不容易出错。GRANT 语句的语法格式如下：

```
GRANT 权限 ON 数据库.数据表
TO 用户名@登录主机 IDENTIFIED BY '密码';
```

说明：

- “权限”可以是 select、delete、update、insert、create、drop、alter 等任意的一种或几种；如果是全部权限，可以使用 all privileges，简写为 all。
- 如果是对所有数据库的数据表的权限，“数据库.数据表”则使用“*.*”。
- “登录主机”是指允许用来连接数据库服务器的客户机地址，可以是 IP 地址，也可以是客户机名称；如果允许在任何客户机上登录，则使用“%”。“用户名”是指用来连接数据库服务器使用的用户名。

【示例 8-2】 以 root 用户登录到 MySQL 控制台，创建一个新用户“webuser”，密码为“12345678”，该用户可以在任何主机上登录，并对所有数据库的数据表具有查询、插入、修改和删除的权限。

```
GRANT select, insert, update, delete ON *.*
TO webuser@'%' IDENTIFIED BY '12345678';
```

说明：成功执行以后，退出客户机，使用新用户“webuser”进行登录，登录成功后，用户“webuser”将对所有数据库的数据表具有查询、插入、修改和删除的权限。

2．撤销用户权限

撤销用户权限使用 REVOKE 语句，其语法格式如下：

```
REVOKE 权限 ON 数据库.数据表
FROM 用户名@登录主机;
```

【示例 8-3】 以 root 用户登录到 mySQL 控制台，撤销用户“webuser”对所有数据库的数据表所具有的插入、修改和删除的权限。

```
REVOKE insert, update, delete ON *.*
FROM webuser@'%';
```

说明：成功执行以后，用户“webuser”将不再对所有数据库的数据表具有插入、修改和删除的权限，但仍具有查询的权限。

3．删除用户

删除用户使用 DROP USER 语句，其语法格式如下：

```
DROP USER 用户名@登录主机;
```

【示例 8-4】 以 root 用户登录到 mySQL 控制台，删除用户“webuser”。

```
DROP USER webuser@'%';
```

说明：成功执行以后，退出客户机，再次使用用户“webuser”进行登录，则会被拒绝登录。

8.2.3 创建数据库

1．创建数据库

连接到 MySQL 服务器以后，用户就可以创建数据表，并对数据表内容进行操作和管理。但在建立数据表之前，首先需要创建一个数据库。创建数据库使用 CREATE DATABASE 语句，其语法格式如下：

```
CREATE DATABASE [IF NOT EXISTS] 数据库名称;
```

说明：创建数据库需要具有数据库 CREATE 的权限。如果所创建的数据库已存在且没有指定 IF NOT EXISTS，则会出现错误。

【示例 8-5】 以 root 用户登录到 MySQL 控制台，创建数据库 webInfo。

```
CREATE DATABASE IF NOT EXISTS webInfo;
```

2．显示当前数据库服务器下的所有数据库列表

显示当前数据库服务器下的所有数据库列表使用 SHOW DATABASES 语句，常用来查看某一个数据库是否存在。其语法格式如下：

```
SHOW DATABASES;
```

【示例 8-6】 显示当前数据库服务器下的所有数据库列表。

```
SHOW DATABASES;
```

3．选择数据库

选择一个数据库作为当前默认的数据库使用 USE 语句，其语法格式如下：

```
USE 数据库名称;
```

【示例 8-7】 选择“webInfo”作为当前默认的数据库。

```
USE webInfo;
```

4．删除数据库

删除一个指定的数据库使用 DROP DATABASE 语句，其语法格式如下：

```
DROP DATABASE [IF EXISTS] 数据库名称;
```

说明：删除数据库需要具有数据库 DROP 的权限。如果所删除的数据库不存在且没有指定 IF EXISTS，则会出现错误。

【示例 8-8】 删除数据库“webInfo”。

```
DROP DATABASE IF EXISTS webInfo;
```

说明：成功执行以后，可以使用 SHOW DATABASES 语句查看 webInfo 数据库是否已删除。

8.2.4 数据库的备份与还原

1．备份数据库

备份数据库使用 mysqldump 命令，可以将数据库中的对象备份为一个脚本文件。其语法格式如下：

```
mysqldump -u username -p --databases db1 [ db2 … ] > backup.sql
mysqldump -u username -p db [ table1 table2 … ] > backup.sql
```

说明：

- backup.sql 是指备份后产生的脚本文件，指定一个包含完整路径的文件名。
- 第 1 条备份命令的语法用来备份指定的数据库，db1、db2 等表示数据库。至少指定一个，也可以指定多个。该种语法备份后产生的脚本中包含有创建数据库的语句。
- 第 2 条备份命令的语法用来备份数据库中指定的数据表，db 表示数据库，table1、table2 等表示数据表。如果没有指定，则表示备份整个数据库。该种语法备份后产生的脚本中不包含创建数据库的语句。

【示例 8-9】 备份数据库 webInfo。

```
mysqldump -u root -p --databases webInfo > c:\webInfo.sql
```

说明：备份之前，要保证“webInfo”数据库存在。成功执行以后，可以查看在 C 盘中是否产生了一个名为“webInfo.sql”的脚本文件。

2．还原数据库

还原数据库使用 mysql 命令，可以通过一个之前备份的脚本文件还原数据库。其语法格式如下：

```
mysql -u username -p [db] < backup.sql
```

说明：

- backup.sql 是指需要还原的脚本文件，指定一个包含完整路径的文件名。
- db 是指还原的数据库，可以省略。如果在脚本中包含有创建数据库的语句，则省略；如果不包含创建数据库的语句，则需要指定一个已存在的数据库，作为还原的数据库。

【示例 8-10】 通过示例 8-9 备份的脚本文件还原数据库 webInfo。

```
mysql -u root -p < c:\webInfo.sql
```

说明：由于在 webInfo.sql 脚本文件中包含有创建数据库的语句，所有在还原的命令中不需要指定数据库。成功执行以后，用户可以使用 SHOW DATABASES 语句查看 webInfo 数据库是否已还原。

8.3 数据表的创建与管理

数据表是数据库中一个非常重要的对象，也是其他对象的基础。一个数据库中可以包含一张或多张表，表是数据的集合，是用来存储数据和操作数据的逻辑结构。

数据在表中是按照行和列的格式来组织排列的，每一行代表一条唯一的记录，每一列代表记录的一个属性。例如，一个包含学生基本信息的数据表（student），表中每一行代表一名学生，每一列分别代表该学生的信息，如学号、姓名、性别、班级等。如表 8-1 所示。

表 8-1 学生表（student）

ID	学号	姓名	性别	出生日期	院系	备注
1	1308013101	陈斌	男	1993-03-20	软件 131	
2	1308013102	张洁	女	1996-02-08	软件 131	
3	1309122501	刘威	男	1994-07-13	网络 131	
4	1312054901	王林林	男	1994-04-16	机电 131	

8.3.1 数据类型

为了能方便地管理和使用这些数据，我们需要对这些数据进行分类，形成各种数据类型。在创建表结构时需要确定表中每列的数据类型，只有这样，系统才会在磁盘上开辟相应的空间，用户才能向表中填写数据。

MySQL 的数据类型主要分为以下三大类：数值类型、字符串类型和日期/时间类型。

1．数值类型

MySQL 中的数值类型分为整型和浮点型两种。而整型中又分为 TINYINT、SMALLINT、MEDIUMINT、INT 和 BIGINT 5 种；浮点型又分为 FLOAT、DOUBLE、DECIMAL 3 种。数值类型及其取值范围如表 8-2 所示。

表 8-2 数值类型及其取值范围

序号	数据类型	所占字节	说明	取值范围
1	TINYINT	1	微整型	带符号值：-128~127 无符号值：0~255
2	SMALLINT	2	小整型	带符号值：-32768~32767 无符号值：0~65535
3	MEDIUMINT	3	中整型	带符号值：-8388608~8388607 无符号值：0~16777215
4	INT	4	整型	带符号值：-2147483648~2147483647 无符号值：0~4294967295
5	BIGINT	8	大整型	带符号值： -9223372036854775808~9223372036854775807 无符号值： 0~18446744073709551615
6	FLOAT	4	单精度型	-3.402823466E+38~-1.175494351E-38 0 1.175494351E-38~3.402823466E+38
7	DOUBLE	8	双精度型	-1.7976931348623157E+308~-2.2250738585072014E-308 0 2.2250738585072014E-308~1.7976931348623157E+308
8	DECIMAL(M,D)	M+2	精确数型	由 M（整个数字的长度，包括小数点、小数点左边的位数、小数点右边的位数构成，但不包括负号）和 D（小数点右边的位数）来决定。M 默认为 10，D 默认为 0

说明：

- 在整数类型后面加上 UNSIGNED 属性，表示声明的是无符号数。例如声明一个 INT UNSIGNED 的数据列，其取值从 0 开始。
- 声明整数类型时，可以为它指定一个显示宽度（1~255），例如 INT(3)，指定显示宽度为 3 个字符；如果没有给它指定显示宽度，MySQL 会为它指定一个默认值。显示宽度只是用于显示，并不能限制取值范围，例如可以把 12345 存入 INT(3)数据列中。

- 在整数类型后面加上 ZEROFILL 属性，表示在数值之前自动用 0 补齐不足的位数。例如将 5 存入一个声明为 INT(3) ZEROFILL 的数据列中，查询输出时，输出的数据将会是“005”。当使用 ZEROFILL 属性修饰时，则自动应用 UNSIGNED 属性。
- 声明浮点数类型时，可以为它指定一个显示宽度指示器和一个小数点指示器。例如 FLOAT(7,2)表示显示的值不会超过 7 位数字，小数点后面带有 2 位数字，存入的数据会被四舍五入，比如 3.1415 存入后的结果是 3.14。

2．字符串类型

字符串类型可以用来存储任何一种值，所以它是最基本的数据类型之一。MySQL 支持以单引号或双引号包含的字符串，例如"MySQL"、'MySQL'，它们表示的是同一个字符串。字符串类型及其取值范围如表 8-3 所示。

表 8-3　字符串类型及其取值范围

序号	数据类型	所占字节	说明	取值范围（字节）
1	CHAR[(M)]	M	定长字符串	0~255
2	VARCHAR[(M)]	L+1	变长字符串	0~255
3	TINYBLOB TINYTEXT	L+1	微小 BLOB（二进制数大对象） 微小文本串	$0\sim2^{8}-1$
4	BLOB TEXT	L+2	小 BLOB（二进制数大对象） 小文本串	$0\sim2^{16}-1$
5	MEDIUMBLOB MEDIUMTEXT	L+3	中等 BLOB（二进制数大对象） 中等文本串	$0\sim2^{24}-1$
6	LONGBLOB LONGTEXT	L+4	大 BLOB（二进制数大对象） 大文本串	$0\sim2^{32}-1$

说明：

- 对于变长字符串类型，其长度取决于实际存放在数据列中的值的长度，该长度在表 8-3 中使用 L 来表示，L 以外所需要的额外字节为存放 L 本身的长度所需要的字节数。
- 在使用 CHAR 和 VARCHAR 类型时，当传入的实际值的长度大于指定的长度，字符串会被截取至指定长度。
- 在使用 CHAR 类型时，如果传入的值的长度小于指定长度，实际长度会使用空格填补至指定长度；而在使用 VARCHAR 类型时，如果传入的值的长度小于指定长度，实际长度即为传入字符串的长度，不会使用空格填补。
- CHAR 类型要比 VARCHAR 类型效率更高，但占用空间较大。
- BLOB 和 TEXT 类型可以存放任意大数据的数据类型，区别是 BLOB 类型区分大小写，而 TEXT 类型不区分大小写。

3．日期/时间类型

日期/时间类型是用来存储诸如“2016-9-1”或者“12:30:00”这一类的日期/时间的值。日期/时间类型及其取值范围如表 8-4 所示。

表 8-4　日期/时间类型及其取值范围

序号	数据类型	所占字节	说明	取值范围
1	DATE	3	"YYYY-MM-DD"格式表示的日期值	1000-01-01~9999-12-31
2	TIME	3	"hh:mm:ss"格式表示的时间值	-838:59:59~838:59:59
3	DATETIME	8	"YYYY-MM-DD hh:mm:ss"格式表示的日期及时间值	1000-01-01 00:00:00~9999-12-31 23:59:59
4	TIMESTAMP	4	"YYYYMMDDhhmmss"格式表示的时间戳	19700101000000～2037 年的某个时刻
5	YEAR	1	"YYYY"格式的年份值	1901~2155

说明：在存储日期/时间时，也可以使用整型来存储 UNIX 时间戳，这样便于进行日期的计算。

4. NULL 值

NULL 意味着"没有值"或"未知值"，可以将 NULL 值插入到数据表中并从表中检索它们，也可以测试某个值是否为 NULL，但能对 NULL 值进行算术计算。如果对 NULL 值进行算术运算，其结果还是 NULL。在 MySQL 中，0 或 NULL 都意味着假，而其余值都意味着真。

8.3.2 创建数据表

数据库创建以后，使用 USE 语句选定这个新创建的数据库作为当前默认的数据库，然后就可以在该数据库中创建数据表了。创建数据表使用 CREATE TABLE 语句，其语法格式如下：

```
CREATE TABLE [IF NOT EXISTS] 表名称 (
    字段名 1 数据类型 [属性] [索引],
    字段名 2 数据类型 [属性] [索引],
    …
    字段名 n 数据类型 [属性] [索引]
) [表类型] [表字符集];
```

说明：

- 每一个字段可以使用属性对其进行限制说明，属性是可选的，主要包括 AUTO_INCREMENT、NOT NULL、DEFAULT 等。其中 AUTO_INCREMENT 用来设置字段的自动增量属性，当数值类型的字段设置为自动增量时，每增加一条新记录，该字段的值就自动加 1，而且此字段的值不允许重复；插入时也可以为自增字段指定某一非零数值，如果标准已经存在该值将出错，否则使用指定数值作为自增字段的值，并且下次插入时，下条记录该字段的值将在此值的基础上加 1。AUTO_INCREMENT 属性只能修饰整数类型的字段。
- 可以使用 PRIMARY KEY、UNIQUE、INDEX、KEY 等子句为字段定义索引，另外也可以使用 FOREIGN KEY 子句创建与其他数据表的主键字段的外键约束。
  - PRIMARY KEY：主键索引。主键用来唯一标识数据表中每一条记录，主键列上没有任何两行具有相同值（即重复值），该列也不能为空值。为了有效实现数据的管理，每张表都应该有自己的主键，且只能有一个主键。也可以多个字段一起创建主键，即复合主键。

- ■ UNIQUE：唯一索引。唯一索引是用来限制不受主键约束的列上的数据的唯一性，一张数据表上可以创建多个唯一索引。
- ■ INDEX：常规索引，KEY 通常是 INDEX 的同义词。常规索引是用来提升数据库性能、提高数查询效率的一项重要的技术。但常规索引也存在缺点，例如，在索引数据列上的插入和更新数据需要更多的时间、多占用磁盘空间等；但是对于经常检索的列，例如在 WHERE、ORDER BY、GROUP BY 子句中使用到的列，应考虑创建索引。所以用户需要科学地设计索引，在提高查询效率同时，尽量减少索引带来的副作用。

- ● MySQL 支持多种数据表类型，例如 MyISAM、InnoDB、HEAP、BOB、CSV 等，其中最重要的是 MyISAM 和 InnoDB 这两种表类型。如果在创建数据表时没有设置表类型，MySQL 服务器将会根据它的具体配置情况在 MyISAM 和 InnoDB 两个类型之间选择。默认的数据表类型由 MySQL 配置文件里的 default-table-type 选项指定。当用 CREATE TBALE 创建新的数据表时，可以通过 ENGINE 或 TYPE 选项确定数据表类型。
  - ■ MyISAM：该表类型成熟、稳定、易于管理，是最节约空间和响应速度最快的一种表类型；但该类型不支持事务操作和外键约束。
  - ■ InnoDB：该表类型提供了具有提交、回滚和崩溃恢复能力的事务安全存储引擎，也支持外键约束，并且具有更高的安全性。
- ● 通过 DEFAULT CHARSET 选项指定 utf8 为表字符集，否则会存在中文字符转换不成功、而用问号（?）来替代显示的情况。

通过对表 8-1 的学生表（student）中所存储数据的分析，设计出如表 8-5 所示的表结构。

表 8-5　学生表（student）的结构

序号	字段名	数据类型	属性	索引	说明
1	id	INT	UNSIGNED NOT NULL AUTO_INCREMENT	主键	学生 ID
2	sNo	CHAR(10)	NOT NULL	唯一	学号
3	sName	VARCHAR(20)	NOT NULL	普通	姓名
4	sex	CHAR(2)	NOT NULL DEFAULT '男'		性别
5	birthday	DATE	NOT NULL		出生日期
6	deptName	VARCHAR(30)	NOT NULL		班级
7	remark	VARCHAR(80)			备注

【示例 8-11】 创建数据库 stuInfo，在该数据库中创建学生表（student）。

```
CREATE DATABASE IF NOT EXISTS stuInfo;
USE stuInfo;
CREATE TABLE IF NOT EXISTS student (
   id INT UNSIGNED NOT NULL AUTO_INCREMENT PRIMARY KEY,
   sNo CHAR(10) NOT NULL UNIQUE,
   sName VARCHAR(20) NOT NULL,
```

```
    sex CHAR(2) NOT NULL DEFAULT '男',
    birthday DATE NOT NULL,
    deptName VARCHAR(30) NOT NULL,
    remark VARCHAR(80),
    INDEX(sName)
) ENGINE=InnoDB DEFAULT CHARSET=utf8;
```

1．查看数据表的列表

数据表成功创建后，用户可以在 MySQL 控制台中使用“SHOW TABLES”语句进行查看，其语法格式如下：

```
SHOW TABLES;
```

【示例 8-12】 查看数据库 stuInfo 中所有数据表。

```
USE stuInfo;
SHOW TABLES;
```

2．查看数据表的结构

用户可以使用“DESCRIBE”或“DESC”语句查看数据表的结构，其语法格式如下：

```
DESCRIBE 表名;          或： DESC 表名;
```

【示例 8-13】 查看数据库 stuInfo 中学生表（student）的结构。执行后的界面如图 8-5 所示。

```
DESC student;
```

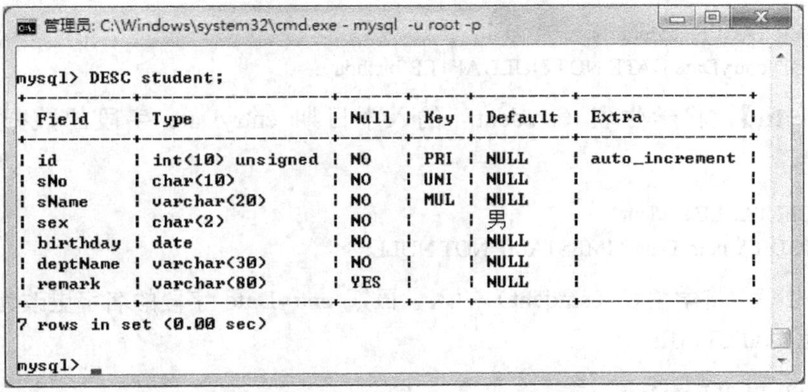

```
管理员: C:\Windows\system32\cmd.exe - mysql -u root -p

mysql> DESC student;
+----------+------------------+------+-----+---------+----------------+
| Field    | Type             | Null | Key | Default | Extra          |
+----------+------------------+------+-----+---------+----------------+
| id       | int(10) unsigned | NO   | PRI | NULL    | auto_increment |
| sNo      | char(10)         | NO   | UNI | NULL    |                |
| sName    | varchar(20)      | NO   | MUL | NULL    |                |
| sex      | char(2)          | NO   |     | 男      |                |
| birthday | date             | NO   |     | NULL    |                |
| deptName | varchar(30)      | NO   |     | NULL    |                |
| remark   | varchar(80)      | YES  |     | NULL    |                |
+----------+------------------+------+-----+---------+----------------+
7 rows in set (0.00 sec)

mysql> _
```

图 8-5 查看学生表（student）的结构

3．查看数据表的创建语句

用户可以使用“SHOW CREATE TABLE”语句查看数据表的创建语句，其语法格式如下：

```
SHOW CREATE TABLE 表名;
```

【示例 8-14】 查看数据库 stuInfo 中学生表（student）的创建语句。

```
SHOW CREATE TABLE student;
```

8.3.3 修改数据表

修改数据表是指修改表的结构，包括添加新的字段、修改原有字段的数据类型、删除原有的字段等。修改数据表使用 ALTER TABLE 语句，其语法格式如下：

```
ALTER TABLE 表名称
    ADD 字段名 数据类型 [属性] [索引] [FIRST | AFTER 列名]; |
    MODIFY 列名 数据类型 [属性] [索引]; |
    CHANGE 列名 新列名 数据类型 [属性] [索引]; |
    DROP 列名; |
    AUTO_INCREMENT=n; |
    RENAME AS 新表名;
```

说明：

- ADD 用来添加一个新的字段，如果没有指定 FIRST 或 AFTER，则在表的列尾添加一列，否则在表的列头或者指定列的后面添加新列。
- MODIFY 用来更改指定列的数据类型等。
- CHANGE 也是用来更改指定列的数据类型等，但可以同时把指定列更改为一个新的名字。
- DROP 用来删除指定列。
- AUTO_INCREMENT=n 用来设置 AUTO_INCREMENT 的初始值。
- RENAME AS 用来给数据表重新命名。

【示例 8-15】 在学生表（student）的出生日期 birthday 字段的后面添加一个新的入学日期 EntryDate 字段。

```
ALTER TABLE student
  ADD entryDate DATE NOT NULL AFTER birthday;
```

【示例 8-16】 将学生表（student）的入学日期 entryDate 字段的数据类型更改为 TIMESTAMP。

```
ALTER TABLE student
  MODIFY entryDate TIMESTAMP NOT NULL;
```

【示例 8-17】 将学生表（student）的入学日期 entryDate 字段的名字更改为 rxDate、数据类型更改为 DATETIME。

```
ALTER TABLE student
  CHANGE entryDate rxDate DATETIME NOT NULL;
```

【示例 8-18】 删除学生表（student）的入学日期 rxDate 字段。

```
ALTER TABLE student
  DROP rxDate;
```

8.3.4 删除数据表

当某张数据表不再需要时，用户可以使用 DROP TABLE 语句进行删除。DROP TABLE

语句的语法格式如下：

```
DROP TABLE [IF EXISTS] 表名称;
```

【示例 8-19】 把学生表（student）删除。

```
DROP TABLE IF EXISTS student;
```

8.4 数据表内容的管理

创建了数据表，用户就可以向表中添加数据；在插入了数据后，用户就可以对数据进行修改或者删除操作。

8.4.1 添加数据

使用 INSERT 语句可以向表中添加数据，其语法格式如下：

```
INSERT [INTO] 表名 [( 字段名 1, 字段名 2, ... , 字段名 n )]
VALUES ( 值 1, 值 2, ... , 值 n );
```

说明：

- 表名后面指定的字段列表要与 VALUES 子句中表达式列表的值一一对应，即个数要相等，数据类型也要匹配。对于字符型数据需要使用单引号括起来。
- INSERT 语句也可以省略字段列表，但必须插入一行完整的数据，且必须按照表中定义的字段顺序为全部字段提供值。

【示例 8-20】 向学生表（student）中添加一行数据。

```
INSERT INTO student(id, sNo, sName, sex, birthday, deptName, remark)
VALUES(1, '1308013101', '陈斌', '男', '1993-03-20', '软件 131', NULL);
```

另外，INSERT 语句也可以一次性插入多行数据，即在 VALUES 子句的后面加上多个表达式列表，并以逗号隔开。

【示例 8-21】 向学生表（student）中添加多行数据。

```
INSERT INTO student(sNo, sName, sex, birthday, deptName, remark)
VALUES('1308013102', '张洁', '女', '1996-02-08', '软件 131', NULL),
      ('1309122501', '刘威', '男', '1994-07-13', '网络 131', NULL),
      ('1312054901', '王林林', '男', '1994-04-16', '机电 131', NULL);
```

说明：由于学生 ID 字段是自增字段，所以可以不给该字段赋值，自动使用上次该字段的值加 1。

8.4.2 修改数据

使用 UPDATE 语句可以对表中的一列或多列数据进行修改，修改时必须指定需要修改的字段，并且赋予新值；通过 WHERE 子句可以限定要更新的数据行。UPDATE 语句的语法格式如下：

```
UPDATE 表名
SET 字段名 1=值 1 [, 字段名 2=值 2, ... , 字段名 n=值 n]
[WHERE 条件];
```

【示例 8-22】 修改学生表（student）中学号 ID 字段值为 3 的数据记录，将出生日期 birthday 字段的值更改为“1993-11-25”，将备注 remark 字段的值更改为“班长”。

```
UPDATE student
SET birthday='1993-11-25',remark='班长'
WHERE id=3;
```

8.4.3 删除数据

使用 DELETE 语句可以删除表中的一条或多条数据记录，通过 WHERE 子句可以限定要删除的数据行，否则清空整个数据表。DELETE 语句的语法格式如下：

```
DELETE FROM 表名
[WHERE 条件];
```

【示例 8-23】 删除学生表（student）中学号 ID 字段值为 3 的数据记录。

```
DELETE FROM student
WHERE id=3;
```

8.5 数据查询

数据查询是指数据库管理系统按照用户指定的条件，从数据库相关表中检索满足条件的数据的过程。

1. SELECT 语句

SELECT 语句主要用于数据的查询检索，是 SQL 语言的核心，也是使用频率最高的一条语句。SELECT 语句可以让数据库服务器根据用户的要求，从数据库的表中检索出所需要的数据，并按照用户指定的格式进行整理并返回。SELECT 语句的语法格式如下：

```
SELECT [ALL | DISTINCT] * | 字段列表
FROM 表名
[WHERE 查询条件]
[GROUP BY 分组字段 [HAVING 分组条件]]
[ORDER BY 排序字段 [ASC | DESC] ]
[LIMIT [初始位置,] 记录数];
```

说明：

- SELECT 子句用来指定查询返回的字段。星号（*）表示返回所有字段，并按照表中定义的字段顺序显示查询结果集；也可指定字段列表，以逗号隔开，各字段在 SELECT 子句中的循序决定了它们在查询结果集中的顺序。使用 DISTINCT 关键字可以取消重复的数据记录。
- FROM 子句用来指定数据来源的表。

- WHERE 子句用来限定返回行的查询条件。
- GROUP BY 子句用来指定查询结果的分组条件。
- ORDER BY 子句用来指定结果集的排序方式。ASC 表示升序，可省略；DESC 表示降序。
- LIMIT 子句用来限制 SELECT 语句返回的记录数。

2．示例数据库

以学生数据库 stuInfo 为例，用来作为学习本章内容的示例数据库，该数据库中的数据表如下所示。

（1）班级表（department），表中数据如表 8-6 所示。

department(id, deptNo, deptName)

表 8-6　班级表（department）

班级 ID	班级编号	班级名称
1	13080131	软件 131
2	13091225	网络 131
3	13120549	机电 131

（2）学生表（student），表中数据如表 8-7 所示。

student(id, sNo, sName, sex, birthday, dept_id, photo, remark)

表 8-7　学生表（student）

学生 ID	学号	姓名	性别	出生日期	班级 ID	照片	备注
1	1308013101	陈斌	男	1993-03-20	1	default.jpg	
2	1308013102	张洁	女	1996-02-08	1	default.jpg	
3	1308013103	郑先超	男	1994-04-25	1	default.jpg	
4	1308013104	徐孝兵	男	1994-08-06	1	default.jpg	
5	1308013105	王群	女	1995-03-27	1	default.jpg	
6	1309122501	刘威	男	1994-07-13	2	default.jpg	
7	1309122502	沈雁斌	男	1994-05-28	2	default.jpg	
8	1309122503	杨群	女	1995-10-18	2	default.jpg	
9	1309122504	蒋维维	男	1994-10-19	2	default.jpg	
10	1309122505	杨璐	女	1995-09-26	2	default.jpg	
11	1312054901	王林林	男	1994-04-16	3	default.jpg	
12	1312054902	杨一超	男	1994-08-27	3	default.jpg	
13	1312054903	张伟	男	1995-01-03	3	default.jpg	
14	1312054904	田翠萍	女	1994-10-20	3	default.jpg	
15	1312054905	周伟	男	1995-09-10	3	default.jpg	

（3）课程表（course），表中数据如表 8-8 所示。

course(id, cNo, cName, credit, remark)

表 8-8　课程表（course）

课程 ID	课程编号	课程名称	学分	备注
1	01001	C 语言程序设计	5	
2	01002	数据结构	4	
3	01003	Java 程序设计	4	
4	02001	网络基础	3	
5	02002	数据库原理及应用	4	
6	02003	操作系统	4	
7	09001	机械设计基础	5	
8	09002	机械制造基础	4	
9	09003	机械制图	4	

（4）成绩表（score），表中数据如表 8-9 所示。

score(s_id, c_id, grade)

表 8-9　成绩表（score）

学生 ID	课程 ID	成绩	学生 ID	课程 ID	成绩
1	1	72	5	1	63
1	2	56	6	4	84
1	3	77	6	5	92
2	1	85	6	6	71
2	2	73	11	7	87
2	3	90	11	8	90
3	1	79	11	9	95
4	1	82			

创建数据库 stuInfo 和所有的数据表，并向表中添加数据。SQL 语句如下：

```
--
-- Database: stuInfo
--
CREATE DATABASE IF NOT EXISTS stuInfo;
USE stuInfo;

--
-- 表的结构 department              /*班级表*/
--
CREATE TABLE IF NOT EXISTS department (
  id INT UNSIGNED NOT NULL AUTO_INCREMENT COMMENT '班级 ID（唯一）',
  deptNo CHAR(8) NOT NULL COMMENT '班级编号',
  deptName VARCHAR(30) NOT NULL COMMENT '班级名称',
  PRIMARY KEY (id),        /*设置 id 为主键*/
  UNIQUE (deptNo),         /*设置 deptNo 为唯一索引*/
  UNIQUE (deptName)        /*设置 deptName 为唯一索引*/
```

```
) ENGINE=InnoDB DEFAULT CHARSET=utf8;

--
-- 转存表中的数据 department
--
INSERT INTO department (id, deptNo, deptName) VALUES
(1, '13080131', '软件 131'),
(2, '13091225', '网络 131'),
(3, '13120549', '机电 131');

--
-- 表的结构 student          /*学生表*/
--
CREATE TABLE IF NOT EXISTS student (
  id INT UNSIGNED NOT NULL AUTO_INCREMENT COMMENT '学生 ID（唯一）',
  sNo CHAR(10) NOT NULL COMMENT '学号',
  sName VARCHAR(20) NOT NULL COMMENT '姓名',
  sex CHAR(2) NOT NULL DEFAULT '男' COMMENT '性别',
  birthday DATE NOT NULL COMMENT '出生日期',
  dept_id INT UNSIGNED NOT NULL COMMENT '班级 ID',
  photo VARCHAR(30) NOT NULL DEFAULT 'default.jpg' COMMENT '照片',
  remark VARCHAR(80) COMMENT '备注',
  PRIMARY KEY (id),        /*设置 id 为主键*/
  UNIQUE (sNo),            /*设置 sNo 为唯一索引*/
  INDEX (sName),           /*设置 sName 为常规索引*/
  FOREIGN KEY(dept_id) REFERENCES department(id)    /*与班级表关联*/
  ON UPDATE CASCADE ON DELETE CASCADE
) ENGINE=InnoDB DEFAULT CHARSET=utf8;

--
-- 转存表中的数据 student
--
INSERT INTO student (id, sNo, sName, sex, birthday, dept_id, photo, remark) VALUES
(1, '1308013101', '陈斌', '男', '1993-03-20', 1, 'default.jpg', NULL),
(2, '1308013102', '张洁', '女', '1996-02-08', 1, 'default.jpg', NULL),
(3, '1308013103', '郑先超', '男', '1994-04-25', 1, 'default.jpg', NULL),
(4, '1308013104', '徐孝兵', '男', '1994-08-06', 1, 'default.jpg', NULL),
(5, '1308013105', '王群', '女', '1995-03-27', 1, 'default.jpg', NULL),
(6, '1309122501', '刘威', '男', '1994-07-13', 2, 'default.jpg', NULL),
(7, '1309122502', '沈雁斌', '男', '1994-05-28', 2, 'default.jpg', NULL),
(8, '1309122503', '杨群', '女', '1995-10-18', 2, 'default.jpg', NULL),
(9, '1309122504', '蒋维维', '男', '1994-10-19', 2, 'default.jpg', NULL),
(10, '1309122505', '杨璐', '女', '1995-09-26', 2, 'default.jpg', NULL),
(11, '1312054901', '王林林', '男', '1994-04-16', 3, 'default.jpg', NULL),
(12, '1312054902', '杨一超', '男', '1994-08-27', 3, 'default.jpg', NULL),
(13, '1312054903', '张伟', '男', '1995-01-03', 3, 'default.jpg', NULL),
(14, '1312054904', '田翠萍', '女', '1994-10-20', 3, 'default.jpg', NULL),
```

```
(15, '1312054905', '周伟', '男', '1995-09-10', 3, 'default.jpg', NULL);

--
-- 表的结构 course             /*课程表*/
--
CREATE TABLE IF NOT EXISTS course (
  id INT UNSIGNED NOT NULL AUTO_INCREMENT COMMENT '课程 ID（唯一）',
  cNo CHAR(5) NOT NULL COMMENT '课程编号',
  cName VARCHAR(30) NOT NULL COMMENT '课程名称',
  credit TINYINT UNSIGNED COMMENT '学分',
  remark VARCHAR(100) COMMENT '备注',
  PRIMARY KEY (id),         /*设置 id 为主键*/
  UNIQUE (cNo),             /*设置 cNo 为唯一索引*/
  UNIQUE (cName)            /*设置 cName 为唯一索引*/
) ENGINE=InnoDB DEFAULT CHARSET=utf8;

--
-- 转存表中的数据 course
--
INSERT INTO course (id, cNo, cName, credit, remark) VALUES
(1, '01001', 'C 语言程序设计', 5, '计算机类专业课程'),
(2, '01002', '数据结构', 4, '计算机类专业课程'),
(3, '01003', 'Java 程序设计', 4, '计算机类专业课程'),
(4, '02001', '网络基础', 3, '计算机类专业课程'),
(5, '02002', '数据库原理及应用', 4, '计算机类专业课程'),
(6, '02003', '操作系统', 4, '计算机类专业课程'),
(7, '09001', '机械设计基础', 5, NULL),
(8, '09002', '机械制造基础', 4, NULL),
(9, '09003', '机械制图', 4, NULL);

--
-- 表的结构 score             /*成绩表*/
--
CREATE TABLE IF NOT EXISTS score (
  s_id INT UNSIGNED NOT NULL COMMENT '学生 ID',
  c_id INT UNSIGNED NOT NULL COMMENT '课程 ID',
  grade TINYINT UNSIGNED NOT NULL COMMENT '成绩',
  PRIMARY KEY(s_id, c_id),       /*设置 s_id 和 c_id 为复合主键*/
  FOREIGN KEY(s_id) REFERENCES student(id)  /*与学生表关联*/
  ON UPDATE CASCADE ON DELETE CASCADE,
  FOREIGN KEY(c_id) REFERENCES course(id)  /*与课程表关联*/
  ON UPDATE CASCADE ON DELETE CASCADE
) ENGINE=InnoDB DEFAULT CHARSET=utf8;

--
-- 转存表中的数据 score
--
```

```
INSERT INTO score (s_id, c_id, grade) VALUES
(1, 1, 72),
(1, 2, 56),
(1, 3, 77),
(2, 1, 85),
(2, 2, 73),
(2, 3, 90),
(3, 1, 79),
(4, 1, 82),
(5, 1, 63),
(6, 4, 84),
(6, 5, 92),
(6, 6, 71),
(11, 7, 87),
(11, 8, 90),
(11, 9, 95);
```

8.5.1 选择字段

1．选择所有字段

在 SELECT 子句中可以使用星号（*）显示表中所有的字段。其语法格式如下：

```
SELECT *
FROM 表名;
```

【示例 8-24】 显示 department 表中的所有信息。查询结果如图 8-6 所示。

```
SELECT * FROM department;
```

```
管理员: C:\Windows\system32\cmd.exe - mysql  -u root -p

mysql> SELECT * FROM department;
+----+----------+-----------+
| id | deptNo   | deptName  |
+----+----------+-----------+
|  1 | 13080131 | 软件131   |
|  2 | 13091225 | 网络131   |
|  3 | 13120549 | 机电131   |
+----+----------+-----------+
3 rows in set (0.00 sec)

mysql> _
```

图 8-6 “示例 8-24”查询结果

说明：默认情况下，MySQL 的查询结果是横向输出的，即第一行是列头，下面是查询结果。这样的话，假如字段很多，显示的结果就会非常乱，不太适合阅读，而在加上\G 参数之后，表结构就变成纵向输出，将查询结果按列进行输出。

【示例 8-25】 按列输出 department 表中的所有信息。查询结果如图 8-7 所示。

```
SELECT * FROM department\G
```

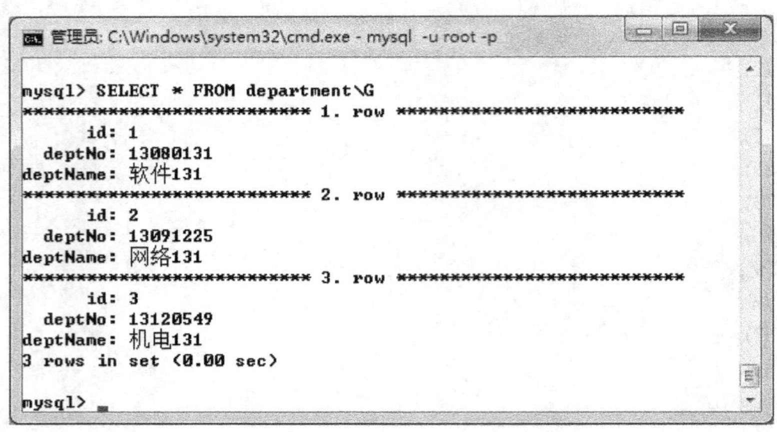

图 8-7 【示例 8-25】查询结果

说明：\G 参数的后面不需要加分号。

2．选择指定字段

选择指定字段的语法格式如下：

```
SELECT 字段名 1 [, 字段名 2, … , 字段名 n]
FROM 表名;
```

说明：字段的顺序可以与表中定义的字段顺序不同，字段与字段之间使用逗号分隔。

【示例 8-26】 从 student 表中查询出班级编号（dept_id）、学号（sNo）、姓名（sName）、和性别（sex）的学生信息。

```
SELECT dept_id, sNo, sName, sex FROM student;
```

说明：在数据查询时，字段的显示顺序由 SELECT 子句指定，该顺序可以和表中定义的字段顺序不同，这并不影响数据在表中的存储顺序。

3．定义字段别名

默认情况下返回的查询结果以字段名作为列标题，可以为返回的字段指定一个新的列标题，也可给通过计算产生的新列指定一个列标题。其语法格式如下：

```
SELECT 字段名 1 [AS] 列标题 1 [ , 字段名 2 [AS] 列标题 2, …]
FROM 表名
```

说明：AS 关键字可以省略。

【示例 8-27】 以“学号　姓名　性别　出生日期”作为列标题显示学生信息。

```
SELECT sNo AS '学号', sName AS '姓名', sex AS '性别',
birthday AS '出生日期' FROM student;
```

4．使用 DISTINCT 关键字

如果返回的查询结果中包含重复的记录，可以使用 DISTINCT 关键字取消重复的数据，只返回其中的一条。其语法格式如下：

```
SELECT DISTINCT 字段列表
FROM 表名
```

说明：DISTINCT 关键字作用的范围是整个查询的字段列表，而不是仅仅单独一列。

【示例 8-28】 查询 score 表，显示选修了课程的学生 ID，如果有多个相同的 ID，只需显示一个即可。

```
SELECT DISTINCT s_id FROM score;
```

8.5.2 WHERE 子句

在实际工作中，大部分查询并不是针对表中所有数据记录的查询，而是要找出满足某些条件的数据记录。此时用户可以在 SELECT 语句中使用 WHERE 子句，其语法格式如下：

```
SELECT * | 字段列表
FROM 表名
WHERE 查询条件;
```

说明：查询条件可以是比较表达式、逻辑表达式以及其他一些谓词构成的表达式（字符串模糊匹配 LIKE、数据范围 BETWEEN、列表数据 IN、空值判定 IS NULL 等）。

1．使用比较运算符

WHERE 子句允许使用的比较运算符如表 8-10 所示。

表 8-10　比较运算符

序号	运算符	语法	描述
1	=	a = b	如果 a 与 b 相等，则为真
2	<=>	a <=> b	与=作用相同，还可用于 NULL 值判断
3	!= 或 <>	a != b 或 a <> b	如果 a 与 b 不相等，则为真
4	<	a < b	如果 a 小于 b，则为真
5	<=	a <= b	如果 a 小于或等于 b，则为真
6	>	a > b	如果 a 大于 b，则为真
7	>=	a >= b	如果 a 大于或等于 b，则为真

【示例 8-29】 查询 student 表中女学生的信息。查询结果如图 8-8 所示。

```
SELECT sNo, sName, sex, birthday, dept_id, remark FROM student
WHERE sex='女';
```

```
管理员: C:\Windows\system32\cmd.exe - mysql -u root -p

mysql> SELECT sNo,sName,sex,birthday,dept_id,remark FROM student
    -> WHERE sex='女';
+------------+--------+-----+------------+---------+--------+
| sNo        | sName  | sex | birthday   | dept_id | remark |
+------------+--------+-----+------------+---------+--------+
| 1308013102 | 张洁   | 女  | 1996-02-08 |       1 | NULL   |
| 1308013105 | 王群   | 女  | 1995-03-27 |       1 | NULL   |
| 1309122503 | 杨群   | 女  | 1995-10-18 |       2 | NULL   |
| 1309122505 | 杨璐   | 女  | 1995-09-26 |       2 | NULL   |
| 1312054904 | 田翠萍 | 女  | 1994-10-20 |       3 | NULL   |
+------------+--------+-----+------------+---------+--------+
5 rows in set (0.00 sec)

mysql> _
```

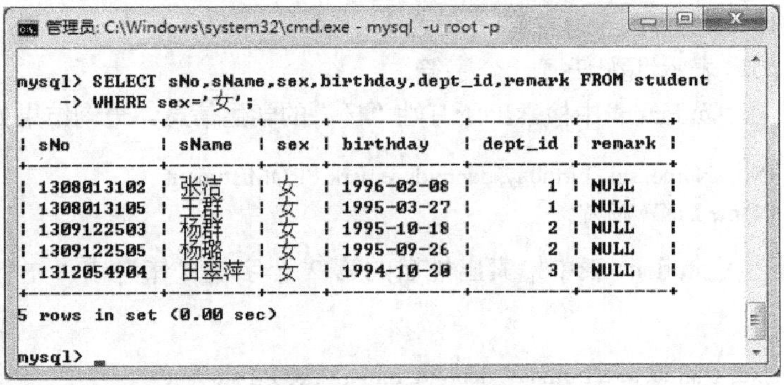

图 8-8 【示例 8-29】查询结果

【示例 8-30】 查询 course 表中超过 4 个学分（credit）的课程信息。

```
SELECT * FROM course
WHERE credit>4;
```

2．使用逻辑运算符

WHERE 子句允许使用的逻辑运算符如表 8-11 所示。

表 8-11 逻辑运算符

序号	运算符	语法	描述
1	&& 或 AND	a && b 或 a AND b	逻辑与。如果 a 与 b 都为真，则为真；否则为假
2	|| 或 OR	a || b 或 a OR b	逻辑或。如果 a 与 b 中有一个为真，则为真；否则为假
3	XOR	a XOR b	逻辑异或。如果 a 与 b 中一个为真、一个为假，则为真；否则为假
4	! 或 NOT	!a 或 NOT a	逻辑非。如果 a 为假，则为真；否则为假

【示例 8-31】 查询 student 表中 1995 年出生的学生信息。查询结果如图 8-9 所示。

```
SELECT sNo, sName, sex, birthday, dept_id, remark FROM student
WHERE birthday>='1995-01-01' AND birthday<='1995-12-31';
```

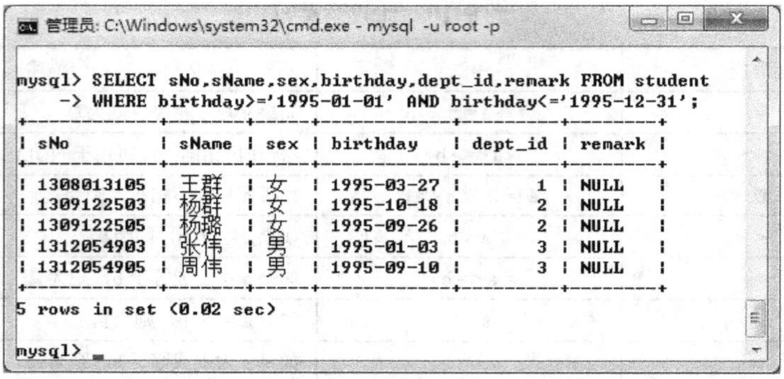

```
管理员: C:\Windows\system32\cmd.exe - mysql -u root -p
mysql> SELECT sNo,sName,sex,birthday,dept_id,remark FROM student
    -> WHERE birthday>='1995-01-01' AND birthday<='1995-12-31';
+------------+-------+------+------------+---------+--------+
| sNo        | sName | sex  | birthday   | dept_id | remark |
+------------+-------+------+------------+---------+--------+
| 1308013105 | 王群  | 女   | 1995-03-27 |       1 | NULL   |
| 1309122503 | 杨群  | 女   | 1995-10-18 |       2 | NULL   |
| 1309122505 | 杨璐  | 女   | 1995-09-26 |       2 | NULL   |
| 1312054903 | 张伟  | 男   | 1995-01-03 |       3 | NULL   |
| 1312054905 | 周伟  | 男   | 1995-09-10 |       3 | NULL   |
+------------+-------+------+------------+---------+--------+
5 rows in set (0.02 sec)

mysql>
```

图 8-9 【示例 8-31】查询结果

3．使用 LIKE 进行模糊查询

在 WHERE 子句中，通过 LIKE 关键字与“%”“_”两个通配符的使用，可以对数据表中的数据进行模糊查询。这两个通配符的含义如下。

- 百分号（%）：表示匹配 0 个或者任意多个字符。
- 下画线（_）：表示匹配任意一个字符。

【示例 8-32】 从 student 表中检索出所有姓“杨”的学生信息。查询结果如图 8-10 所示。

```
SELECT sNo, sName, sex, birthday, dept_id, remark FROM student
WHERE sName LIKE '杨%';
```

【示例 8-33】 从 student 表中检索出姓名的第 2 个字是“伟”或“先”的学生信息。查询结果如图 8-11 所示。

```
SELECT sNo, sName, sex, birthday, dept_id, remark FROM student
WHERE sName LIKE '_伟%' OR sName LIKE '_先%';
```

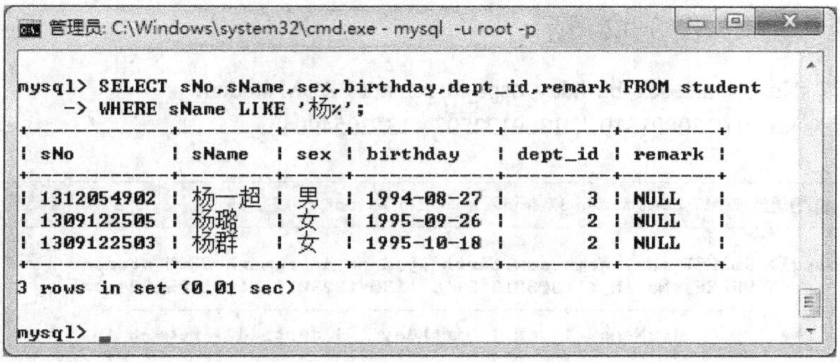

```
管理员: C:\Windows\system32\cmd.exe - mysql -u root -p

mysql> SELECT sNo,sName,sex,birthday,dept_id,remark FROM student
    -> WHERE sName LIKE '杨%';
+------------+--------+-----+------------+---------+--------+
| sNo        | sName  | sex | birthday   | dept_id | remark |
+------------+--------+-----+------------+---------+--------+
| 1312054902 | 杨一超 | 男  | 1994-08-27 |       3 | NULL   |
| 1309122505 | 杨璐   | 女  | 1995-09-26 |       2 | NULL   |
| 1309122503 | 杨群   | 女  | 1995-10-18 |       2 | NULL   |
+------------+--------+-----+------------+---------+--------+
3 rows in set (0.01 sec)

mysql> _
```

图 8-10 “示例 8-32”查询结果

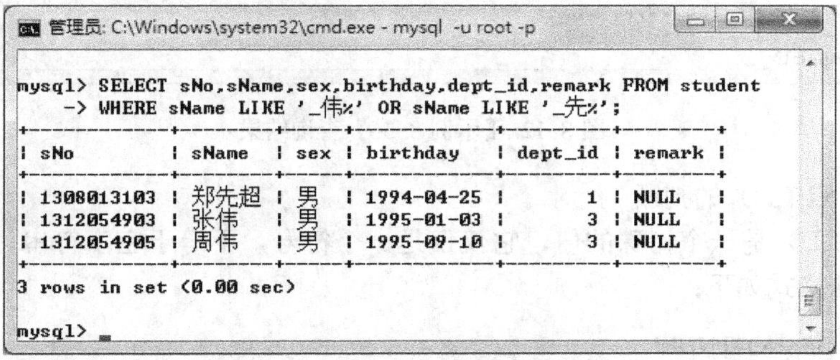

```
管理员: C:\Windows\system32\cmd.exe - mysql -u root -p

mysql> SELECT sNo,sName,sex,birthday,dept_id,remark FROM student
    -> WHERE sName LIKE '_伟%' OR sName LIKE '_先%';
+------------+--------+-----+------------+---------+--------+
| sNo        | sName  | sex | birthday   | dept_id | remark |
+------------+--------+-----+------------+---------+--------+
| 1308013103 | 郑先超 | 男  | 1994-04-25 |       1 | NULL   |
| 1312054903 | 张伟   | 男  | 1995-01-03 |       3 | NULL   |
| 1312054905 | 周伟   | 男  | 1995-09-10 |       3 | NULL   |
+------------+--------+-----+------------+---------+--------+
3 rows in set (0.00 sec)

mysql> _
```

图 8-11 【示例 8-33】查询结果

4．使用 BETWEEN AND 进行范围比较查询

在 WHERE 子句中，可以使用 BETWEEN AND 关键字对指定字段的某一范围内的数据进行比较查询，与使用“>=”“<=”的功能一样。其语法格式如下：

字段名 [NOT] BETWEEN 值 1 AND 值 2

说明：指定字段的值（不）在值 1 和值 2 之间。

【示例 8-34】 使用 BETWEEN AND 关键字实现示例 8-31 的功能。

```
SELECT sNo, sName, sex, birthday, dept_id, remark FROM student
WHERE birthday BETWEEN '1995-01-01' AND '1995-12-31';
```

【示例 8-35】 从 score 表中查询出成绩不在 60～89 分的学生成绩信息。

```
SELECT * FROM score
WHERE grade NOT BETWEEN 60 AND 89;
```

5．使用 IN 进行范围比对查询

如果字段的取值范围不是一个连续的区间，而是一些离散的值，可以使用 IN 关键字对指定字段进行范围比对查询。其语法格式如下：

字段名 [NOT] IN (值 1 [, 值 2, 值 3, …])

说明：指定字段的值（不）在括号中列出的值之中。

【示例 8-36】 查询 student 表中学号（sNo）为 1308013101、1309122503、1312054904

的学生信息。查询结果如图 8-12 所示。

```
SELECT sNo, sName, sex, birthday, dept_id, remark FROM student
WHERE sNo IN ('1308013101', '1309122503', '1312054904');
```

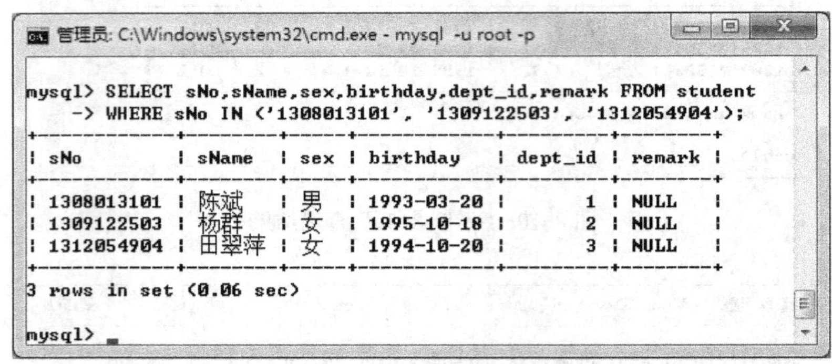

图 8-12 【示例 8-36】查询结果

6. 空值（NULL）的判断

空值（NULL）是一个特殊的值，它仅仅是一个符号，不等于空字符串，也不等于 0。空值判断的语法格式如下：

```
字段名 IS [NOT] NULL
```

【示例 8-37】 检索 course 表中备注（remark）为空的课程记录。

```
SELECT * FROM course
WHERE remark IS NULL;
```

8.5.3 ORDER BY 子句

在通常情况下，数据库中的数据记录行在显示时是无序的，它按照数据记录插入数据库时的顺序排列，因此用 SELECT 语句查询的结果也是无序的。使用 ORDER BY 子句可以将查询结果进行排序显示。其语法格式如下：

```
SELECT * | 字段列表
FROM 表名
[WHERE 查询条件]
ORDER BY 字段名 1 [ASC | DESC] [, 字段名 2 [ASC | DESC]] [, …];
```

说明：

- 在默认情况下，ORDER BY 子句按升序进行排序，即默认使用的是 ASC 关键字，如果特别要求按降序进行排列，必须使用 DESC 关键字。
- 当 ORDER BY 子句指定了多个排序字段时，系统先按照 ORDER BY 子句中第 1 个字段的顺序排列，当该字段出现相同的值时，再按照第 2 个字段的顺序排列，依次类推。

【示例 8-38】 查询 student 表中的男生信息，按照出生日期（birthday）的降序排列。

```
SELECT sNo, sName, sex, birthday, dept_id, remark FROM student
```

```
WHERE sex='男'
ORDER BY birthday DESC;
```

【示例 8-39】 查询 student 表中的数据，先按性别（sex）的降序排列，当性别相同时再按照学号（sNo）的升序排列。

```
SELECT sNo, sName, sex, birthday, dept_id, remark FROM student
ORDER BY sex DESC, sNo;
```

8.5.4 多表查询

关系数据库在进行数据表设计时，为了减少冗余，确保数据一致性、完整性，要求数据表的设计符合规范（如 3NF）。为了遵循这些规范，往往需要将数据分离到多张表中。然而在实际应用中，又往往需要将多张表的相关数据提取，聚合后一起提供给用户，即需要多表查询。

多表查询的本质是多张表通过关联的列进行连接，所以多表查询也称为连接查询。

多表（连接）查询的语法格式有如下两种。

- 第 1 种语法格式：

```
SELECT * | 字段列表
FROM 表名 1
[连接类型] JOIN 表名 2 ON 连接条件
[[连接类型] JOIN 表名 3 ON 连接条件] […]
WHERE 查询条件;
```

- 第 2 种语法格式：

```
SELECT * | 字段列表
FROM 表名 1, 表名 2 [, 表名 3, … 表名 n]
WHERE 连接条件 AND 查询条件;
```

说明：

- 查询时所有的字段都必须要明确，为了区分多张表中出现的重复字段名，可以在字段列表中使用“表名.字段名”的形式；星号（*）表示的是多张表中的所有字段，如果要指定某一张表中是所有字段，可以使用“表名.*”的形式。
- 连接类型主要包括内连接（INNER）、左外连接（LEFT OUTER）、右外连接（RIGHT OUTER）等。
- 为了增加可读性，可以对数据表使用别名进行引用。表的别名的使用方法是在表名的后面直接加上一个别名，原名与别名之间用空格隔开；一旦使用了别名代替某个表，则在连接时必须用表的别名，不能再用表的原名。

1．内连接（INNER JOIN）

内连接（INNER JOIN）是指多个表通过连接条件中共享列的值进行的比较连接，INNER 关键字可以省略，当未指明连接类型时，默认为内连接。内连接值显示两个表中所有匹配数据的行，如图 8-13

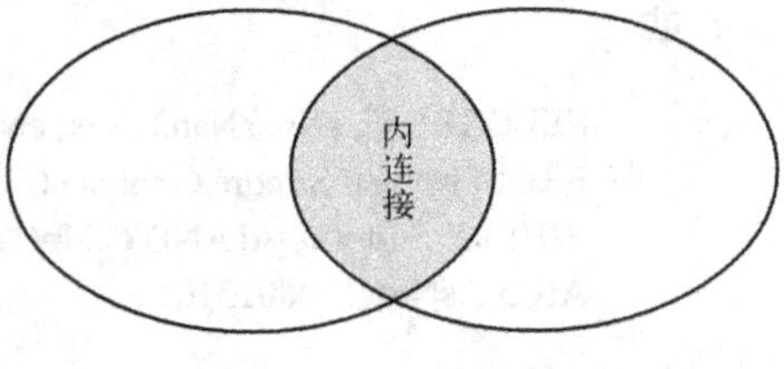

内连接

图 8-13 “内连接”类型

所示。

【示例 8-40】 查询所有女生的学生 ID、学号、姓名、性别和班级名称。查询结果如图 8-14 所示。

- 第 1 种语法格式：

```
SELECT student.id, sNo, sName, sex, deptName
FROM student
INNER JOIN department ON student.dept_id=department.id
WHERE sex='女';
```

- 第 2 种语法格式：

```
SELECT student.id, sNo, sName, sex, deptName
FROM student,department
WHERE student.dept_id=department.id
AND sex='女';
```

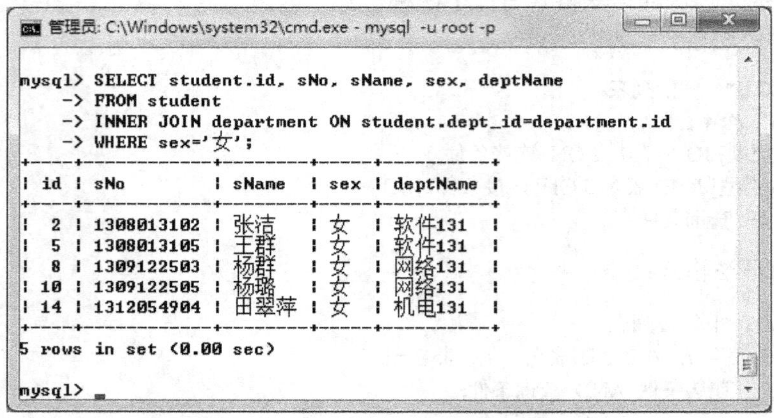

```
管理员: C:\Windows\system32\cmd.exe - mysql -u root -p

mysql> SELECT student.id, sNo, sName, sex, deptName
    -> FROM student
    -> INNER JOIN department ON student.dept_id=department.id
    -> WHERE sex='女';
+----+------------+--------+-----+----------+
| id | sNo        | sName  | sex | deptName |
+----+------------+--------+-----+----------+
|  2 | 1308013102 | 张洁   | 女  | 软件131  |
|  5 | 1308013105 | 王群   | 女  | 软件131  |
|  8 | 1309122503 | 杨群   | 女  | 网络131  |
| 10 | 1309122505 | 杨璐   | 女  | 网络131  |
| 14 | 1312054904 | 田翠萍 | 女  | 机电131  |
+----+------------+--------+-----+----------+
5 rows in set (0.00 sec)

mysql> _
```

图 8-14 【示例 8-40】查询结果

【示例 8-41】 查询学号（sNo）为“1308013101”学生的学生 ID、学号、姓名、性别、课程名和成绩。查询结果如图 8-15 所示。

```
SELECT S.id, sNo, sName, sex, cName, grade
FROM student S
INNER JOIN score G ON S.id=G.s_id
INNER JOIN course C ON C.id=G.c_id
WHERE S.sNo='1308013101';
```

或：

```
SELECT S.id, sNo, sName, sex, cName, grade
FROM student S,score G,course C
WHERE S.id=G.s_id AND C.id=G.c_id
AND S.sNo='1308013101';
```

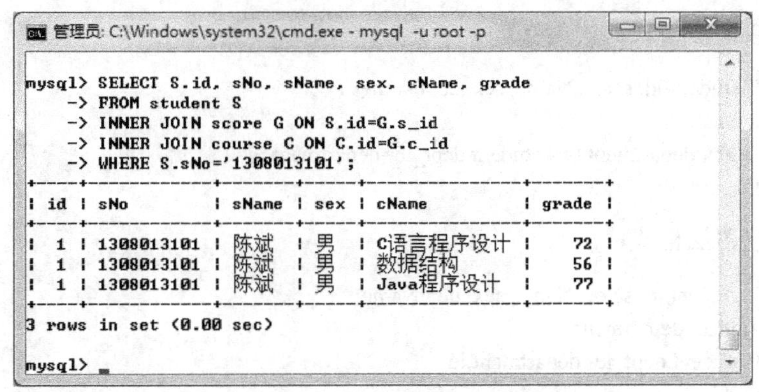

```
管理员: C:\Windows\system32\cmd.exe - mysql -u root -p

mysql> SELECT S.id, sNo, sName, sex, cName, grade
    -> FROM student S
    -> INNER JOIN score G ON S.id=G.s_id
    -> INNER JOIN course C ON C.id=G.c_id
    -> WHERE S.sNo='1308013101';
+----+------------+-------+-----+----------------+-------+
| id | sNo        | sName | sex | cName          | grade |
+----+------------+-------+-----+----------------+-------+
|  1 | 1308013101 | 陈斌  | 男  | C语言程序设计  |    72 |
|  1 | 1308013101 | 陈斌  | 男  | 数据结构       |    56 |
|  1 | 1308013101 | 陈斌  | 男  | Java程序设计   |    77 |
+----+------------+-------+-----+----------------+-------+
3 rows in set (0.00 sec)

mysql> _
```

图 8-15 【示例 8-41】查询结果

2. 外连接（OUTER JOIN）

外连接显示包含来自一个表中所有行和来自另一个表中匹配行的结果集，如图 8-16 所示。

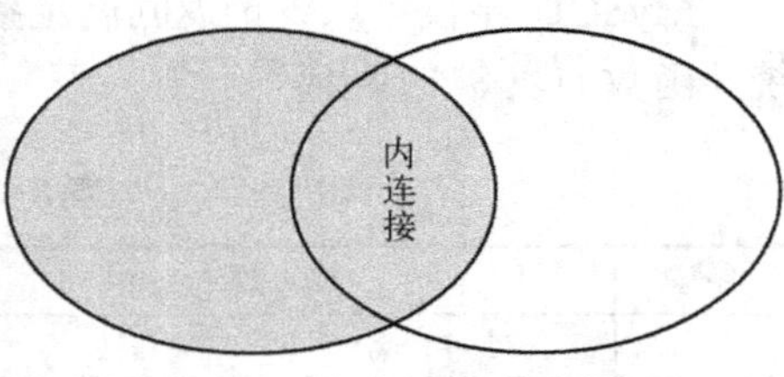

图 8-16 “外连接”类型

外连接主要又分为左外连接和右外连接，说明如下：

- 左外连接（LEFT OUTER JOIN）返回 LEFT OUTER JOIN 关键字左侧指定的表（左表）的所有行和右侧指定的表（右表）的匹配的行。对于来自左表中的行，在右表中没有发现匹配的行，那么在来自右表中获得数据的列中将显示 NULL 值。OUTER 关键字可以省略。
- 右外连接（RIGHT OUTER JOIN）即在连接两表时，结果集包含 RIGHT OUTER JOIN 关键字右侧指定的表（右表）的所有行以及左表匹配的行；对于来自右表的行，如果左表无匹配，则左表的数据列将显示 NULL。OUTER 关键字可以省略。

【示例 8-42】 显示所有女生的学生 ID、学号、姓名、性别、课程 ID 和成绩。查询结果如图 8-17 所示。

```
管理员: C:\Windows\system32\cmd.exe - mysql -u root -p

mysql> SELECT S.id, sNo, sName, sex, c_id, grade
    -> FROM student S
    -> LEFT OUTER JOIN score G ON S.id=G.s_id
    -> WHERE sex='女';
+----+------------+--------+-----+------+-------+
| id | sNo        | sName  | sex | c_id | grade |
+----+------------+--------+-----+------+-------+
|  2 | 1308013102 | 张洁   | 女  |    1 |    85 |
|  2 | 1308013102 | 张洁   | 女  |    2 |    73 |
|  2 | 1308013102 | 张洁   | 女  |    3 |    90 |
|  5 | 1308013105 | 王群   | 女  |    1 |    63 |
|  8 | 1309122503 | 杨群   | 女  | NULL |  NULL |
| 10 | 1309122505 | 杨璐   | 女  | NULL |  NULL |
| 14 | 1312054904 | 田翠萍 | 女  | NULL |  NULL |
+----+------------+--------+-----+------+-------+
7 rows in set (0.01 sec)

mysql> _
```

图 8-17 【示例 8-42】查询结果

● 左外连接语法格式：

```
SELECT student.id, sNo, sName, sex, deptName
FROM student
INNER JOIN department ON student.dept_id=department.id
WHERE sex='女';
```

● 右外连接语法格式：

```
SELECT student.id, sNo, sName, sex, deptName
FROM student,department
WHERE student.dept_id=department.id
AND sex='女';
```

8.5.5 统计函数

MySQL 不仅可以查询返回满足条件的记录，还可以对数据进行统计汇总。常用的 SQL 统计函数如表 8-12 所示。

表 8-12 常用的 SQL 统计函数

序号	函 数 名	描 述
1	AVG(字段名)	求平均值
2	MAX(字段名)	求最大值
3	MIN(字段名)	求最小值
4	SUM(字段名)	求总和
5	COUNT([DINTINCT] 字段名) COUNT(*)	统计数据记录行数。使用 DISTINCT 关键字，则取消字段的重复值后再进行统计

【示例 8-43】 统计学号（sNo）为“1308013101”的学生选修课程的最高分、最低分、平均分和总分。查询结果如图 8-18 所示。

```
SELECT MAX(grade) AS '最高分', MIN(grade) AS '最低分',
AVG(grade) AS '平均分', SUM(grade) AS '总分'
FROM score,student
WHERE score.s_id=student.id
AND sNo='1308013101';
```

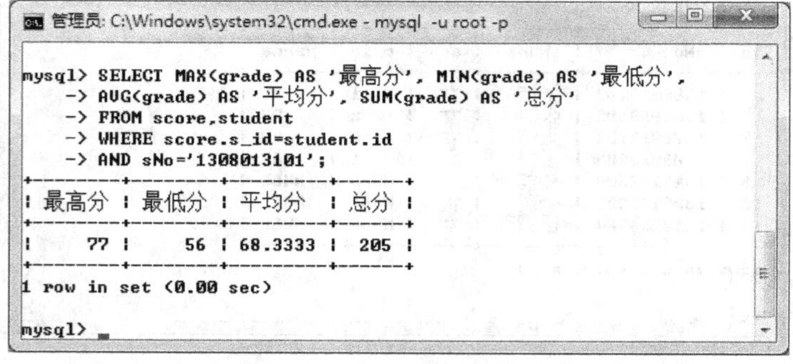

图 8-18 【示例 8-43】查询结果

【示例 8-44】 统计 student 表中的男生人数。

```
SELECT COUNT(*) AS '男生人数'
FROM Student
WHERE sex='男';
```

【示例 8-45】 统计已选修课程的学生人数。

```
SELECT COUNT(DISTINCT s_id) AS '已选修课程学生人数'
FROM score;
```

8.5.6 GROUP BY 子句

使用 GROUP BY 子句可以显示分组的汇总数据。该子句的功能是按照指定的字段，先将数据分成多个组（相同字段的值为一组），然后对每个组汇总出一个数据。结果集中每个组都有一行汇总数据。其语法格式如下：

```
SELECT 字段名 1 [, 字段名 2, …], 统计函数
FROM 表名
[WHERE 查询条件]
GROUP BY 字段名 1 [, 字段名 2, …]
[HAVING 分组条件]
```

说明：

- GROUP BY 子句用来指定分组的字段，这些字段还必须要全部包含在 SELECT 子句中。
- HAVING 子句用来指定结果集的组需要满足的条件，即对结果集的组进行筛选，仅显示满足条件的分组统计结果。
- 同时具有 WHERE 子句、GROUP BY 子句、HAVING 子句时，执行顺序是：先 WHERE 子句，然后 GROUP BY 子句，最后 HAVING 子句。即先使用 WHERE 查询出满足条件的记录；然后使用 GROUP BY 对这些满足条件的数据按照指定的字段分组汇总；最后再使用 HAVING 子句筛选出符合条件的组。

【示例 8-46】 分组统计男、女学生的人数。查询结果如图 8-19 所示。

```
SELECT sex AS '性别', COUNT(*) AS '学生人数'
FROM student
GROUP BY sex
ORDER BY sex DESC;
```

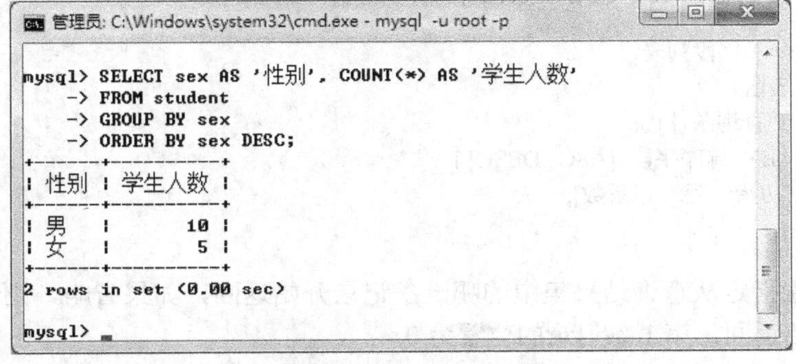

图 8-19 【示例 8-46】查询结果

【示例 8-47】 分组统计被学生选修超过 1 次的课程名称、选修次数和平均分。查询结果如图 8-20 所示。

```
SELECT cName AS '课程名称', COUNT(*) AS '选修次数', AVG(grade) AS '平均分'
FROM course,score
WHERE course.id=score.c_id
GROUP BY cName
HAVING COUNT(*) > 1;
```

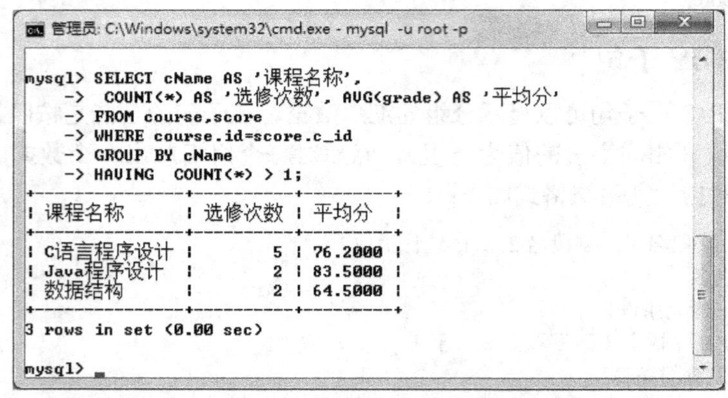

图 8-20 【示例 8-47】查询结果

【示例 8-48】 分组统计选修超过 2 门课程且平均成绩高于 80 分的学生学号、姓名、选修门数和平均分。

```
SELECT sNo AS '学号', sName AS '姓名',
COUNT(*) AS '选修门数', AVG(grade) AS '平均分'
FROM student,score
WHERE student.id=score.s_id
GROUP BY sNo,sName
HAVING COUNT(*) > 2 AND AVG(grade) > 80;
```

8.5.7 LIMIT 子句

我们在对数据进行查询时，如果返回的记录数很多，那么不仅检索的速度慢，也不便于用户阅读。使用 LIMIT 子句，可以限制 SELECT 语句返回的记录数。LIMIT 子句通常位于 SELECT 语句的最后面，其语法格式如下：

```
SELECT * | 字段列表
FROM 表名
[WHERE 查询条件]
[ORDER BY 排序字段 [ASC | DESC] ]
[LIMIT [初始位置,] 记录数];
```

说明：

- 初始位置指定从查询结果集中的哪一条记录开始返回，如果省略，则表示从第 1 条记录开始返回，第 1 条记录的位置为 0。
- 记录数指定返回的记录条数。

【示例 8-49】 返回年龄最小的 5 位同学的信息。查询结果如图 8-21 所示。

```
SELECT sNo, sName, sex, birthday, dept_id, remark FROM student
ORDER BY birthday DESC
LIMIT 5;
```

```
管理员: C:\Windows\system32\cmd.exe - mysql -u root -p

mysql> SELECT sNo,sName,sex,birthday,dept_id,remark FROM student
    -> ORDER BY birthday DESC
    -> LIMIT 5;
+------------+-------+-----+------------+---------+--------+
| sNo        | sName | sex | birthday   | dept_id | remark |
+------------+-------+-----+------------+---------+--------+
| 1308013102 | 张洁  | 女  | 1996-02-08 |       1 | NULL   |
| 1309122503 | 杨群  | 女  | 1995-10-18 |       2 | NULL   |
| 1309122505 | 杨璐  | 女  | 1995-09-26 |       2 | NULL   |
| 1312054905 | 周伟  | 男  | 1995-09-10 |       3 | NULL   |
| 1308013105 | 王群  | 女  | 1995-03-27 |       1 | NULL   |
+------------+-------+-----+------------+---------+--------+
5 rows in set (0.00 sec)

mysql> _
```

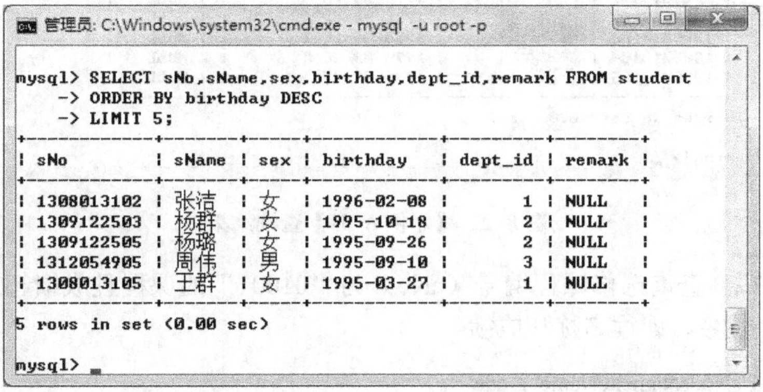

图 8-21 【示例 8-49】查询结果

【示例 8-50】 返回课程编号（cNo）为“01001”的课程的第 2~4 名成绩，包括学号、姓名、课程名称、成绩。

```
SELECT sNo, sName, cName, grade
FROM student S,score G,course C
WHERE S.id=G.s_id AND C.id=G.c_id
AND cNo='01001'
ORDER BY grade DESC
LIMIT 1, 3;
```

8.5.8 嵌套查询

在关系型数据库的应用中，也经常会涉及嵌套查询的使用。嵌套查询是指一个 SELECT 语句的 WHERW 子句中还包含另外一个 SELECT 语句，外层的 SELECT 语句称为外部查询或父查询，内层的 SELECT 语句称为内部查询或子查询，子查询需要使用圆括号“()”括起来。

SQL 语言允许多层嵌套查询，即一个子查询中还可以有其他子查询。嵌套查询的求解方法是由里向外处理，即每个子查询都是在上一级查询之前求解，子查询的结果用于建立其父查询的查询条件。

1. 子查询的返回值为单列单值

如果子查询的返回值为单列单值，可以通过使用“=”“!=”“>”“<”等比较运算符直接与父查询的字段值进行比较。

【示例 8-51】 查询与学号（sNo）为“1308013101”的同学在同一个班级的学生名单。查询结果如图 8-22 所示。

```
SELECT sNo, sName, sex, birthday, dept_id, remark FROM student
WHERE dept_id=
(SELECT dept_id FROM student WHERE sNo='1308013101');
```

```
管理员: C:\Windows\system32\cmd.exe - mysql -u root -p

mysql> SELECT sNo,sName,sex,birthday,dept_id,remark FROM student
    -> WHERE dept_id=
    -> (SELECT dept_id FROM student WHERE sNo='1308013101');
+------------+--------+-----+------------+---------+--------+
| sNo        | sName  | sex | birthday   | dept_id | remark |
+------------+--------+-----+------------+---------+--------+
| 1308013101 | 陈斌   | 男  | 1993-03-20 |       1 | NULL   |
| 1308013102 | 张洁   | 女  | 1996-02-08 |       1 | NULL   |
| 1308013103 | 郑先超 | 男  | 1994-04-25 |       1 | NULL   |
| 1308013104 | 徐孝兵 | 男  | 1994-08-06 |       1 | NULL   |
| 1308013105 | 王群   | 女  | 1995-03-27 |       1 | NULL   |
+------------+--------+-----+------------+---------+--------+
5 rows in set (0.06 sec)

mysql> _
```

图 8-22 【示例 8-51】查询结果

【示例 8-52】 查询选修课程编号（cNo）为“01001”的课程且成绩超过该课程平均分的学生的学号、姓名、课程名称和成绩。

```
SELECT sNo, sName, cName, grade
FROM student,score,course
WHERE student.id=score.s_id AND course.id=score.c_id
AND cNo='01001'
AND grade >
(SELECT AVG(grade) FROM score,course
WHERE course.id=score.c_id AND cNo='01001');
```

2．子查询的返回值为单列多值

如果子查询的返回值为单列多值，可以使用 IN 或 NOT IN 关键字，即表示在或者不在子查询的结果集中。

【示例 8-53】 查询选修课程编号（cNo）为“01001”的课程的学生名单。查询结果如图 8-23 所示。

```
SELECT sNo, sName, sex, birthday, dept_id, remark FROM student
WHERE id IN
(SELECT s_id FROM score,course
  WHERE course.id=score.c_id AND cNo='01001');
```

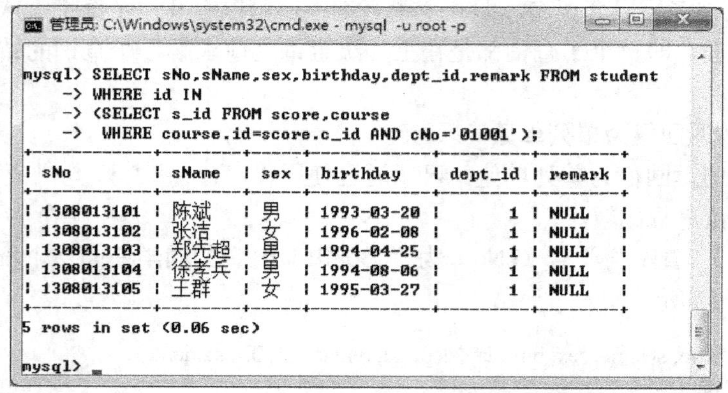

```
管理员: C:\Windows\system32\cmd.exe - mysql -u root -p

mysql> SELECT sNo,sName,sex,birthday,dept_id,remark FROM student
    -> WHERE id IN
    -> (SELECT s_id FROM score,course
    ->  WHERE course.id=score.c_id AND cNo='01001');
+------------+--------+-----+------------+---------+--------+
| sNo        | sName  | sex | birthday   | dept_id | remark |
+------------+--------+-----+------------+---------+--------+
| 1308013101 | 陈斌   | 男  | 1993-03-20 |       1 | NULL   |
| 1308013102 | 张洁   | 女  | 1996-02-08 |       1 | NULL   |
| 1308013103 | 郑先超 | 男  | 1994-04-25 |       1 | NULL   |
| 1308013104 | 徐孝兵 | 男  | 1994-08-06 |       1 | NULL   |
| 1308013105 | 王群   | 女  | 1995-03-27 |       1 | NULL   |
+------------+--------+-----+------------+---------+--------+
5 rows in set (0.06 sec)

mysql> _
```

图 8-23 【示例 8-53】查询结果

【示例 8-54】 查询学号为“1308013101”的学生选修的课程信息。

```
SELECT * FROM course
WHERE id IN
(SELECT c_id FROM student,score
  WHERE student.id=score.s_id AND sNo='1308013101');
```

【示例 8-55】 查询没有选修课程的男生名单。

```
SELECT sNo, sName, sex, birthday, dept_id, remark FROM student
WHERE sex='男'
AND id NOT IN (SELECT s_id FROM score);
```

3．子查询的返回值为多列数据

如果子查询的返回值为多列数据，可以使用 EXISTS 或 NOT EXISTS 关键字。在 WHERE 子句中使用 EXISTS 关键字，表示判断子查询的结果集是否为空，如果子查询至少返回一行时，WHERE 子句的条件为真，返回 TRUE；否则条件为假，返回 FALSE。加上关键字 NOT，则刚好相反。

【示例 8-56】 查询选修课程的女生名单，使用关键字 EXISTS。

```
SELECT sNo, sName, sex, birthday, dept_id, remark FROM student
WHERE sex='女'
AND EXISTS
(SELECT * FROM score WHERE s_id=student.id);
```

说明：EXISTS 关键字的前面没有字段名或其他表达式。由 EXISTS 引出的子查询，其选择字段表达式通常都使用星号（*），这是因为，带 EXISTS 的子查询只是测试是否存在符合子查询中指定条件的行，所以不必列出字段名。

8.5.9 带子查询的数据更新

带子查询的数据更新主要包括：向表中添加子查询结果集、带子查询的修改语句、带子查询的删除语句，使用的 SQL 语句同样还是 INSERT、UPDAE、DELETE。其中，向表中添加子查询结果集的语法格式如下：

```
INSERT
INTO 表名 [( 字段名 1, 字段名 2, ... , 字段名 n )]
SELECT * | 字段列表
FROM 表名
[WHERE 查询条件]
```

说明：

- 表名后面指定的字段列表要与 SELECT 子句中查询的字段列表一一对应，即个数要相等，数据类型也要匹配。
- INSERT 语句也可以省略字段列表，但 SELECT 子句提供的字段必须按照表中定义的字段顺序为全部字段提供值。

【示例 8-57】 创建数据表 tempStudent，包含 4 个字段，即学号（stuNo）、姓名

（stuName）性别（sex）和班级名称（deptName）。查询“网络 131”班的学生记录，将查询结果插入到 tempStudent 表中。

```
CREATE TABLE IF NOT EXISTS tempStudent (
  stuNo CHAR(10) NOT NULL PRIMARY KEY,
  stuName VARCHAR(20) NOT NULL,
  sex CHAR(2) NOT NULL,
  deptName VARCHAR(30) NOT NULL
) ENGINE=InnoDB DEFAULT CHARSET=utf8;

INSERT INTO tempStudent (stuNo, stuName, sex, deptName)
SELECT sNo, sName, sex, deptName
FROM student,department
WHERE student.dept_id=department.id
AND deptName='网络 131';
```

【示例 8-58】 将“数据结构”课程的成绩统一减去 5 分。

```
UPDATE score SET grade=grade-5
WHERE c_id = (SELECT id FROM course WHERE cName='数据结构');
```

【示例 8-59】 将学号（sNo）为“1308013101”的学生成绩记录全部删除。

```
DELETE FROM score
WHERE s_id = (SELECT id FROM student WHERE sNo='1308013101');
```

8.6 习题

分析以下 6 张表中所存储的数据：

（1）销售员表（seller），表中数据见表 8-13。

seller(saleID,saleNo,saleName,sex,birthday,address,telephone)

表 8-13 销售员表（seller）

ID	工号	姓名	性别	出生日期	地址	电话
1	S01	王强	男	1975-12-08	蓝色港湾 42-12	0519-85150900
2	S02	付芳芳	女	1982-02-19	燕阳花园 53-4	0519-85150901
3	S03	李芳	女	1983-08-30	富都小区 252-16	0519-85150902
4	S04	胡宝林	男	1991-09-19	燕兴小区 79-42	0519-85150903
5	S05	吴韵	男	1979-07-02	富琛花园 3-2	0519-85150904
6	S06	陆海成	男	1990-03-22	都市雅居 15-10	0519-85150905
7	S07	刘洋	男	1988-12-06	顺园八村 59-6	0519-85150906
8	S08	吴永佳	男	1985-07-10	顺园三村 21-12	0519-85150907

（2）客户表（customer），表中数据见表 8-14。

customer(customerID,companyName,connectName,address,zipCode,telephone)

表 8-14 客户表（customer）

客户 ID	公司名称	联系人	公司地址	邮编	电话
1	东南商贸	张先生	西湖路 275 号	215000	0512-56331206
2	西多商贸	王小姐	扬子西路 182 号	225000	0514-86458745
3	大恒贸易	陈先生	淮海中路 210 号	222000	0518-83681980
4	海达商贸	李先生	通江北路 316 号	213000	0519-85106800

（3）商品种类表（category），表中数据见表 8-15。

category(categoryID,categoryName,description)

表 8-15 商品种类表（category）

商品种类 ID	商品种类名称	描述
1	日用品	各种洗涤用品等
2	调料	各种调味品等
3	饮料	各种果汁饮料、碳酸饮料等

（4）商品表（product），表中数据见表 8-16。

product(productID,productNo,productName,categoryID,price,stocks)

表 8-16 商品表（product）

商品 ID	商品编号	商品名称	商品种类编号	单价	库存量
1	P01001	飘柔洗发水 200 ml	1	18	376
2	P01002	飘柔洗发水 800 ml	1	61.5	69
3	P01003	飘柔沐浴露 400 ml	1	28.6	248
4	P01004	大宝保湿霜	1	12.8	420
5	P01005	美加净护手霜	1	8.5	526
6	P02001	淮牌食盐 358 g	2	2	1034
7	P02002	莲花味精 200 g	2	13.8	872
8	P02003	太古冰糖 500 g	2	9.8	615
9	P03001	可口可乐	3	2.2	2083
10	P03002	雪碧	3	2.1	2897
11	P03003	美汁源 1000 ml	3	10.8	1985

（5）订单表（orders），表中数据见表 8-17。

orders(orderID,customerID,saleID,orderDate,notes)

表 8-17 订单表（orders）

订单 ID	客户 ID	销售员 ID	订单日期	备注
10001	1	3	2015-05-15	
10002	2	2	2015-05-16	
10003	3	2	2015-05-16	
10004	2	4	2015-05-19	

（6）订单明细表（orderDetail），表中数据见表 8-18。

orderDetail(orderID,productID,quantity,totalMoney)

表 8-18　订单明细表（orderDetail）

订单 ID	商品 ID	订货数量	订货总额
10001	3	227	6492.2
10001	6	335	670
10001	10	248	520.8
10002	1	172	3096
10002	3	220	6292
10003	1	115	2070
10003	7	280	3864
10004	2	113	6949.5
10004	7	339	4678.2
10004	10	325	682.5

（1）创建数据库 sales。

（2）在 sales 数据库中创建以上 6 张数据表，并定义相应的约束。

（3）向数据表中添加以上数据。

（4）修改客户 ID 为 4 的客户的公司地址为“晋陵北路 150 号”，邮编为“213012”。

（5）修改商品编号为“P01002”的商品的库存量为 60。

（6）把所有种类编号为 3 的商品的单价降低 5%。

（7）显示 customer 表中的所有信息。

（8）显示 customer 表中的公司名称（companyName）、联系人（connectName）、电话（telephone）。

（9）从 product 表中查询所有商品的信息，包括商品的总价值。并以中文名显示标题列。

（10）查询价格不在 10~50 元的商品信息。

（11）查询 seller 表中女销售人员的信息。

（12）查询 seller 表中在 1985 年之后出生的销售人员信息。

（13）查询 seller 表中工号为“S02”“S03”和“S06”的销售人员信息。

（14）在 seller 表中查询姓“吴”的销售员信息。

（15）在 seller 表中查询第 2 个字为“宝”和“芳”的销售员信息。

（16）按价格升序排列 product 表中的商品信息。

（17）先按性别降序、再按年龄升序排列 seller 表。

（18）查询库存量小于 1000 的商品编号、商品名称、商品种类名称、单价和库存量。

（19）统计商品种类编号为 1 的商品的种类数量、平均价格、最高价、最低价、和总库存量。

（20）统计商品编号为“P01001”所销售总量。

（21）统计 product 表中的商品种数。

（22）分组统计 product 表中的商品种类 ID、平均价格和总库存量。

（23）分组统计总库存量小于 3000 的商品种类名称、平均价格和总库存量。

（24）查询 product 表中库存最低的 3 种商品。

（25）查询商品种类编号为 1、以及价格高于该类商品平均价格的商品信息。

（26）查询 orderID 为 10004 的订单中的商品信息（使用 IN 关键字）。

（27）查询已有订单的销售员的详细信息（使用 EXISTS 关键字）。

（28）创建 employee 表，包含 5 个字段 eID、eNo、eName、eSex 和 eBirthday。将 seller 表中的女销售人员的数据插入到 employee 表中。

（29）把商品种类名称为“饮料”的商品的单价统一上调 3%。

（30）把工号为“S02”的销售员的订单及订单明细全部删除。

第 9 章　PHP 访问与操作 MySQL 数据库

PHP 提供了多种访问和操作数据库的方式，虽然 PHP 一直都拥有很好的数据库连接，但是 PDO（PHP Data Object）的出现让 PHP 达到了一个新的高度。PDO 扩展类库为 PHP 访问数据库定义了一个轻量级的、一致性的接口，它提供了一个数据访问抽象层，这样无论用户使用什么数据库，都可以通过同样的函数执行查询和获取数据，大大简化了数据库的操作，并能够屏蔽不同数据库之间的差异。使用 PDO 可以很方便地进行跨数据库程序的开发以及不同数据库之间的移植，是未来 PHP 在数据库处理方面的主要发展方向。本章学习要点如下：

- PDO 对象概述；
- 创建 PDO 对象；
- 使用 PDO 对象；
- 使用预处理语句；
- 设计数据分页；
- 学生信息管理实例。

9.1　PDO 对象概述

PDO（PHP Data Object）对象是一个数据库访问抽象层，其作用就是统一各种数据库的访问接口，无论使用什么数据库，都可以通过同样的函数执行查询和获取数据，使得数据库间的移植容易实现。使用 PDO 对象访问和操作数据库是未来 PHP 在数据库处理方面的主要发展方向。

1．PDO 所支持的数据库

使用 PHP 可以处理各种数据库系统，包括 MySQL、Oracle、SQL Server、SQLite 等。PDO 对象提供统一的接口、与数据库兼容的驱动程序对这些数据库进行访问和操作。PDO 对象的应用模式如图 9-1 所示。

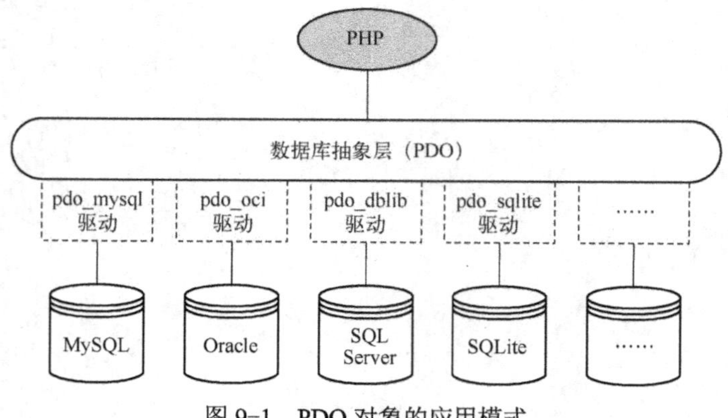

图 9-1　PDO 对象的应用模式

对任何数据库的操作，并不是使用 PDO 扩展本身执行的，而是针对不同的数据库服务器使用特定的 PDO 驱动程序访问的。驱动程序扩展则为 PDO 和本地 RDBMS 客户机 API 库架起一座桥梁，用来访问指定的数据库系统。这能大大提高 PDO 的灵活性，因为 PDO 在运行时才加载必需的数据库驱动程序，所以不需要在每次使用不同的数据库时重新配置和重新编译 PHP。例如，如果数据库服务器需要从 MySQL 切换到 Oracle，只要重新加载 pdo_oci 驱动程序就可以了。

要确定当前环境中有哪些可用的 PDO 驱动程序，可以在浏览器中通过加载 phpinfo()函数，查看 PDO 部分的列表；或者通过查看 pdo_drivers()函数返回的数组。

【示例 9-1】 使用 pdo_drivers()函数查看当前可用的 PDO 驱动程序。

```
<?php
    var_dump(pdo_drivers());
```

2．PDO 的安装

PDO 需要 PHP5 核心面向对象特征的支持，所以它无法运行于之前的 PHP 版本中。在配置 PHP 时，需要显式地指定所要包括的驱动程序。

在 Windows 环境中，在 PHP 5.1 以上版本中，PDO 及主要数据库的驱动与 PHP 一起作为扩展发布，要启用它们只需要简单地编辑 php.ini 文件。首先在 php.ini 文件中查找到相应的选项，如果该选项的前面有使用分号“;”注释的，则把该分号“;”去除即可。例如：

```
extension=php_pdo_mysql.dll        //启用 MySQL 驱动程序
extension=php_pdo_sqlite.dll       //启用 SQLite 驱动程序
extension=php_pdo_oci.dll          //启用 Oracle 驱动程序
extension=php_pdo_odbc.dll         //启用 ODBC 驱动程序
```

保存修改后的 php.ini 文件，重启 Apache 服务器，再次使用 pdo_drivers()函数查看当前可用的 PDO 驱动程序。如果 Oracle 驱动程序没有启用起来，则需要先下载并安装 Oracle 即时客户端“Oracle Instant Client”。

9.2 创建与使用 PDO 对象

9.2.1 创建 PDO 连接 MySQL 数据库

在使用 PDO 与数据库交互之前，首先需要创建一个 PDO 对象。在通过构造方法创建对象的同时，需要建立一个与数据库服务器的连接，并选择一个数据库。PDO 的构造方法原型如下：

```
__construct ( string dsn [, string username [, string password [, array driver_options]]] )
```

说明：

- 第 1 个参数是必选项，指定数据源名（DSN），用来定义一个确定的数据库和必须用到的驱动程序。DSN 的内容一般包括：PDO 驱动程序的名称 + 冒号“:” + 可选的驱动程序的数据库连接变量信息（主机名、端口、数据库名等）。连接 MySQL 服务器和连接 Oracle 服务器的 DSN 分别如下。

```
mysql:host=localhost;dbname=stuInfo           //mysql 作为驱动前缀
oci:dbname=stuInfo;charset=UTF-8              //oci 作为驱动前缀
```

- 第 2、3 个参数是可选项，指定用来连接数据库的用户名和密码。
- 第 4 个参数也是可选项，指定与数据库连接有关的选项，用来传递附加的调优参数到 PDO 或底层驱动程序。该参数是一个数组，可以将必要的几个选项组成数组传递给构造方法。常用的使用选项如表 9-1 所示。

表 9-1　常用的 PDO 与数据库连接有关的选项

序号	选项名	描述
1	PDO::ATTR_AUTOCOMMIT	确定 PDO 是否关闭自动提交功能，设置 FALSE 值时关闭
2	PDO::ATTR_CONNECTION_STATUS	包含与数据库连接状态有关的信息
3	PDO::ATTR_DEFAULT_FETCH_MODE	设置默认的提取数据模式
4	PDO::ATTR_ERRMODE	设置错误处理模式
5	PDO::ATTR_ORACLE_NULLS	确定是否将返回的空字符串转换为 SQL 的 NULL，默认值为 FALSE
6	PDO::ATTR_PERSISTENT	确定连接是否为持久连接，默认值为 FALSE
7	PDO::ATTR_PREFETCH	设置应用程序提前获取的数据大小，以 KB 为单位
8	PDO::ATTR_SERVER_INFO	包含数据库的服务器信息
9	PDO::ATTR_TIMEOUT	设置超时之前等待的时间（秒数）

【示例 9-2】 创建 PDO 对象连接 MySQL 服务器。

```
<?php
    $dsn = 'mysql:host=localhost;port=3306;dbname=stuInfo';   //连接 MySQL 数据库的 DSN
    $user = 'root';                    //连接 MySQL 数据库的用户名
    $password = '123456';              //连接 MySQL 数据库的密码
    try {
        $link = new PDO($dsn, $user, $password);
        echo '连接 MySQL 数据库成功！';
    } catch (PDOException $e) {
        echo '连接 MySQL 数据库失败：'.$e->getMessage();
    }
```

说明：

- 在 DSN 的参数中，使用 port 指定端口号。MySQL 的默认端口号为 3306，所以 DSN 中的"port=3306"部分可以省略。
- 如果无法加载驱动程序或者连接失败，则会抛出一个 PDOException，以便程序开发人员可以决定如何最好地处理该异常。使用 try…catch 语句可以捕获异常，详见附录 B。

【示例 9-3】 创建 PDO 对象连接 MySQL 服务器，使用连接选项创建持久连接。

```
<?php
    $dsn = 'mysql:host=localhost;dbname=stuInfo';        //连接 MySQL 数据库的 DSN
    $user = 'root';                                      //连接 MySQL 数据库的用户名
    $password = '123456';                                //连接 MySQL 数据库的密码
    //设置持久连接的选项数组作为最后一个参数，也可以一起设置多个元素
    $opt = array(PDO::ATTR_PERSISTENT=>true);
```

```
try {
        $link = new PDO($dsn, $user, $password, $opt);
} catch (PDOException $e) {
        echo '连接 MySQL 数据库失败：'.$e->getMessage();
}
```

说明：在上例的程序代码中，设置由选项名为下标组成的关联数组，作为驱动程序特定的连接选项，传递给 PDO 构造方法的第 4 个参数。

9.2.2 PDO 对象中的成员方法

当 PDO 对象创建成功以后，与数据库的连接已经建立，就可以使用该对象了。PHP 与数据库服务器之间的交互都是通过 PDO 对象中的成员方法实现的。该对象中的成员方法如表 9–2 所示。

表 9–2 PDO 类中的成员方法

序号	方法名	描述
1	getAttribute()	获取数据库连接对象的属性
2	setAttribute()	设置数据库连接对象的属性
3	exec()	执行一条 SQL 语句，并返回所影响的记录数
4	query()	执行一条 SQL 语句，并返回一个 PDOStatement 对象
5	prepare()	预处理要执行的 SQL 语句
6	lastInsertId()	获取插入到表中的最后一条记录的主键值
7	quote()	对 SQL 字符串中的引号等进行转义
8	beginTransaction()	开始一个事务，标明回滚起始点
9	commit()	提交一个事务，并执行 SQL 语句
10	rollback()	回滚一个事务
11	errorCode()	获取错误码
12	errorInfo()	获取错误的详细信息
13	getAvailableDrivers()	获取有效的 PDO 驱动器名称

说明：在上表中，从 PDO 对象中提供的成员方法可以看出，使用 PDO 对象可以完成与数据库服务器之间的连接管理、查询执行、预处理语句、事务处理、错误处理等操作。

另外，如果在创建数据表时指定表字符集为 UTF-8，但没有指定 MySQL 客户程序与服务器通信时使用的字符集也是 UTF-8 的话，那么通过 MySQL 客户程序查询并返回的表的数据中，中文字符可能会以乱码进行显示。因此，通常需要通过 SQL 命令来指定其字符集为 UTF-8。假设$link 是一个已创建的 PDO 对象，设置字符集为 UTF-8 的代码如下：

```
$link->exec('set names utf8');
```

或

```
$link->query('set names utf8');
```

9.2.3 设置 PDO 的错误处理模式

PDO 共提供了 3 种不同的错误处理模式，不仅可以满足不同风格的编程，也可以调整扩展处理错误的方式。

1．PDO::ERRMODE_SILENT

这是默认的错误处理模式，当错误发生时不进行任何操作，PDO 将只设置错误代码。开发人员可以通过 PDO 对象中的 errorCode()和 errorInfo()方法对语句和数据库对象进行检查。该模式的设置方式如下：

```
$link-> setAttribute(PDO::ATTR_ERRMODE, PDO::ERRMODE_SILENT);
```

2．PDO::ERRMODE_WARNING

这是设置警告模式处理错误报告，当错误发生时，PDO 将发出一条 PHP 传统的 E_WARNING 消息，可以使用常规的 PHP 错误处理程序（如 try…catch 语句）捕获该警告。如果用户只是想看看发生了什么问题，而无意中断应用程序的流程，那么在调试或测试当中，这种设置很有用处。该模式的设置方式如下：

```
$link-> setAttribute(PDO::ATTR_ERRMODE, PDO::ERRMODE_WARNING);
```

3．PDO::ERRMODE_EXCEPTION

这是设置抛出异常模式处理错误报告，当错误发生时，PDO 将抛出一个 PDOException，并设置其属性，以反映错误代码和错误信息。抛出异常模式与传统的 PHP 风格的警告相比，可以更清晰地构造自己的错误处理；而且，比起默认的静寂方式或显式地检查调用的返回值，抛出异常模式需要的代码及嵌套代码也更少。该模式的设置方式如下：

```
$link-> setAttribute(PDO::ATTR_ERRMODE, PDO::ERRMODE_EXCEPTION);
```

9.2.4 使用 PDO 执行 SQL 命令

在使用 PDO 执行 SQL 语句之前，首先需要提供一个数据库。这里使用第 8 章中创建的 stuInfo 数据库，使用到其中的以下两张数据表：

- 班级信息表：department (id, deptNo, deptName)。
- 学生信息表：student (id, sNo, sName, sex, birthday, dept_id, photo, remark)。

说明：student 表通过字段 dept_id 与 department 表的字段 id 建立了外键约束。

1．PDO::exec()方法

当执行 INSERT、UPDATE 和 DELETE 等没有结果集的 SQL 语句时，使用 PDO 对象中的 exec()方法去执行。该方法执行成功后，将返回受影响的行数。

【示例 9-4】 插入一条学生记录到学生信息表 student 中。

```
<?php
    $dsn = 'mysql:host=localhost;dbname=stuInfo'; //连接 MySQL 数据库的 DSN
    $user = 'root';                              //连接 MySQL 数据库的用户名
    $password = '123456';                        //连接 MySQL 数据库的密码
    try {
        $link = new PDO($dsn, $user, $password);
        $link->exec('set names utf8'); //设置字符集
        //设置警告模式处理错误报告
        $link->setAttribute(PDO::ATTR_ERRMODE, PDO::ERRMODE_WARNING);
```

```
        //插入学生记录的 SQL 语句
        $strUpdate = "insert into student (sNo, sName, sex, birthday, dept_id, remark)
                    values('1308013111', '张宏明', '男', '1995-11-2', 1, NULL)";
        //使用 exec()执行该 SQL 语句
        $affected = $link->exec($strUpdate);
        echo '学生信息表 student 中受影响的行数为：'.$affected;
    } catch (PDOException $e) {
    echo $e->getMessage();
}
```

说明：以上脚本执行以后，我们可以发现，在学生信息表 student 中新增一条如上所示的学生记录。

【示例 9-5】 修改学生信息。

```
<?php
    $dsn = 'mysql:host=localhost;dbname=stuInfo'; //连接 MySQL 数据库的 DSN
    $user = 'root';                               //连接 MySQL 数据库的用户名
    $password = '123456';                         //连接 MySQL 数据库的密码
    try {
        $link = new PDO($dsn, $user, $password);
        $link->exec('set names utf8'); //设置字符集
        //设置警告模式处理错误报告
        $link->setAttribute(PDO::ATTR_ERRMODE, PDO::ERRMODE_WARNING);
        //修改学生记录的 SQL 语句
        $strUpdate = "update student set birthday='1995-2-11' where sNo='1308013111'";
        //使用 exec()执行该 SQL 语句
        $affected = $link->exec($strUpdate);
        echo '学生信息表 student 中受影响的行数为：'.$affected;
    } catch (PDOException $e) {
        echo $e->getMessage();
    }
```

【示例 9-6】 删除学生记录。

```
<?php
    $dsn = 'mysql:host=localhost;dbname=stuInfo';   //连接 MySQL 数据库的 DSN
    $user = 'root';                                 //连接 MySQL 数据库的用户名
    $password = '123456';                           //连接 MySQL 数据库的密码
    try {
        $link = new PDO($dsn, $user, $password);
        $link->exec('set names utf8'); //设置字符集
        //设置警告模式处理错误报告
        $link->setAttribute(PDO::ATTR_ERRMODE, PDO::ERRMODE_WARNING);
        //删除学生记录的 SQL 语句
        $strUpdate = "delete from student where sNo='1308013111'";
        //使用 exec()执行该 SQL 语句
        $affected = $link->exec($strUpdate);
        echo '学生信息表 student 中受影响的行数为：'.$affected;
    } catch (PDOException $e) {
```

```
        echo $e->getMessage();
    }
```

2．PDO::query()方法

当执行返回结果集的 SELECT 查询时，应当使用 PDO 对象中的 query()方法。如果该方法成功执行指定的查询语句，则返回一个 PDOStatement 对象。如果使用了 query()方法，并想了解获取的数据行总数，可以使用 PDOStatement 对象中的 rowCount()方法返回。

【示例 9-7】 查询学生信息表 student 中的学生记录。

```
<?php
    $dsn = 'mysql:host=localhost;dbname=stuInfo';        //连接 MySQL 数据库的 DSN
    $user = 'root';                                      //连接 MySQL 数据库的用户名
    $password = '123456';                                //连接 MySQL 数据库的密码
    try {
        $link = new PDO($dsn, $user, $password);
        $link->exec('set names utf8'); //设置字符集
        //设置警告模式处理错误报告
        $link->setAttribute(PDO::ATTR_ERRMODE, PDO::ERRMODE_WARNING);
        //查询学生记录的 SQL 语句
        $strQuery = "select sNo, sName, sex, birthday, dept_id, remark from student
                order by sNo ";
        //使用 query()执行该 SQL 语句，并返回一个 PDOStatement 对象
        $pdostatement = $link->query($strQuery);
        echo '从学生信息表 student 中一共获取到 '.$pdostatement->rowCount().' 条记录！';
    } catch (PDOException $e) {
        echo $e->getMessage();
    }
```

9.2.5 在 PHP 脚本中处理 SELECT 查询结果集

当使用 query()方法成功执行一条 SELECT 查询语句后，返回一个 PDOStatement 对象。用户可以从 PDOStatement 对象中遍历结果，输出从数据表中获取到的相应字段的数据。

【示例 9-8】 以表格形式输出示例 9-7 中的查询结果。在浏览器中的输出结果如图 9-2 所示。

```
<?php
    $dsn = 'mysql:host=localhost;dbname=stuInfo'; //连接 MySQL 数据库的 DSN
    $user = 'root';                                      //连接 MySQL 数据库的用户名
    $password = '123456';                                //连接 MySQL 数据库的密码
    try {
        $link = new PDO($dsn, $user, $password);
        $link->exec('set names utf8'); //设置字符集
        //设置警告模式处理错误报告
        $link->setAttribute(PDO::ATTR_ERRMODE, PDO::ERRMODE_WARNING);
        //查询学生记录的 SQL 语句
        $strQuery = "select sNo, sName, sex, birthday, dept_id, remark from student
                order by sNo ";
        //使用 query()执行该 SQL 语句，并返回一个 PDOStatement 对象
```

```
        $pdostatement = $link->query($strQuery);
        //以表格形式输出查询结果
        $_table = "<table width='100%' border='1' align='center'
                   cellspacing='0' cellpadding='3'>";
        $_table .= "<caption><h1>学生信息表</h1></caption>";
        $_table .= "<tr bgcolor='#DDDDDD'>";
        //以 HTML 的 th 标记输出表格的标题
        $_table .= "<th>序号</th><th>学号</th><th>姓名</th><th>性别</th>
                   <th>出生日期</th></tr>";
        $rowNo = 1;
        //遍历对象$pdostatement
        foreach($pdostatement as $row) {
            $_table .= "<tr>";
            $_table .= "<td>".$rowNo."</td>";              //序号
            $_table .= "<td>".$row['sNo']."</td>";         //学号
            $_table .= "<td>".$row['sName']."</td>";       //姓名
            $_table .= "<td>".$row['sex']."</td>";         //性别
            $_table .= "<td>".$row['birthday']."</td>";    //出生日期
            $_table .= "</tr>";
            $rowNo++;//序号累加
        }
        $_table .= "</table>";
        echo $_table.'<br>';     //输出表格
        echo '从学生信息表 student 中一共获取到 '.$pdostatement->rowCount().' 条记录！';
    } catch (PDOException $e) {
        echo $e->getMessage();
    }
```

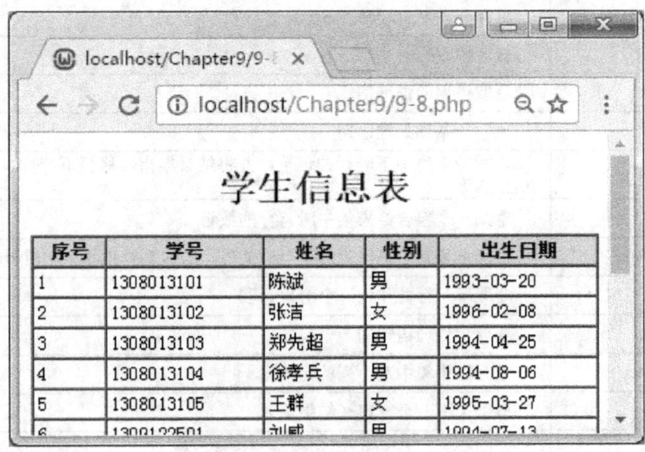

图 9-2 查看学生信息表 student 中记录

9.3 使用预处理语句

当一条除参数以外其他部分完全相同的 SQL 语句需要多次执行时，该如何处理呢？针对这种重复执行同一条 SQL 语句，但每次迭代使用不同参数的情况，PDO 提供了一种名为预处理语句（Prepared Statement）的机制，它是将整个 SQL 命令向数据库服务器发送一次，以后只要参数发生变化，数据库服务器只需要对 SQL 命令的结构做一次分析就够了，即编译一次，可以多次执行。这不仅大大减少了需要传输的数据量，还提高了 SQL 命令的处理效率，可以有效防止 SQL 注入，在执行单个 SQL 语句时也快于直接使用 exec()、query()方法，同时又比较安全，推荐使用。

9.3.1 PDOStatement 对象简介

PDO 对预处理语句的支持需要使用 PDOStatement 类对象，但该类的对象并不是通过 NEW 关键字实例化出来的，而是通过执行 PDO 对象中的 prepare()方法，在数据库服务器中准备好一个预处理的 SQL 语句后直接返回的。如果通过之前执行 PDO 对象中的 query()方法返回的 PDOStatement 类对象，代表的只是一个结果集对象；而如果通过执行 PDO 对象中的 prepare()方法产生的 PDOStatement 类对象，则为一个查询对象，能定义和执行参数化的 SQL 命令。PDOStatement 类中的成员方法如表 9-3 所示。

表 9-3 PDOStatement 类中的成员方法

序号	方法名	描述
1	bindColumn()	绑定一个变量到查询结果集中指定的列，这样每次获取各行记录时，会自动将相应的列值赋给该变量
2	bindParam()	绑定一个变量到用作预处理 SQ 语句中的对应命名占位符或问号占位符
3	bindValue()	绑定一个值到用作预处理的 SQL 语句中的对应命名占位符或问号占位符
4	closeCursor()	关闭游标，使语句能再次被执行
5	columnCount()	返回结果集中的列的数目
6	debugDumpParams()	打印一条 SQL 预处理命令
7	errorCode()	获取错误码
8	errorInfo()	获取错误的详细信息
9	execute()	执行一条预处理语句
10	fetch()	返回结果集中下一行的记录，并将结果集指针移至下一行，当到达结果集末尾时返回 FALSE
11	fetchAll()	返回一个包含结果集中所有行的数组
12	fetchColumn()	返回结果集中下一行的某个列的值，当达到结果集末尾时返回 FALSE
13	fetchObject()	获取下一行并作为一个对象返回
14	getAttribute()	获取预处理语句的一个属性
15	getColumnMeta()	返回结果集中某个列的元数据
16	nextRowset()	推进到下一个行集（结果集）
17	rowCount()	返回受上一条 SQL 语句影响的记录行数
18	setAttribute()	设置预处理语句的属性
19	setFetchMode()	设置结果集数据的获取模式

9.3.2 准备 SQL 语句

重复执行同一条 SQL 语句，通过每次迭代使用不同的参数，这种情况使用预处理语句运行效率最高。使用预处理语句，首先需要在数据库服务器中准备好“一条 SQL 语句”，但并不需要马上执行它。PDO 支持使用“占位符”语法，将变量绑定到这条预处理的 SQL 语句中。准备 SQL 语句使用的是 PDO 对象中的 prepare()方法，其语法格式如下：

```
PDOStatement PDO::prepare ( string sql [, array driver_options = array() ] )
```

说明：

- 第 1 个参数是必选项，指定一条 SQL 语句。
- 第 2 个参数是可选项，指定与数据库驱动程序有关的特定选项。如果准备的是 SELECT 语句，一般需要选择游标类型，即在此设置 PDO::ATTR_CURSOR 属性的值。

① PDO::CURSOR_FWDONLY：表示仅向前游标。默认值。

② PDO::CURSOR_SCROLL：表示可滚动游标。

对于一条准备好的 SQL 语句，如果在每次执行时都要改变一些列值，则必须使用“占位符号”而不是具体的列值；或者只要有需要使用变量作为值的地方，就先使用占位符号替代。也就是说，首先准备好一条没有传值的 SQL 语句，在数据库服务器的缓存区等待处理，然后再去单独赋给占位符号具体的值，再通知这条准备好的预处理语句执行。

在 PDO 中有两种使用占位符的语法，一种是“命名参数”，即冒号（:）加上一个标识符，标识符一定要有意义，最好与对应的字段名称相同；另外一种是“问号参数”，即问号（?）。它们功能都一样，使用哪一种语法主要看个人喜好。

- 使用“命名参数”作为占位符的 INSERT 语句如下：

```
$link->prepare("insert into student (sNo, sName, sex, birthday, dept_id, remark)
                values(:sNo, :sName, :sex, :birthday, :dept_id, :remark)");
```

- 使用“问号参数”作为占位符的 INSERT 语句如下：

```
$link->prepare("insert into student (sNo, sName ,sex, birthday, dept_id, remark)
               values(?, ?, ?, ?, ?, ?)");
```

不管是使用哪一种参数作为占位符构成的 SQL 语句，还是语句中没有用到占位符，都需要使用 PDO 对象中的 prepare()方法去准备这个将要用于迭代执行的 SQL 语句，并返回 PDOStatement 类对象。

9.3.3 绑定参数

当 SQL 语句通过 PDO 对象中的 prepare()方法，在数据库服务器端准备好之后，如果使用了占位符，就需要在每次执行时替换输入的参数。用户可以通过 PDOStatement 对象中的 bindParam()方法，把参数变量绑定到准备好的占位符上。bindParam()方法的语法格式如下：

```
bool PDOStatement::bindParam ( mixed parameter, mixed &variable [, int data_type [, int length [, mixed
driver_options ]]] )
```

说明：

- 第 1 个参数是必选项，指定一个参数标识符。对于使用命名参数的预处理语句，应使用类似“:name”形式的参数名；对于使用问号参数的预处理语句，应使用以 1 开始索引的参数位置。

- 第 2 个参数也是必选项，提供一个变量名给指定参数的占位符。因为该参数是按照引用传递的，所以只能提供变量作为参数，不能直接提供常量值。
- 第 3 个参数是可选项，显式地指定参数的数据类型，可以为下列值。
  - PDO::PARAM_STR：表示 SQL 中的 char、varchar 及其他字符串数据类型。默认值。
  - PDO::PARAM_BOOL：表示 SQL 中的 boolean 数据类型。
  - PDO::PARAM_INT：表示 SQL 中的 integer 数据类型。
  - PDO::PARAM_LOB：表示 SQL 中的大对象数据类型。
  - PDO::PARAM_NULL：表示 SQL 中的 NULL 类型。
- 第 4 个参数也是可选项，指定数据类型的长度。
- 第 5 个参数也是可选项，指定与数据库驱动程序有关的特定选项。

SQL 语句中使用命名参数的绑定示例如下：

```
$strUpdate = "insert into student (sNo, sName, sex, birthday, dept_id, remark)
                        values(:sNo, :sName, :sex, :birthday, :dept_id, :remark)"
//调用 PDO 对象中的 prepare()方法
$pdostatement = $link->prepare($strUpdate);
//绑定参数
$pdostatement->bindParam(':sNo', $sNo);
$pdostatement->bindParam(':sName', $sName);
$pdostatement->bindParam(':sex', $sex);
$pdostatement->bindParam(':birthday', $birthday);
$pdostatement->bindParam(':dept_id', $dept_id);
$pdostatement->bindParam(':remark', $remark, PDO::PARAM_NULL);
//给变量赋值
$sNo = '1308013111';
$sName = '张宏明';
$sex = '男';
$birthday = '1995-11-2';
$dept_id = 1;
$remark = NULL;
```

SQL 语句中使用问号参数的绑定示例如下：

```
$strUpdate = "insert into student (sNo, sName, sex, birthday, dept_id, remark)
       values(?, ?, ?, ?, ?, ?)"
//调用 PDO 对象中的 prepare()方法
$pdostatement = $link->prepare($strUpdate);
//绑定参数
$pdostatement->bindParam(1, $sNo);
$pdostatement->bindParam(2, $sName);
$pdostatement->bindParam(3, $sex);
$pdostatement->bindParam(4, $birthday);
$pdostatement->bindParam(5, $dept_id);
$pdostatement->bindParam(6, $remark, PDO::PARAM_NULL);
//给变量赋值
```

```
$sNo = '1309122511';
$sName = '陈雅静';
$sex = '女';
$birthday = '1996-3-22';
$dept_id = 2;
$remark = NULL;
```

9.3.4 执行 SQL 语句

当准备好 SQL 语句并绑定了相应的参数后，就可以通过调用 PDOStatement 类对象中的 execute()方法，反复执行在数据库缓存区准备好的语句。execute()方法的语法格式如下：

```
bool PDOStatement::execute ( [ array input_parameters ] )
```

说明：参数 input_parameters 是可选项，传递一个作为输入参数值的数组。所有的参数值都作为“PDO::PARAM_STR”对待。

【示例 9-9】 使用预处理方式（使用命名参数），插入两条学生记录到学生信息表 student 中。

```
<?php
    $dsn = 'mysql:host=localhost;dbname=stuInfo'; //连接 MySQL 数据库的 DSN
    $user = 'root';                                    //连接 MySQL 数据库的用户名
    $password = '123456';                              //连接 MySQL 数据库的密码
    try {
        $link = new PDO($dsn, $user, $password);
        $link->exec('set names utf8'); //设置字符集
        //设置警告模式处理错误报告
        $link->setAttribute(PDO::ATTR_ERRMODE, PDO::ERRMODE_WARNING);
        //使用命名参数的 SQL 语句
        $strUpdate = "insert into student (sNo, sName, sex, birthday, dept_id, remark)
                        values(:sNo, :sName, :sex, :birthday, :dept_id, :remark)";
        //调用 PDO 对象中的 prepare()方法
        $pdostatement = $link->prepare($strUpdate);
        //绑定参数
        $pdostatement->bindParam(':sNo', $sNo);
        $pdostatement->bindParam(':sName', $sName);
        $pdostatement->bindParam(':sex', $sex);
        $pdostatement->bindParam(':birthday', $birthday);
        $pdostatement->bindParam(':dept_id', $dept_id);
        $pdostatement->bindParam(':remark', $remark, PDO::PARAM_NULL);
        //给变量赋值
        $sNo = '1308013111';
        $sName = '张宏明';
        $sex = '男';
        $birthday = '1995-11-2';
        $dept_id = 1;
        $remark = NULL;
        //执行参数被绑定值后的准备语句，插入第 1 条学生记录
        $pdostatement->execute();
```

```
            //重新给变量赋值
            $sNo = '1308013112';
            $sName = '王娜娜';
            $sex = '女';
            $birthday = '1996-6-1';
            $dept_id = 1;
            $remark = NULL;
            //再次执行参数被绑定值后的准备语句，插入第 2 条学生记录
            $pdostatement->execute();
        } catch (PDOException $e) {
            echo $e->getMessage();
        }
```

另外，可以通过给 execute()方法的参数传递一个作为输入参数值的数组，在程序中省去对"$pdostatement->bindParam()"语句的调用。这种对于只是需要传递多个输入参数，尤其是需要传递多个输入参数的情况下，其语法格式更为简洁。

【示例 9-10】 修改示例 9-9，给 execute()方法传递一个关联数组作为其参数。

```
<?php
    …
    //使用命名参数的 SQL 语句
    $strUpdate = "insert into student (sNo, sName, sex, birthday, dept_id, remark)
                        values(:sNo, :sName, :sex, :birthday, :dept_id, :remark)";
    //调用 PDO 对象中的 prepare()方法
    $pdostatement = $link->prepare($strUpdate);
    //定义一个关联数组作为 execute()方法的参数
    $params = array(":sNo"=>"1308013111",":sName"=>"张宏明",":sex"=>"男",
                        ":birthday"=>"1995-11-2",":dept_id"=>1,":remark"=>NULL);
    //传递一个数组作为预处理语句中的命名参数绑定值，插入第 1 条学生记录
    $pdostatement->execute($params);

    //重新一个关联数组作为 execute()方法的参数
    $params = array(":sNo"=>"1308013112",":sName"=>"王娜娜",":sex"=>"女",
                        ":birthday"=>"1996-6-1",":dept_id"=>1,":remark"=>NULL);
    //再次传递一个数组作为预处理语句中的命名参数绑定值，插入第 2 条学生记录
    $pdostatement->execute($params);
    …
```

9.3.5 获取数据

PDO 的数据获取，不管是使用 PDO 对象中的 query()方法，还是使用 prepare()和 execute()方法结合的预处理语句，只要成功执行 SELECT 查询，都会得到相同的结果集对象 PDOStatement，而且都需要通过 PDOStatement 类对象中的方法将数据遍历出来。

1．fetch()方法

PDOStatement 类中的 fetch()方法用来获取结果集中下一行的记录，并将结果集指针移至下一行，当到达结果集末尾时返回 FALSE。其语法格式如下：

```
mixed PDOStatement::fetch ( [ int fetch_style [, int cursor_orientation [, int cursor_offset]]] )
```

说明：

- 第 1 个参数是可选项，指定在获取一行数据记录时，各列以哪种引用方式进行返回。该参数的值主要有以下几种。
  - PDO::FETCH_ASSOC：返回一个以结果集列名为下标的关联数组。
  - PDO::FETCH_NUM：返回一个以记录集列号（从 0 开始）为下标的索引数组。
  - PDO::FETCH_BOTH：返回包含以上的两种数组。默认值。
  - PDO::FETCH_OBJ：返回一个属性名对应结果集列名的对象。
  - PDO::FETCH_LAZY：返回包含以上的两种数组以及一个属性名对应结果集列名的对象。
  - PDO::FETCH_BOUND：返回 TRUE，并把结果集中的列值赋给在 PDOStatement::bindColumn()方法中绑定的相应变量。
- 第 2 个参数也是可选项，当 PDOStatement 对象是一个可滚动的游标时（注：必须在调用 PDO::prepare()预处理 SQL 语句时，设置 PDO::ATTR_CURSOR 属性为 PDO::CURSOR_SCROLL，才能成为一个可滚动的游标），用来确定使用哪一种提取操作。可以为下列值。
  - PDO::FETCH_ORI_NEXT：获取结果集中的下一行数据。默认值。如果是仅向前游标，则只能够使用这种提取操作。
  - PDO::FETCH_ORI_PRIOR：获取结果集中的上一行数据。
  - PDO::FETCH_ORI_FIRST：获取结果集中的第一行数据。
  - PDO::FETCH_ORI_LAST：获取结果集中的最后一行数据。
  - PDO::FETCH_ORI_ABS：获取结果集中的某一行数据（绝对位置）。
  - PDO::FETCH_ORI_REL：获取结果集中相对于当前行的某一行数据（相对位置）。
- 第 3 个参数也是可选项，当第 2 个参数设置为 PDO::FETCH_ORI_ABS 时，该值指定结果集中想要获取行数据的绝对行号；当第二个参数设置为 PDO::FETCH_ORI_REL 时，该值指定结果集中想要获取行数据相对于当前行的位置。

【示例 9-11】 查询学生信息表 student 中班级 ID（dept_id）为 1 的学生记录，并以表格形式输出查询结果。在浏览器中的输出结果如图 9-3 所示。

```
<?php
    $dsn = 'mysql:host=localhost;dbname=stuInfo'; //连接 MySQL 数据库的 DSN
    $user = 'root';                                    //连接 MySQL 数据库的用户名
    $password = '123456';                              //连接 MySQL 数据库的密码
    try {
        $link = new PDO($dsn, $user, $password);
        $link->exec('set names utf8'); //设置字符集
        /设置警告模式处理错误报告
        $link->setAttribute(PDO::ATTR_ERRMODE, PDO::ERRMODE_WARNING);
        //SQL 查询语句
        $strQuery = "select sNo, sName, sex, birthday, dept_id, remark from student
                    where dept_id=:dept_id order by sNo";
        $pdostatement = $link->prepare($strQuery);
```

```
        $params = array(":dept_id"=>1);
        $pdostatement->execute($params);
        //以表格形式输出查询结果
        $_table = "<table width='100%' border='1' align='center'
                cellspacing='0' cellpadding='3'>";
        $_table .= "<caption><h1>学生信息表</h1></caption>";
        $_table .= "<tr bgcolor='#DDDDDD'>";
        //以 html 的 th 标记输出表格的标题
        $_table .= "<th>序号</th><th>学号</th><th>姓名</th><th>性别</th>
                <th>出生日期</th><th>班级 ID</th></tr>";
        $rowNo = 1;
        //使用 fetch()方法遍历每一行数据，并以关联数组返回
        while ($row = $pdostatement->fetch(PDO::FETCH_ASSOC)) {
            $_table .= "<tr>";
            $_table .= "<td>".$rowNo."</td>";                   //序号
            $_table .= "<td>".$row['sNo']."</td>";              //学号
            $_table .= "<td>".$row['sName']."</td>";            //姓名
            $_table .= "<td>".$row['sex']."</td>";              //性别
            $_table .= "<td>".$row['birthday']."</td>";         //出生日期
            $_table .= "<td>".$row['dept_id']."</td>";          //班级 ID
            $_table .= "</tr>";
            $rowNo++;                                           //序号累加
        }
        $_table .= "</table>";
        echo $_table.'<br>';                                    //输出表格
    } catch (PDOException $e) {
        echo $e->getMessage();
    }
```

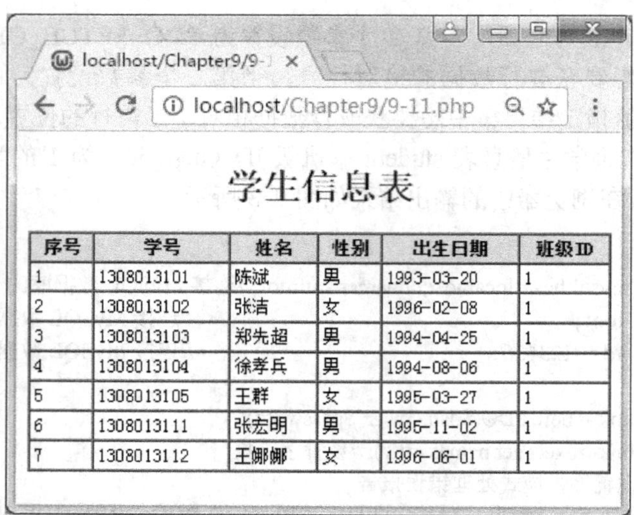

学生信息表

序号	学号	姓名	性别	出生日期	班级 ID
1	1308013101	陈斌	男	1993-03-20	1
2	1308013102	张洁	女	1996-02-08	1
3	1308013103	郑先超	男	1994-04-25	1
4	1308013104	徐孝兵	男	1994-08-06	1
5	1308013105	王群	女	1995-03-27	1
6	1308013111	张宏明	男	1995-11-02	1
7	1308013112	王娜娜	女	1996-06-01	1

图 9-3　查看学生信息表 student 中记录

2．fetchAll()方法

fetchAll()方法与 fetch()方法类似，但是该方法只需要调用一次就可以获取查询结果集中的所有行数据，并赋给一个二维数组进行返回。其语法格式如下：

```
array PDOStatement::fetchAll ( [ int fetch_style [, int column_index]] )
```

说明：

- 第 1 个参数是可选项，指定在获取一行数据记录时，各列以哪种引用方式进行返回。该参数的值可以参考在 fetch()方法中介绍的第 1 个参数的值，默认值为 PDO::FETCH_BOTH。另外还可以指定为 PDO::FETCH_COLUMN 值，用来返回一个包含结果集中单独一列所有值的数组。
- 第 2 个参数也是可选项，当第 1 个参数值为 PDO::FETCH_COLUMN 时，指定一个整数索引，用来从结果集中返回通过该参数提供的索引所指定列的所有值。

【示例 9-12】 使用 fetchAll()方法实现示例 9-11 的功能。

```
<?php
    …
    $rowNo = 1;
    //以二维关联数组从查询结果集中获取所有数据
    $rows = $pdostatement->fetchAll(PDO::FETCH_ASSOC);
    //使用 foreach 语句遍历每一行数据
    foreach($rows as $row) {
        $_table .= "<tr>";
        $_table .= "<td>".$rowNo."</td>";                 //序号
        $_table .= "<td>".$row['sNo']."</td>";            //学号
        $_table .= "<td>".$row['sName']."</td>";          //姓名
        $_table .= "<td>".$row['sex']."</td>";            //性别
        $_table .= "<td>".$row['birthday']."</td>";       //出生日期
        $_table .= "<td>".$row['dept_id']."</td>";        //班级 ID
        $_table .= "</tr>";
        $rowNo++;//序号累加
    }
    …
```

说明：出于方便考虑，可以使用 fetchAll()方法代替 fetch()方法，但是在使用 fetchAll()方法处理特别大的结果集时，会给数据库服务器资源和网络带宽带来很大的负担。

9.4 设计数据分页

数据记录列表在 Web 项目中极其常见，如果一张表中有几万条数据，用户不可能一次全部显示，当然也不能仅仅显示几十条。为了解决这个问题，通常是在读取数据时以分页的形式显示，一页一页地阅读起来既方便又美观。分页的设计不仅可以让用户读取到表中的所有数据，而且每次只从数据库服务器中读取一点点数据，既能提高数据库的反应速度，又可以提高页面加载速度，所以说分页程序是 Web 开发的一个重要组成部分。

本章节主要用来设计一个简单数据分页程序，设计一个分页程序至少需要 4 个重要条件：

- 数据表中的总记录数；
- 每页显示的记录条数；
- 当前访问的页码；
- 访问其他页面请求的 URL。

根据分页程序的功能，我们设计一个分页类 Page，在 Page 类中定义两个可见的成员属性 page 和 limit，再定义一个构造方法__construct()和一个可见的成员方法 fpage()，如下所示。

- page：该属性用来返回当前访问的页码。程序中对该属性进行了保护设置，在对象外部只能获取该属性值，不能进行设置。
- limit：该属性用来限制从数据库获取的记录条数。在程序中同样对该属性进行了保护设置。
- __construct()：分页类的构造方法，用来对成员属性进行初始化设置，共有 3 个参数，详见程序代码。
- fpage()：该方法用来在页面中显示分页的结构信息。

分页类的编写除了需要以上提供的可以操作的成员属性和成员方法外，还需要更多的成员，但其他成员属性和成员方法只是在内部使用，并不需要用户在对象外部操作，所有使用 private 关键字声明为私有封装在对象内部即可。编写分页类 Page 并声明在 page.class.php 文件中，代码如下所示。

```
<?php
    class Page{
        private $total;                    //数据表中总记录数
        private $listRows;                 //每页显示记录数
        private $pageNum;                  //总页数
        private $page;                     //当前页码
        private $limit;                    //SQL 语句使用的 limit 子句，限制获取的记录条数
        private $uri;                      //自动获取 url 的请求地址
        private $config = array(
                            prev' => "上一页", 'next' => "下一页",
                            'first'=> "首页", 'last' => "末页"
                        );                 //在分页信息中显示的内容

        /**
        * 构造方法，可以设置分页类的属性
        * @param int $total            计算分页的总记录数
        * @param int $listRows         可选的，设置每页需要显示的记录数，默认为 5 条
        * @param string $query         可选的，获得向目标页面传递的参数，
                                       查询字符串格式（例如：id=5&a=add）
        */
        public function __construct($total, $listRows=5, $query=''){
            $this->total = $total;
            $this->listRows = $listRows;
            $this->pageNum = ceil($this->total / $this->listRows);
            $this->uri = $this->getUri($query);
```

```
        /*以下判断用来设置当前页码*/
        if(!empty($_GET["page"])) {
            $page =intval($_GET["page"]);
        }
        else{
            $page = 1;
        }

        if($total > 0) {
            $this->page = $page;
        }
        else{
            $this->page = 0;
        }

        $this->limit = "LIMIT ".$this->setLimit();
    }

    /**
    * 按指定的格式输出分页
    * @return string  分页信息内容
    */
    function fpage(){
        $fpage='';
        if($this->pageNum > 1) {
            $fpage = '<div>';
            $fpage .= $this->firstprev();
            $fpage .= $this->nextlast();
            $fpage .= "当前第 {$this->page} 页/共 {$this->pageNum} 页";
            $fpage .= '</div>';
        }
        return $fpage;
    }

    /* 通过该方法，可以在对象外部直接获取私有成员属性 page 和 limit 的值 */
    function __get($args){
        if($args == "page" || $args == "limit")
            return $this->$args;
        else
            return null;
    }

    /* 在对象内部使用的私有方法，用来返回 LIMIT 子句的内容 */
    private function setLimit(){
        if($this->page > 0)
            return ($this->page-1)*$this->listRows.", {$this->listRows}";
        else
```

```
            return 0;
        }

        /* 在对象内部使用的私有方法，用来自动获取访问的当前 URL */
        private function getUri($query){
            $request_uri = $_SERVER["REQUEST_URI"];

            $location = strpos($request_uri,'?');
            if ($location == false)
            $url = $request_uri;
        else
            $url = substr($request_uri, 0, $location);

        if ($query == '')
            $url = $url.'?';
        else
            $url = $url.'?'.$query.'&';

        return $url;
    }

    /* 在对象内部使用的私有方法，用来获取上一页和首页的操作信息 */
    private function firstprev(){
        if($this->page > 1) {
            $str =   "<a href='{$this->uri}page=1'>{$this->config["first"]}</a> | ";
            $str .= "<a href='{$this->uri}page=".($this->page-1).
                "'>{$this->config["prev"]}</a> | ";
        }
        else{
            $str =   "{$this->config["first"]} | ";
            $str .= "{$this->config["prev"]} | ";
        }
        return $str;
    }

    /* 在对象内部使用的私有方法，获取下一页和尾页的操作信息 */
    private function nextlast(){
        if($this->page != $this->pageNum) {
            $str = "<a href='{$this->uri}page=".($this->page+1).
                "'>{$this->config["next"]}</a> | ";
            $str .= "<a href='{$this->uri}page=".($this->pageNum).
                "'>{$this->config["last"]}</a> | ";
        }
        else{
            $str =   "{$this->config["next"]} | ";
            $str .= "{$this->config["last"]} | ";
        }
        return $str;
```

```
    }
}
```

【示例 9-13】 查询学生信息表 student 中的学生记录，并以分页形式输出查询结果（分页类文件 Page.class.php 保存在“./9-13.class/”文件夹中）。在浏览器中的输出结果如图 9-4 所示。

```
<?php
    include('./9-13.class/page.class.php');      //包含并执行 page.class.php 文件

    $dsn = 'mysql:host=localhost;dbname=stuInfo'; //连接 MySQL 数据库的 DSN
    $user = 'root';                                        //连接 MySQL 数据库的用户名
    $password = '123456';                                  //连接 MySQL 数据库的密码
    try {
        $link = new PDO($dsn, $user, $password);
        $link->exec('set names utf8'); //设置字符集
        //设置警告模式处理错误报告
        $link->setAttribute(PDO::ATTR_ERRMODE, PDO::ERRMODE_WARNING);
        //设计分页
        //获取记录总数
        $str = "select count(*) as total from student";
        $pdostatement = $link->prepare($str);
        $pdostatement->execute();
        $pdostatement->bindColumn("total", $total);
        $pdostatement->fetch(PDO::FETCH_ASSOC);
        //创建分页类对象，每页显示 6 条记录
        $page = new Page($total, 6);
        //SQL 查询语句
        $strQuery = "select id, sNo, sName, sex, birthday, dept_id, remark from student
                    order by sNo ".$page->limit;
        $pdostatement = $link->prepare($strQuery);
        $pdostatement->execute();
        //以表格形式输出查询结果
        $_table = "<table width='100%' border='1' align='center'
                cellspacing='0' cellpadding='3'>";
        $_table .= "<caption><h1>学生信息表</h1></caption>";
        $_table .= "<tr bgcolor='#DDDDDD'>";
        //以 html 的 th 标记输出表格的标题
         $_table .= "<th>序号</th><th>学号</th><th>姓名</th><th>性别</th>
                <th>出生日期</th><th>班级 ID</th></tr>";
        $rowNo = 1;
        //以二维关联数组从查询结果集中获取所有数据
        $rows = $pdostatement->fetchAll(PDO::FETCH_ASSOC);
        //使用 foreach 语句遍历每一行数据
        foreach($rows as $row) {
            $_table .= "<tr>";
            $_table .= "<td>".$rowNo."</td>";              //序号
            $_table .= "<td>".$row['sNo']."</td>";         //学号
```

```
            $_table .= "<td>".$row['sName']."</td>";        //姓名
            $_table .= "<td>".$row['sex']."</td>";          //性别
            $_table .= "<td>".$row['birthday']."</td>";     //出生日期
            $_table .= "<td>".$row['dept_id']."</td>";      //班级 ID
            $_table .= "</tr>";
            $rowNo++;       //序号累加
        }
        $_table .= "</table>";
        echo $_table.'<br>';    //输出表格
        echo $page->fpage();  //输出分页的结构信息
    } catch (PDOException $e) {
        echo $e->getMessage();
    }
```

序号	学号	姓名	性别	出生日期	班级ID
1	1308013101	陈斌	男	1993-03-20	1
2	1308013102	张洁	女	1996-02-08	1
3	1308013103	郑先超	男	1994-04-25	1
4	1308013104	徐孝兵	男	1994-08-06	1
5	1308013105	王群	女	1995-03-27	1
6	1308013111	张宏明	男	1995-11-02	1

图 9-4 以分页形式显示学生信息表 student 中记录

9.5 学生信息管理实例

在 Web 项目中，几乎所有模块都要与数据表打交道，而对表的管理无非就是增、删、改、查等操作，所以熟练掌握这些操作是非常必要的。本实例把对数据表的操作封装成一个数据库通用操作类，使用 PDO 对象实现对数据库的访问操作。

9.5.1 需求分析

本实例主要用来实现对学生信息的管理，包括学生信息列表、学生详细信息查看、添加学生信息、添加学生照片、修改学生信息、修改学生照片、删除学生信息、查询学生信息等操作，但是在对学生信息进行管理之前，用户必须首先要进行登录。本例同样使用第 8 章中创建的 stuInfo 数据库其中的 student 和 department 两张数据表；另外，还需要创建一张用户表 users，用来保存登录用户的信息。创建 users 表的 SQL 语句如下：

```
CREATE TABLE IF NOT EXISTS users (
    id INT UNSIGNED NOT NULL AUTO_INCREMENT COMMENT '用户 ID（唯一）',
    uName VARCHAR(20) NOT NULL COMMENT '用户名',
    uPassword CHAR(32) NOT NULL COMMENT 'MD5 加密后的密码',
    PRIMARY KEY (id),        /*设置用户 ID 为主键*/
    UNIQUE (uName)           /*设置 uName 为唯一索引*/
) ENGINE=InnoDB DEFAULT CHARSET=utf8;
```

在 users 表中插入一条默认数据：用户名为“admin”；密码为“abc123”，使用 MD5 加密后存储。插入默认数据的 SQL 语句如下：

```
INSERT INTO users (id, uName, uPassword) VALUES (1, 'admin', md5('abc123'));
```

本实例的具体需求说明如下。

（1）用户登录的功能包括：通过用户名、密码和验证码进行验证登录，登录成功后跳转至主页。

（2）主页的功能包括：在主页面上可以通过简单的菜单，获取学生列表、添加学生和查询学生 3 个选项按钮，默认页面中显示所有学生的列表。学生列表需要显示学号、姓名、性别、出生日期和班级，还要使用分页技术限制每页显示 10 条记录，并且每条记录都有修改、删除和查看的操作入口。

（3）添加学生的功能包括：录入学号、姓名、出生日期及备注，性别通过单选按钮选择，班级通过下拉列表框选择；若需要设置学生照片，还可以选择文件上传。添加成功后返回到学生列表中。

（4）修改学生的功能包括：通过学生列表的入口进入到修改表单中，其与添加学生表单界面相似，通过传递的学生 ID 获取要修改学生的全部内容，回填到对应的表单项中。录入学号、姓名、出生日期及备注，性别通过单选按钮选择，班级通过下拉列表框选择；若需要修改学生照片，还可以选择文件重新上传。修改成功后返回到学生列表中，并且还要保持在当前页面中。

（5）学生信息查看的功能包括：通过学生列表的入口进入到学生信息查看界面中，其与修改学生表单界面相似，不过是一个仅仅用来显示数据的表格。并通过传递的学生 ID 获取要查看学生的全部内容，回填到对应的单元格中。通过一个返回按钮可返回到学生列表中，并且还要保持在当前页面中。

（6）删除学生的功能包括：同样是在学生列表中，为每一条记录设置一个删除的选项按钮。删除成功后返回到学生列表中，并且还要保持在当前页面中。

（7）查询学生的功能包括：可以指定多个查询条件，包括学号、姓名、性别、班级和出生日期范围，可以通过其中的一个或多个作为筛选条件进行查询。查询结果显示在学生列表中，并能提示查询的条件。当通过分页进入其他页面时，也要保持同样的查询条件。

（8）页面头部的功能包括：登录成功后，在每个可见的页面上统一设计头部信息，包括显示登录用户名、更改用户密码和注销选项按钮。

（9）页面尾部的功能包括：在每个可见的页面上统一设计尾部信息，包括显示版权所有相关信息。

（10）更改登录用户密码的功能包括：通过页面头部的入口进入到更改密码表单中，录入原密码、新密码及确认新密码。更改成功后注销并跳转到登录页面，让用户重新进行登录。

（11）用户注销的功能包括：同样是在页面头部中，设置了一个注销的选项按钮。注销成功后跳转到登录页面，让用户重新进行登录。

9.5.2 会话控制

会话控制是一种面向连接的可靠通信方式，通过会话控制记录判断用户的登录行为。例如，在以上学生信息管理实例中，当用户成功登录以后，需要访问添加学生、修改学生、查询学生等多个页面，当这多个页面之间互相切换时，还需要能够保持用户登录的状态，并且访问的都是登录用户自己的信息。会话控制的思想就是允许服务器跟踪同一个客户端作出的连续请求，这样用户就可以很容易地做到用户登录的支持，而不是在每浏览一个网页时都去重复执行登录的动作。

HTTP 是无状态的协议，所以不能维护两个事务之间的状态。当一个用户在请求一个页面以后再请求另一个页面时，还需要让服务器知道这是同一个用户，PHP 系统为了解决这个问题，提供了 3 种页面之间传递数据的方法：

- 使用超链接或者 header()函数等重定向的方式。通过在 URL 的 GET 请求中附加参数的形式，将数据从一个页面转向另一个 PHP 脚本中；也可以通过网页中的各种隐藏表单来存储使用者的资料，并将这些信息在提交表单时传递给服务器中的 PHP 脚本使用。
- 使用 Cookie 将用户的状态信息存放在客户端计算机之中，让其他程序通过存取客户端计算机的 Cookie，达到存取目前使用者资料的目的。
- 使用 Session 将用户的状态信息存放于服务器之中，让其他程序通过存取服务器的 Session，达到存取目前使用者资料的目的。

在上面的 3 种网页间数据的传递方式之中，使用 URL 的 GET 或 HTTP POST 方式，主要是用来处理参数的传递或是多笔资料的输入，适合于两个脚本之间的简单数据传递。例如，通过表单修改或删除数据时，可以将在数据库中对应的行 ID 传递给其他脚本。如果需要传递的数据比较多，页面传递的次数比较频繁，或者需要传递数组时，使用这种方式有些烦琐。特别是在项目中跟踪一个用户时，要为不同权限的用户提供不同的动态页面，每个页面都需要知道现在的用户是谁，所以就需要每个页面都能够获得这个用户的相关信息。如果使用 URL 的方式，在每个页面转向的 URL 上都要加上同样的用户信息，这样就给项目开发人员工作带来很大的困难。所以对于这种情况，通常选用 Cookie 和 Session 技术。

1．Cookie 的应用

Cookie 是在 HTTP 下，服务器或脚本可以维护客户端信息的一种方式。Cookie 是一种由服务器发送给客户端的片段信息，存储在客户端浏览器的内存或者硬盘上，常用于保存用户名、密码、个性化设置、个人偏好记录等。当用户访问服务器时，服务器可以设置和访问 Cookie 的信息。PHP 透明地支持 HTTP Cookie，可以利用它在远程浏览器端存储数据并以此来跟踪和识别用户的机制。

（1）设置 Cookie。

Cookie 的建立非常简单，只要用户的浏览器支持 Cookie 的功能，就可以使用 PHP 内置的 setCookie()函数来新建立一个 Cookie。其语法格式如下：

```
bool setCookie ( string name, string value [, int expire [, string path [, string domain [, bool secure]]]] )
```

说明：

- 第 1 个参数是必选项，指定 Cookie 的名称。
- 第 2 个参数也是必选项，指定 Cookie 的值。
- 第 3 个参数是可选项，指定 Cookie 的有效期。这是一个 UNIX 时间戳，即从 UNIX 纪元开始的秒数；如果省略，则表示在会话结束后就立即失效。
- 第 4 个参数也是可选项，指定 Cookie 的服务器路径。如果设定为“/”，则在整个 domain 内有效。默认值为设定 Cookie 的当前目录。
- 第 5 个参数也是可选项，指定 Cookie 的域名。默认值为建立该 Cookie 服务器的网址。
- 第 6 个参数也是可选项，指定是否通过安全的 HTTPS 连接来传输 Cookie。默认值为 False。

【示例 9-14】 建立一个名称为“loginUserName”、其值为“admin”的 Cookie，再建立一个名称为“loginUserPassword”、其值为“123”的 Cookie，有效期都为一周。

```
<?php
    setCookie("loginUserName", 'admin', time()+60*60*24*7, '/');
    setCookie("loginUserPassword", '123', time()+60*60*24*7, '/');
```

（2）读取 Cookie。

如果 Cookie 设置成功，客户端就拥有了 Cookie 文件，用来保存 Web 服务器为其设置的用户信息。当客户再次访问该网站时，浏览器会自动把与该站点对应的 Cookie 信息全部发回给服务器。任何从客户端发过来的 Cookie 信息，都被自动保存在$_COOKIE 全局数组中，所以在每个 PHP 脚本中都可以从该数组中读取相应的 Cookie 信息。

【示例 9-15】 查看已建立的 Cookie。

```
<?php
    //输出 Cookie 的值
    echo '用户名：'.$_COOKIE['loginUserName'].'<br>';
    echo '密码：'.$_COOKIE['loginUserPassword'];
    //使用 var_dump()函数查看$_COOKIE 数组
    var_dump($_COOKIE);
```

（3）删除 Cookie。

如果需要删除保存在客户端的 Cookie，也是调用 setCookie()函数来实现。用户可以使用以下两种方式：

- 把 Cookie 名称传递 setCookie()函数的第 1 个参数，其余参数都省略。
- 利用 setCookie()函数把指定名称的 Cookie 设定为“已过期”状态。

【示例 9-16】 删除示例 9-14 中建立的 Cookie。

```
<?php
    setCookie("loginUserName");
    setCookie("loginUserPassword", '', time()-1, '/');
```

说明：第 1 种方法是将 Cookie 的有效期默认设置为空，则生存期限与浏览器一样，当浏览器关闭时 Cookie 就会自动被删除；第 2 种方法是将 Cookie 的有效期设置为当前时间之前，则在当前时间之前已过期，系统会自动删除指定名称的 Cookie。

2．Session 的应用

在 Web 技术发展史上，虽然 Cookie 的应用是一次重大的变革，但是 Cookie 是将数据存放在客户端的计算机之中，而用户是有权阻止 Cookie 使用的，一旦这样，Web 服务器将无法通过 Cookie 来跟踪用户信息。

Session 与 Cookie 相似，都是用来储存使用者的相关资料，但最大的不同之处在于 Session 是将数据存放于服务器系统之下，使用者无法停止 Session 的使用。在 Web 系统中，Session 通常是指用户与 Web 系统的对话过程。也就是从用户打开浏览器登录到 Web 系统开始，到关闭浏览器离开 Web 系统的这段时间内，同一个用户在 Session 中注册的变量，在会话期间各个 Web 页面中这个用户都可以使用，每个用户使用自己的变量。

Session 是由服务器为用户创建一个称为 Session ID 的标识符，Session ID 会保存在客户端的 Cookie 里，如果用户阻止 Cookie 的使用，则保存在用户浏览器地址栏的 URL 中；在服务器端则保存 Session 变量的值。当某个用户向 Web 服务器发出请求时，服务器首先会检查这个客户端的请求里是否已经包含了一个 Session ID。如果包含，则说明之前已经为该用户创建了 Session，服务器则通过该 Session ID 把 Session 变量检索出来使用。如果不包含，则为该用户创建一个 Session，并且生成一个与此 Session 关联的 Session ID，在本次响应中被传回给客户端保存。

（1）配置 Session。

在 PHP 配置文件 php.ini 中，有一组与 Session 相关的配置选项。通过对这些选项设置新值，就可以对 Session 进行配置，否则将使用默认的 Session 配置。在配置文件中与 Session 有关的常用配置选项及其描述如表 9-4 所示。

表 9-4　配置文件中与 Session 有关的常用配置选项

序号	选项名	描述
1	session.auto_start	在客户端访问任何页面时都自动启动并初始化 Session。默认值为 0，表示禁止。如果允许这个选项，则不能在会话中存放对象，因为类定义必须在会话启动之前被载入
2	session.name	会话的名称，即存储在客户端 Cookie 中的 Session ID 的标识名，只能包含字母和数字。默认值为 PHPSESSID
3	session.use_cookies	是否使用 Cookie 在客户端保存 Session ID。默认值为 1，表示允许
4	session.cookie_lifetime	Cookie 中的 Session ID 在客户机上保存的有效期（秒）。默认值为 0，表示到浏览器关闭时为止
5	session.cookie_path	Session ID 的 Cookie 作用路径。默认值为“/”
6	session.cookie_domain	Session ID 的 Cookie 作用域。默认值为空，表示根据 Cookie 规范自动生成主机名
7	session.save_handler	存储和检索与会话关联的数据的处理器名称，可以是 files、user、sqlite、memcache 中的一个值。默认值为 files，表示文件
8	session.save_path	对于 files 处理器，指定用于创建会话数据文件的路径。默认值为“/tmp”

（2）启动 Session。

Session 的设置与 Cookie 不同，首先必须要启动。在 PHP 中必须调用 session_start()函数，以便让 PHP 核心程序把和 Session 相关的内建环境变量预先载入内存中。session_start()函数的语法格式如下：

```
bool session_start( )
```

说明：session_start()函数用来创建 Session，开始一个会话，进行 Session 初始化。当第一次访问网站时，session_start()函数就会创建一个唯一的 Session ID，并自动通过 HTTP 的响应头将这个 Session ID 保存到客户端 Cookie 中。同时，也在服务器端创建一个以这个 Session ID 命名的文件，用于保存这个用户的会话信息。当同一个用户再次访问该网站时，也会自动通过 HTTP 的请求头将客户端 Cookie 中保存的 Session ID 再携带过来，这时 session_start()函数就不会再去分配一个新的 Session ID，而是在服务器的硬盘中去寻找与这个 Session ID 同名的 Session 文件，将之前为这个用户保存的会话信息读出，在当前脚本中应用，达到跟踪这个用户的目的。所以在会话期间，同一个用户在访问服务器上任何一个页面时，都是使用同一个 Session ID。

另外，可以使用 session_name()函数返回或者设置 Session ID 的标识符，使用 session_id()函数返回或者设置 Session ID 的值。它们的语法格式如下：

```
string session_name ( [string name] )
string session_id ( [string id] )
```

说明：在使用这两个函数之前，必须先要启动 Session。如果没有指定参数，则返回相应的内容；如果指定参数，则设置相应的内容为参数值。

【示例 9-17】 启动 Session，使用 session_name()和 session_id()函数查看 Session ID 的标识符和值。

```
<?php
    session_start();    //启动 Session

    echo 'Session ID 的标识符为：'.session_name().'<br>';
    echo 'Session ID 的值为：'.session_id();
```

也可以使用 var_dump($_COOKIE)语句通过 Cookie 查看 Session ID 的标识符和值。

（3）注册并读取 Session 变量。

在 PHP 中使用 Session 变量，除了必须要启动，还要经过注册的过程。注册和读取 Session 变量，都要通过访问$_SESSION 数组完成。$_SESSION 是一个全局数组，但必须在调用 session_start()函数启动 Session 之后才能使用。

【示例 9-18】 注册两个 Session 变量，并查看 Session 变量的值。

```
<?php
    session_start();    //启动 Session

    //注册两个 Session 变量
    $_SESSION['loginUserName'] = 'admin';
    $_SESSION['loginUserPassword'] = '123';
    //输出 Session 变量的值
    echo '用户名：'.$_SESSION['loginUserName'].'<br>';
    echo '密码：'.$_SESSION['loginUserPassword'];
    //使用 var_dump()函数查看$_SESSION 数组
    var_dump($_SESSION);
```

（4）注销 Session 变量。

当使用完一个 Session 变量后，可以将其删除。用户可以使用 unset()函数来释放在 Session 中注册的单个变量。

【示例 9-19】 删除一个在 Session 中注册的变量。

```
<?php
        session_start();   //启动 Session

        echo '删除前：<br>';
        //使用 var_dump()函数查看$_SESSION 数组
        var_dump($_SESSION);
        //删除一个 Session 变量
        unset($_SESSION['loginUserPassword'] );
        echo '删除后：';
        //再使用 var_dump()函数查看$_SESSION 数组
        var_dump($_SESSION);
```

如果想把某个用户在 Session 中注册的变量全部清除，可以使用 session_unset()函数实现。该函数的语法格式如下：

```
bool session_unset( )
```

【示例 9-20】 清除在 Session 中注册的所有变量。

```
<?php
        session_start();   //启动 Session

        //注册两个 Session 变量
        $_SESSION['loginUserName'] = 'admin';
        $_SESSION['loginUserPassword'] = '123';
        echo '清除前：<br>';
        //使用 var_dump()函数查看$_SESSION 数组
        var_dump($_SESSION);
        //清除所有 Session 变量
        session_unset();
        echo '清除后：';
        //再使用 var_dump()函数查看$_SESSION 数组
        var_dump($_SESSION);
```

（5）销毁 Session。

当完成一个会话后，可以将 Session 销毁。如果用户想退出 Web 系统，就需要提供一个注销的功能，把他的所有信息在服务器中销毁。销毁和当前 Session 有关的所有资料，可以调用 session_destroy()函数结束当前的会话，并清空会话中的所有资源。该函数的语法格式如下：

```
bool session_destroy( )
```

说明：session_destroy()函数用来关闭 Session 的运作，删除 Session 文件。但该函数并不会释放和当前 Session 相关的变量，也不会删除保存在客户端 Cookie 中的 Session ID。所以在调用该函数之前，还需要使用 session_unset()函数清除在 Session 中注册的所有变量，使用 setCookie()函数删除包含 Session ID 的 Cookie。

【示例 9-21】 销毁当前的 Session。

```
<?php
```

```
session_start();    //启动 Session
//清除所有 Session 变量
session_unset();
//删除包含 Session ID 的 Cookie
if (isset($_COOKIE[session_name()])) {
        setCookie(session_name(), '', time()-1, '/');
}
//销毁 Session
session_destroy();
```

9.5.3 程序设计

根据需求，本实例需要 7 个可操作的页面，分别为用户登录、学生信息列表、学生详细信息查看、添加学生信息、修改学生信息、查询学生信息和更改登录用户密码；用户登录、添加学生、修改学生、删除学生、查询学生、更改登录用户密码和用户注销的操作都需要提交给指定的控制文件去处理，配置文件、自定义函数库、验证码、分页类、文件上传类和数据库通用操作类也需要作为公共资源声明在独立的文件中。本实例需要创建的文件及说明如表 9-5 所示。

表 9-5 学生信息管理的文件结构

序号	文 件 名	描 述
1	login.php	用户登录表单，提交给 doLogin.php 脚本处理
2	index.php	主页，显示学生信息列表
3	addStudent.php	添加学生表单，提交给 doAddStudent.php 脚本处理
4	editStudent.php	修改学生表单，提交给 doEditStudent.php 脚本处理
5	studentDetail.php	学生详细信息查看界面
6	searchStudent.php	设置查询条件表单，提交给 doSearchStudent.php 脚本处理
7	changePwd.php	更改用户密码表单，提交给 doChangePwd.php 脚本处理
8	top.php	页面头部信息
9	menu.php	页面菜单
10	bottom.php	页面尾部信息
11	doLogin.php	处理用户登录表单
12	doAddStudent.php	处理添加学生表单
13	doEditStudent.php	处理修改学生表单
14	doDeleteStudent.php	处理删除学生操作
15	doSearchStudent.php	处理设置查询条件表单
16	doChangePwd.php	处理更改用户密码表单
17	config.inc.php	配置文件，数据库连接参数、启动 Session 等
18	func.inc.php	自定义函数库
19	vCode.inc.php	生成验证码
20	page.class.php	分页类
21	fileUpload.class.php	文件上传类
22	model.class.php	数据库通用操作类
23	doLogout.php	处理用户注销操作

学生信息管理的项目层次结构如图 9-5 所示。

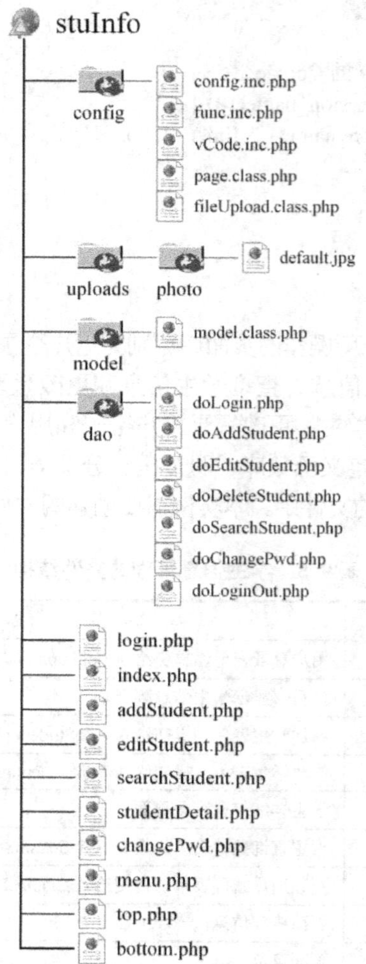

图 9-5　学生信息管理项目层次结构

1．配置文件（config.inc.php）

脚本 config.inc.php 是一个配置文件，常用来声明一些通用的数据及操作，如数据库的连接参数等。其代码如下：

```
<?php
    if (!isset($_SESSION)) session_start();            //启动 Session
    date_default_timezone_set('Asia/Shanghai');        //设置时区，采用北京时间

    define("ServerName", 'localhost');                 //数据库服务器的主机名
    define("DBName", 'stuInfo');                       //数据库名
    define("UserName", 'root');                        //连接数据库的用户名
    define("PassWord", '123456');                      //连接数据库的密码
```

2．数据库通用操作类（model.class.php）

脚本 model.class.php 是一个数据库通用操作类文件，使用 PDO 对象实现对数据库的访问操作。其代码如下：

```
<?php
    /**
    * 数据库通用操作类
    */
    class Model{
        protected $link = null;                 //数据库链接资源
        protected $tableName = null;            //数据表名
        protected $pk = null;                   //主键字段名
        protected $fieldList = array();         //表中的字段列表
        protected $where = null;                //查询条件
        protected $order = null;                //排序条件
        protected $limit = null;                //limit 条件
        protected $qFields = null;              //要查询的字段

        /**
        * 构造方法，创建 PDO 对象连接 MySQL 数据库服务器
        * @param string $tableName  表名
        */
        public function __construct($tableName){
            //连接 MySQL 数据库的 DSN
            $dsn = "mysql:host=".ServerName.";dbname=".DBName;
            //连接 MySQL 数据库的用户名
            $user = UserName;
            //连接 MySQL 数据库的密码
            $password = PassWord;
            try {
                $this->link = new PDO($dsn, $user, $password);
            } catch (PDOException $e) {
                die("连接 MySQL 数据库失败：".$e->getMessage());
            }
            $this->link->exec("set names utf8");       //设置字符集
            //设置警告模式处理错误报告
            $this->link->setAttribute(PDO::ATTR_ERRMODE,
                                    PDO::ERRMODE_WARNING);
            //给数据表名属性赋值
            $this->tableName = $tableName;
            //获取数据表中的主键字段名和字段列表
            $this->getFields();
        }

        /**
        * 返回表中满足条件的记录总数
        * @param string $where      查询条件
        * @return int               表中的记录总数
```

```
*/
public function rowCount($where=''){
	//定义 SQL 查询语句
	$sql = "select count(*) from {$this->tableName} {$where}";
	$pdostatement = $this->link->prepare($sql);
	$pdostatement->execute();
	$data = $pdostatement->fetch(PDO::FETCH_NUM);
	return $data[0];
}

/**
* 根据属性中的条件查询表中的数据
* @return array  结果集二维数组
*/
public function select(){
	//拼装 where 条件
	$where = '';
	if (!empty($this->where)) {
		$where .= "where ".$this->where;
		//销毁 where 条件
		$this->where = null;
	}

	//拼装 order 条件
	$order = '';
	if (!empty($this->order)) {
		$order .= "order by ".$this->order;
		//销毁 order 条件
		$this->order = null;
	}

	//拼装 limit 条件
	$limit = '';
	if (!empty($this->limit)) {
		$limit .= "limit ".$this->limit;
		//销毁 limit 条件
		$this->limit = null;
	}

	//拼装要查询的字段
	$qFields = '*';
	if (!empty($this->qFields)) {
		$qFields = $this->qFields;
		//销毁要查询的字段
		$this->qFields = null;
	}

	//定义 SQL 查询语句
```

```
        $sql = "select {$qFields} from {$this->tableName}
                    {$where} {$order} {$limit}";
        $pdostatement = $this->link->prepare($sql);
        $pdostatement->execute();
        $data = $pdostatement->fetchAll(PDO::FETCH_ASSOC);
        if (empty($data))
            return false;
        else
            return $data;
    }

    /**
    * 根据主键字段的值查询表中的一条记录
    * @param mixed $pkValue  主键字段的值
    * @return array          结果集一维数组
    */
    public function find($pkValue){
        //定义 SQL 查询语句
        $sql = "select * from {$this->tableName}
                    where {$this->pk}='{$pkValue}' limit 1";
        $pdostatement = $this->link->prepare($sql);
        $pdostatement->execute();
        $data = $pdostatement->fetch(PDO::FETCH_ASSOC);
        if (empty($data))
            return false;
        else
            return $data;
    }

    /**
    * 根据主键字段的值删除表中的一条记录
    * @param mixed $pkValue  主键字段的值
    * @return int            影响的行数
    */
    public function delete($pkValue){
        //定义 DELETE 语句
        $sql = "delete from {$this->tableName} where {$this->pk}='{$pkValue}'";
        $pdostatement = $this->link->prepare($sql);
        $pdostatement->execute();
        return $pdostatement->rowCount();
    }

    /**
    * 向表中添加一条记录
    * @param array $data     需要添加的数据，默认值为$_POST
    * @return int            影响的行数
    */
    public function add($data = array()){
```

```
        if (empty($data)) {
            $data = $_POST;
        }
        $fields = array();          //用来保存过滤后的字段列表
        $values = array();          //用来保存过滤后的值的列表
        //进行过滤
        foreach ($data as $k => $v) {
        if (in_array($k, $this->fieldList)) {
            $fields[] = $k;
            $values[] = $v;
        }
    }
    //定义 INSERT 语句
    $sql = "insert into {$this->tableName} (".
            implode(",", $fields).") values('".implode("','", $values)."')";
    $pdostatement = $this->link->prepare($sql);
    $pdostatement->execute();
    return $pdostatement->rowCount();
}

/**
* 修改表中数据
* @param array $data            需要修改的数据，默认值为$_POST
* @return int                   影响的行数
*/
public function save($data = array()) {
    if (empty($data)) {
        $data = $_POST;
    }
    $values = array();
    //进行过滤
    foreach ($data as $k => $v) {
        //判断
        if (in_array($k, $this->fieldList) && $k != $this->pk) {
            $values[] = "{$k}='{$v}'";
        }
    }
    //定义 UPDATE 语句
    $sql = "update {$this->tableName} set ".
            implode(',', $values)." where {$this->pk}='{$data[$this->pk]}'";
    $pdostatement = $this->link->prepare($sql);
    $pdostatement->execute();
    return $pdostatement->rowCount();
}

/**
* 给查询添加 where 条件
* @param string $where       查询条件
```

```
* @return object                $this
*/
public function where($where){
        //给查询条件属性赋值
        $this->where = $where;
        return $this;
}

/**
*  给查询添加 order 条件
* @param string $order排序条件
* @return object                $this
*/
public function order($order){
        //给排序条件属性赋值
        $this->order = $order;
        return $this;
}

/**
*  给查询添加 limit 条件
* @param int $start             返回记录的起始位置（第 1 条记录为 0）
* @param int $count             返回记录的数量
* @return object                $this
*/
public function limit($start, $count = 0) {
        if ($count == 0) {
                $limit = $start;
        }
        else {
                $limit = $startLimit.",".$endLimit;
        }
        //给 limit 条件属性赋值
        $this->limit = $limit;
        return $this;
}

/**
*  给查询添加要查询的字段
* @param sting $qFields                要查询的字段
* @return object                       $this
*/
public function qFields($qFields){
        $this->qFields = $qFields;
        return $this;
}

/**
```

```
* 根据参数中指定的条件查询表中的数据
* @param sting $sql            执行查询的 SQL 语句
* @return @return array             结果集二维数组
*/
public function query($sql){
    $pdostatement = $this->link->prepare($sql);
    $pdostatement->execute();
    $data = $pdostatement->fetchAll(PDO::FETCH_ASSOC);
    if (empty($data))
        return false;
    else
        return $data;
}

/**
* 根据参数中指定的 SQL 语句向表中增、删、改数据
* @param sting $sql    执行增、删、改的 SQL 语句
* @return int                  影响的行数
*/
public function execute($sql){
    $pdostatement = $this->link->prepare($sql);
    $pdostatement->execute();
    return $pdostatement->rowCount();
}

/**
* 获取主键字段名及表中的字段列表。该方法是私有的，只能内部使用
* @param sting $sql            执行增、删、改的 SQL 语句
* @return int                  影响的行数
*/
private function getFields(){
    //定义 SQL 语句
    $sql = "desc {$this->tableName}";
    $pdostatement = $this->link->prepare($sql);
    $pdostatement->execute();
    $data = $pdostatement->fetchALL(PDO::FETCH_ASSOC);
    $fieldList = array();
    for($i=0; $i<count($data); $i++){
        $fieldList[] = $data[$i]['Field'];
        if ($data[$i]['Key'] == 'PRI'){
            //给主键字段属性赋值
            $this->pk = $data[$i]['Field'];
        }
    }
    //给表中的字段列表属性赋值
    $this->fieldList = $fieldList;
}
}
```

3．自定义函数库文件（func.inc.php）

脚本 func.inc.php 是一个自定义函数库文件，用来声明一些在本系统中使用到的自定义的函数。本例中只声明了一个 isDate()函数，用来判断指定的日期字符串是不是一个合法的日期。其代码如下：

```
<?php
	/**
	* 判断日期字符串是不是一个合法的日期
	* @param	string $strDate	日期字符串
	* @param	string $format	日期格式
	* @return	bool		如果是合法的日期，则返回 true
	*/
	function isDate($strDate, $format='Y-m-d') {
		$strArr = explode('-', $strDate);
		if (empty($strArr)){
			return false;
		}
		foreach ($strArr as $value) {
			if (strlen($value) < 2){
				$value = '0'.$value;
			}
			$newArr[] = $value;
		}
		$strDate = implode('-', $newArr);
		$unixTime = strtotime($strDate);
		$checkDate = date($format, $unixTime);
		if($checkDate == $strDate)
			return true;
		else
			return false;
	}
```

4．生成验证码文件（vCode.inc.php）

脚本 vCode.inc.php 是一个生成验证码文件，在用户登录时创建一个验证码图片。其代码参考第 5 章中的示例 5-43。

5．分页类文件（page.class.php）

脚本 page.class.php 是一个通用的分页类文件。其代码参考本章中的示例 9-13。

6．文件上传类文件（fileUpload.class.php）

脚本 fileUpload.class.php 是一个通用的文件上传类文件，既可以上传单个文件，也可以同时上传多个文件。其代码如下：

```
<?php
	class FileUpload {
		private $path = "./uploads";			//上传文件保存的路径
		private $allowtype =
			array('jpg','gif','png');		//设置限制上传文件的类型
		private $maxsize = 1000000;			//限制文件上传大小（字节）
```

```
private $isRandName = true;         //设置是否随机重命名文件，随机是 true
private $originFileName;            //源文件名
private $tmpFileName;               //临时文件名
private $fileType;                  //文件类型（文件后缀）
private $fileSize;                  //文件大小
private $newFileName;               //新文件名
private $errorMsg='';               //错误报告消息

/**
* 构造方法
* @param string $path  设置上传文件保存的路径
*/
public function __construct($path){
    $this->path = $path;
}

/**
* 调用该方法上传文件
* @param string   $fileFile         上传文件的表单名称
* @return bool                      如果上传成功，则返回 true
*/
public function upload($fileField) {
    /* 检查文件路径是否合法 */
    if(!$this->checkFilePath()) {
        return false;
}

/* 将文件上传的信息取出赋给变量 */
$name = $_FILES[$fileField]['name'];
$tmp_name = $_FILES[$fileField]['tmp_name'];
$size = $_FILES[$fileField]['size'];
$error = $_FILES[$fileField]['error'];

/* 如果是多个文件上传，则$file['name']是一个数组 */
if(is_Array($name)){
    /* 多个文件上传则循环处理，
    这个循环只有检查上传文件是否合法，并没有真正上传 */
    for($i = 0; $i < count($name); $i++){
        /*设置文件信息 */
        $this->originFileName = $name[$i];
        $this->tmpFileName = $tmp_name[$i];
        $this->fileSize = $size[$i];
        $path_parts = pathinfo($name[$i]);
        $this->fileType = $path_parts['extension'];
        /* 检查错误号是否为 0 */
        if ($error[$i] != 0) {
            $this->setErrorMsg($error[$i]);
            return false;
```

```
        }
        /* 检查文件大小和文件类型是否合法 */
        if(!$this->checkFileSize() || !$this->checkFileType()){
            return false;
        }
    }

    /* 以下开始真正上传文件 */
    $fileNames = array();     //存放所有上传后文件名的变量数组
    for($i = 0; $i < count($name);    $i++){
        /*设置文件信息 */
        $this->originFileName = $name[$i];
        $this->tmpFileName = $tmp_name[$i];
        $this->fileSize = $size[$i];
        $path_parts = pathinfo($name[$i]);
        $this->fileType = $path_parts['extension'];
        $this->setfileName();    //设置新的文件名
        if(!$this->copyFile()) {
            return false;
        }
        $fileNames[] = $this->newFileName;
    }
    $this->newFileName = $fileNames;
    }
    else {       //上传单个文件处理方法
        /*设置文件信息 */
        $this->originFileName = $name;
        $this->tmpFileName = $tmp_name;
        $this->fileSize = $size;
        $path_parts = pathinfo($name);
        $this->fileType = $path_parts['extension'];

        /* 检查错误号是否为 0 */
        if ($error != 0) {
            $this->setErrorMsg($error);
            return false;
        }
        /* 检查文件大小和文件类型是否合法 */
        if(!$this->checkFileSize() || !$this->checkFileType()){
            return false;
        }

        /* 以下开始上传文件 */
        $this->setfileName();    //设置新的文件名
        if(!$this->copyFile()) {
            return false;
        }
    }
```

```
        return true;
    }

    /**
    * 获取上传后的文件名称
    * @return string        返回上传后新文件的名称，如果是多文件上传则返回数组
    */
    public function getFileName(){
        return $this->newFileName;
    }

    /**
    * 上传失败后，获取上传出错的信息报告
    * @return string        返回上传文件出错的信息报告
    */
    public function getErrorMsg(){
        $msg = "上传文件<font color='red'>{$this->originFileName}</font>时出错 : ";
        return $msg.$this->errorMsg;
    }

    /* 设置上传出错信息 */
    private function setErrorMsg($errorNo) {
        $msg = '';
        switch ($errorNo) {
          case 1:
              $msg = "上传的文件超过了 php.ini 中 upload_max_filesize 选项限制的值！";
              break;
          case 2:
              $msg = "上传文件的大小超过了 HTML 表单中 MAX_FILE_SIZE 选项指定
的值！";

              break;
          case 3:
              $msg = "文件只被部分上传！";
              break;
          case 4:
              $msg = "没有上传任何文件！";
              break;
          case -1:
              $msg = "上传的文件是未允许的类型！";
              break;
          case -2:
              $msg = "文件过大，上传的文件不能超过{$this->maxsize}个字节！";
              break;
          case -3:
              $msg = "建立存放上传文件目录失败，请重新指定上传目录！";
              break;
          case -4:
              $msg = "上传失败！";
```

```
                break;
            default:
                $msg = "未知错误！ ";
        }
        $this->errorMsg = $msg.'<br>';
    }

    /* 设置上传后的文件名称 */
    private function setFileName() {
        if ($this->isRandName) {
            $this->newFileName = $this->randName();
        }
        else{
            $this->newFileName = $this->originFileName;
        }
    }

    /* 检查上传的文件是否是合法的类型 */
    private function checkFileType() {
        $result = true;
        if (!in_array(strtolower($this->fileType), $this->allowtype)) {
            $this->setErrorMsg(-1);
            $result = false;
        }
        return $result;
    }

    /* 检查上传的文件是否是允许的大小 */
    private function checkFileSize() {
        $result = true;
        if ($this->fileSize > $this->maxsize) {
            $this->setErrorMsg(-2);
            $result = false;
        }
        return $result;
    }

    /* 检查是否有存放上传文件的目录，没有则创建 */
    private function checkFilePath() {
    $result = true;
    if (!file_exists($this->path) || !is_writable($this->path)) {
        if (!@mkdir($this->path)) {
            $this->setErrorMsg(-3);
            $result = false;
        }
    }
    return $result;
}
```

```
        /* 创建随机文件名 */
        private function randName() {
                $fileName = date('YmdHis').rand(1000,9999);
                return $fileName.'.'.$this->fileType;
        }

        /* 复制上传文件到指定的位置 */
        private function copyFile() {
                $result = true;
                $path = rtrim($this->path, '/').'/';
                $path .= $this->newFileName;
                if (!move_uploaded_file($this->tmpFileName, $path)) {
                        $this->setErrorMsg(-4);
                        $result = false;
                }
                return $result;
        }
}
```

7．页面头部文件（top.php）

脚本 top.php 是一个包含页面头部信息的文件，用来给可见页面提供统一的头部信息。其代码如下：

```
<?php
        include_once './config/config.inc.php';                //配置文件（数据库连接参数等）
        include_once './model/model.class.php';                //数据库通用操作类文件

        //判断用户是否已登录，或者满足免登录的条件，否则跳转至 login.php 页面
        if(!isset($_SESSION['loginUser'])){                    //未登录
        //判断在 cookie 中是否存储有登录用户信息
        if(isset($_COOKIE['loginUserName']) && isset($_COOKIE['loginUserPassword'])){
                //根据 cookie 中的用户名查询用户信息
                $users = new Model('users');
                $where = "uName='".$_COOKIE['loginUserName']."'";
                $data = $users->where($where)->select();       //获取 users 表中满足条件的记录
                //判断用户是否存在
                if (!empty($data)){
                    $rentUser = $data[0];                       //获取第 1 条记录
                    //判断 cookie 中的密码是否与查询出来的密码一致
                    if ($rentUser['uPassword'] == $_COOKIE['loginUserPassword']){
                      //使用 session 保存登录用户信息
                      $_SESSION['loginUser'] = $rentUser;
                    }
                    else{     //密码不一致
                      //设置 cookie 过期
                      setcookie("loginUserName", '', time()-1, '/');
                      setcookie("loginUserPassword", '', time()-1, '/');
```

```
            header("location: ./login.php");      //跳转至 login.php 页面
            exit;
        }
    }
    else{    //用户不存在
        //设置 cookie 过期
        setcookie("loginUserName", '', time()-1, '/');
        setcookie("loginUserPassword", '', time()-1, '/');
        header("location: ./login.php");          //跳转至 login.php 页面
        exit;
    }
  }
  else{    //cookie 中无登录用户信息
    header("location: ./login.php");              //跳转至 login.php 页面
    exit;
  }
 }

 $loginUser = $_SESSION["loginUser"];
 $loginUserName = $loginUser["uName"];
?>

<table width="100%" border="0" cellspacing="0" cellpadding="3">
  <tr>
    <td width="50%">
      欢迎您：<a href="./changePwd.php"><b><?php echo $loginUserName;?></b></a>
    </td>
    <td width="50%" align="right">
      <a href="./dao/doLogout.php">注销</a>
    </td>
  </tr>
</table>
```

8．页面尾部文件（bottom.php）

脚本 bottom.php 是一个包含页面尾部信息的文件，用来给可见页面提供统一的尾部信息。其代码如下：

```
<center>
    <p>CCIT&copy;版权所有</p>
</center>
```

9．页面菜单文件（menu.php）

脚本 menu.php 是一个包含简单页面菜单的文件，用来给可见页面提供统一的菜单项。其代码如下：

```
<center>
    <h1>学生信息管理</h1>
    <a href="index.php">学生列表</a> ||
    <a href="addStudent.php">添加学生</a> ||
```

```
        <a href="searchStudent.php">查询学生</a>
        <hr>
    </center>
```

10. 用户登录页面（login.php）

脚本 login.php 是一个用户登录表单文件，登录时提交给 doLogin.php 脚本处理，用来实现用户的登录验证功能。用户登录页面如图 9-6 所示。

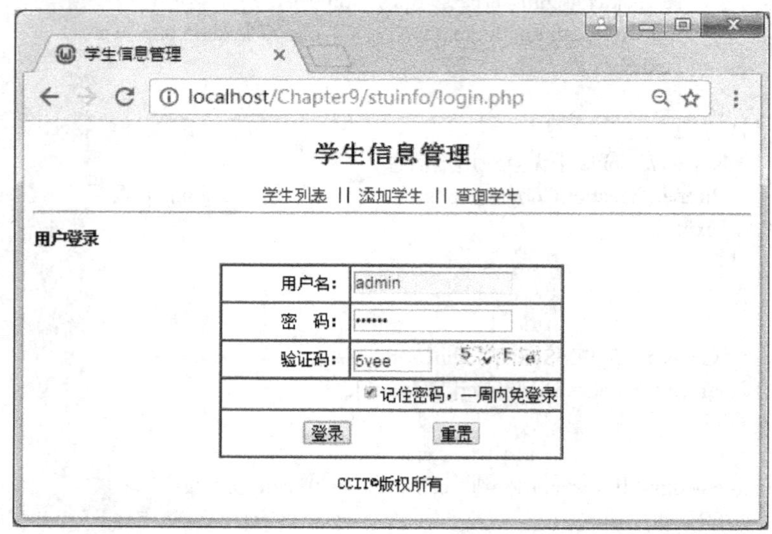

图 9-6 用户登录页面

在如上页面中，需要输入用户名、密码和验证码，默认使用用户名“admin”、密码“abc123”进行登录，登录成功后跳转至主页（index.php）。也可以勾选“记住密码，一周内免登录”选项，表示在一周以内无需登录也可对学生信息进行管理。其代码如下：

```
<!DOCTYPE html>
<html>
    <head>
        <title>学生信息管理</title>
        <meta http-equiv="Content-Type" content="text/html; charset=utf-8" />
        <style>
            body {font-size:12px;}
            td {font-size:12px;}
        </style>

        <script language="JavaScript">
            //JavaScript 脚本：表单提交前验证
            function formCheck() {
                if(document.form1.uName.value.trim() == ''){
                    alert('[用户名]不能为空！');
                    document.form1.uName.focus();
                    return false;
                }
```

```
        }
    </script>
</head>

<body>
    <?php
        include_once './menu.php';      //包含页面菜单文件
    ?>

    <h3><small>用户</small>登录</h3>

    <form name="form1" onSubmit="return formCheck();" method="post"
                    action="dao/doLogin.php">
        <table width="320" align="center" border="1" cellspacing="0" cellpadding="3">
            <tr height="36">
                <td width="120" align="right">用户名：</td>
                <td width="200"><input type="text" name="uName" value="" size="15" /></td>
            </tr>
            <tr height="36">
                <td align="right">密 码：</td>
                <td><input type="password" name="uPassword" value="" size="15" /></td>
            </tr>
            <tr height="36">
                <td align="right">验证码：</td>
                <td>
                    <input type="text" name="vCode" value="" size="5" /> 
                    <img src="./config/vCode.inc.php" title="点击，更换验证码"
                            onclick="this.src='./config/vCode.inc.php?rand='+Math.random();" />
                </td>
            </tr>
            <tr height="30">
                <td colspan="2" align="right">
                    <input type="checkbox" name="ckRemember" />记住密码，一周内免登录
                </td>
            </tr>
                <tr height="45">
                    <td align="center" colspan="2">
                        <table width="240" align="center" border="0" cellspacing="0" cellpadding="3">
                            <tr>
                                <td width="120" align="center">
                                    <input type="submit" name="btnSubmit" value="登录" />
                                </td>
                                <td width="120" align="center">
                                    <input type="reset" name="btnReset"    value="重置" />
                                </td>
                            </tr>
                        </table>
                    </td>
```

```
            </tr>
        </table>
    </form>
    <?php include_once './bottom.php';              //包含页面尾部文件 ?>
  </body>
</html>
```

11．处理用户登录表单文件（doLogin.php）

脚本 doLogin.php 是一个处理用户登录表单文件。其代码如下：

```
<?php
    include_once '../config/config.inc.php';            //配置文件（数据库连接参数等）
    include_once '../model/model.class.php';            //数据库通用操作类文件

    $uName = $_POST['uName'];
    $uPassWord = $_POST['uPassword'];
    $vCode = $_POST['vCode'];

    //判断验证码是否输入正确
    if (strtolower($vCode) == strtolower($_SESSION['vCode'])){
        $users = new Model('users');
        $where = "uName='$uName'";
        $data = $users->where($where)->select();      //获取 users 表中满足条件的记录

        //判断用户是否存在
        if (!empty($data)){
        $rentUser = $data[0];    //获取第一条记录
        //判断密码是否正确（对密码进行 MD5 加密后进行比较）
        if (md5($uPassWord) == $rentUser['uPassword']){
            $_SESSION['loginUser'] = $rentUser;      //使用会话保存当前登录用户信息
            //如果选择记住密码
            if (!empty($_POST['ckRemember'])) {
                //设置 cookie 保存用户名和密码
                setcookie("loginUserName", $rentUser['uName'], time()+60*60*24*7, '/');
                setcookie("loginUserPassword", $rentUser['uPassword'], time()+60*60*24*7, '/');
            }
            else{
                //设置 cookie 过期
                setcookie("loginUserName", '', time()-1, '/');
                setcookie("loginUserPassword", '', time()-1, '/');
            }
            header("location: ../index.php");           //登录成功后跳转至 index.php 页面
        }
        else{
            echo '<script language="JavaScript">alert("密码输入错误！");
                                                JavaScript:history.back();</script>';
            exit;
        }
    }
```

```
        else{
            echo '<script language="JavaScript">alert("用户不存在！ ");
                                                    JavaScript:history.back();</script>';
            exit;
        }
    }
    else{
        echo '<script language="JavaScript">alert("验证码错误！ ");
                                                    JavaScript:history.back();</script>';
        exit;
    }
```

12. 学生信息列表（index.php）

脚本 index.php 是一个主页文件，默认以分页形式显示全部的学生列表。学生信息列表页面如图 9-7 所示。

图 9-7　学生信息列表页面（主页）

单击“学生列表”菜单项，也可显示如上页面。在该页面中，提供了显示学生列表、添加学生表单、查询学生表单、更改登录密码表单和用户注销 5 个入口的链接，以及提供了每一条记录的删除学生记录、修改学生表单和查看学生详细信息的入口链接。其代码如下：

```
<!DOCTYPE html>
<html>
    <head>
        <title>学生信息管理</title>
        <meta http-equiv="Content-Type" content="text/html; charset=utf-8" />
        <style>
            body {font-size:12px;}
            td {font-size:12px;}
        </style>

        <script language="JavaScript">
            //JavaScript 脚本：删除时提示
            function deleteRentRow(id){
                if(confirm("确实要删除该学生记录吗？")){
                    var url = "dao/doDeleteStudent.php?id="+id;
                    window.location.href = url;            //页面跳转
                }
            }
        </script>
</head>

<body>
    <?php
        include_once './top.php';                    //包含页面头部文件
        include_once './menu.php';                   //包含页面菜单文件

        include_once './config/page.class.php';      //分页类文件

        $where = array();       //声明一个变量，用来保存查询条件
        $title = array();       //声明一个变量，用来保存本页的标题信息
        $param = array();       //声明一个变量，用来保存通过页面传递的参数（查询条件）
        //以下判断是否有查询条件
        //处理查询的学号
        if (!empty($_GET['sNo'])){
            $where[] = "sNo like '".$_GET['sNo']."%'";
            $title[] = "学号为'".$_GET['sNo']."'";
            $param[] = "sNo=".$_GET['sNo'];
        }
        //处理查询的姓名
        if (!empty($_GET['sName'])){
            $where[] = "sName like '%".$_GET['sName']."%'";
            $title[] = "姓名中包含'".$_GET['sName']."'";
            $param[] = "sName=".$_GET['sName'];
        }
        //处理查询的性别
        if (!empty($_GET['sex'])){
            $where[] = "sex = '".$_GET['sex']."'";
            $title[] = "性别为'".$_GET['sex']."'";
```

```
        $param[] = "sex=".$_GET['sex'];
    }
    //处理查询的班级
    if (!empty($_GET['dept_id'])){
        $where[] = "dept_id = '".$_GET['dept_id']."'";
        //根据班级 ID 获取班级名称
        $department = new Model('department');
        $data = $department->find($_GET['dept_id']);
        $title[] = "班级为'".$data['deptName']."'";
        $param[] = "dept_id=".$_GET['dept_id'];
    }
    //处理查询的出生日期范围
    if (!empty($_GET['startBirthday'])){
        $where[] = "birthday >= '".$_GET['startBirthday']."'";
        $title[] = "出生日期大于等于'".$_GET['startBirthday']."'";
        $param[] = "startBirthday=".$_GET['startBirthday'];
    }
    if (!empty($_GET['endBirthday'])){
        $where[] = "birthday <= '".$_GET['endBirthday']."'";
        $title[] = "出生日期小于等于'".$_GET['endBirthday']."'";
        $param[] = "endBirthday=".$_GET['endBirthday'];
    }

    //处理是否有查询条件
    if (!empty($where)){
        $where = "where ".implode(" and ", $where);
        $title = implode("、", $title)."的学生信息";
        $param = implode("&", $param);
    }
    else {
        $where = '';
        $title = '学生信息';
        $param = '';
    }

    $student = new Model('student');
    $total = $student->rowCount($where);   //获取 student 表中满足条件的记录总数
    //创建分页类对象，每页显示 10 条记录
    $page = new Page($total, 10, $param);
    //编写 SQL 查询语句，使用$page->limit 获取 LIMIT 子句，限制查询数据的条数
    $sql = "select student.id, sNo, sName, sex, birthday, department.deptName
            from student join department on student.dept_id=department.id {$where}
            order by sNo {$page->limit}";
    $data = $student->query($sql);
?>

<h3><small><?php echo $title; ?></small>列表</h3>
```

```
<table width="100%" align="center" border="1" cellspacing="0" cellpadding="3">
    <tr bgcolor="#DDDDDD">
        <th>序号</th>
        <th>学号</th>
        <th>姓名</th>
        <th>性别</th>
        <th>出生日期</th>
        <th>班级</th>
        <th>操作</th>
    </tr>

    <?php
        if ($data){
            $rowNo = 1;
            //使用 foreach 语句遍历每一行数据
            foreach($data as $row)
            {
                echo '<tr>';
                echo '<td>'.$rowNo.'</td>';                //序号
                echo '<td>'.$row['sNo'].'</td>';           //学号
                echo '<td>'.$row['sName'].'</td>';         //姓名
                echo '<td>'.$row['sex'].'</td>';           //性别
                echo '<td>'.$row['birthday'].'</td>';      //出生日期
                echo '<td>'.$row['deptName'].'</td>';      //班级名称

                echo '<td><a href="javascript:deleteRentRow('.$row['id'].')">删除</a>
                        <a href="editStudent.php?id='.$row['id'].'">修改</a>
                        <a href="studentDetail.php?id='.$row['id'].'">查看</a></td>';
                echo '</tr>';
                $rowNo++;                                  //序号累加
            }
        }
    ?>
</table>

<p>
    <?php echo $page->fpage();                             //输出分页的结构信息 ?>
</p>

    <?php include_once './bottom.php';                      //包含页面尾部文件 ?>
  </body>
</html>
```

13．添加学生页面（addStudent.php）

脚本 addStudent.php 是一个添加学生表单文件，添加时提交给 doAddStudent.php 脚本处理，用来实现学生信息的添加以及学生照片的上传功能。单击“添加学生”菜单项，显示如图 9-8 所示的添加学生页面。

图 9-8　添加学生页面

在如上页面中，“学号”“姓名”和“出生日期”不能为空，“性别”和“班级”必须选择一项；可选择学生的照片文件进行上传；如果没有选择，则以图 9-8 所示的默认照片显示。添加成功后跳转至主页（index.php）。其代码如下：

```
<!DOCTYPE html>
<html>
    <head>
        <title>学生信息管理</title>
        <meta http-equiv="Content-Type" content="text/html; charset=utf-8" />
        <style>
            body {font-size:12px;}
            td {font-size:12px;}
        </style>

        <script language="JavaScript">
            //JavaScript 脚本：表单提交前验证
            function formCheck() {
                if(document.form1.sNo.value.trim() == ''){
                    alert('[学号]不能为空！');
                    document.form1.sNo.focus();
                    return false;
                }
                if(document.form1.sName.value.trim() == ''){
```

```
                alert('[姓名]不能为空！');
                document.form1.sName.focus();
                return false;
            }
            if(document.form1.birthday.value.trim() == ''){
                alert('[出生日期]不能为空！');
                document.form1.birthday.focus();
                return false;
            }
            if(document.form1.dept_id.value == 0){
                alert('请选择[班级]！');
                document.form1.dept_id.focus();
                return false;
            }
        }
    </script>
</head>

<body>
    <?php
        include_once './top.php';        //包含页面头部文件
        include_once './menu.php';       //包含页面菜单文件

        //获取班级名称列表
        $department = new Model('department');
        $data = $department->order('deptNo')->select();
        if ($data){
            $itmeDeptName = '<option value=0 selected="selected" >--请选择--</option>';
            //使用 foreach 语句遍历每一行数据
            foreach($data as $row)
            {
                $itmeDeptName .= '<option value='.$row['id'].'>'.$row['deptName'].'</option>';
            }
        }

        /* 获取默认人像的详细路径 */
        $path = './uploads/photo/';       //照片上传的路径
        $fileName = $path.'default.jpg';
    ?>

    <h3><small>学生信息</small>添加</h3>

    <form name="form1" onSubmit="return formCheck();" method="post"
          enctype="multipart/form-data" action="dao/doAddStudent.php">
        <table width="450" align="center" border="1" cellspacing="0" cellpadding="3">
            <tr height="36">
                <td width="90">学号：</td>
                <td width="160"><input type="text" name="sNo" value="" size="10" /></td>
```

```
        <td width="200" align="center" colspan="2" rowspan="5">
            <img src="<?php echo $fileName;?>" width="150" height="160">
        </td>
    </tr>
    <tr height="36">
        <td>姓名：</td>
        <td><input type="text" name="sName" value="" size="10" /></td>
    </tr>
    <tr height="36">
        <td>性别：</td>
        <td>
            <input type="radio" name="sex" value="男" checked="checked" />  男 
            <input type="radio" name="sex" value="女" />  女
        </td>
    </tr>
    <tr height="36">
        <td>出生日期：</td>
        <td><input type="text" name="birthday" value="" size="10" /></td>
    </tr>
    <tr height="36">
        <td>班级：</td>
        <td>
            <select name="dept_id">
                <?php echo $itmeDeptName; ?>
            </select>
        </td>
    </tr>
    <tr height="36">
        <td>学生照片：</td>
        <td colspan="3"><input type="file" name="photo" size="40" /></td>
        <input type="hidden" name="MAX_FILE_SIZE" value="1000000" />
    </tr>
    <tr height="36">
        <td>备注：</td>
        <td colspan="3"><input type="text" name="remark" value="" size="40" /></td>
      </tr>
            <tr height="45">
                <td align="center" colspan="4">
                    <table width="320" align="center" border="0" cellspacing="0" cellpadding="3">
                <tr>
                    <td width="160" align="center">
                        <input type="submit" name="btnSubmit" value="添加" />
                    </td>
                    <td width="160" align="center">
                        <input type="reset" name="btnReset"    value="重置" />
                    </td>
                </tr>
            </table>
```

```
            </td>
          </tr>
        </table>
      </form>
      <?php include_once './bottom.php';   //包含页面尾部文件 ?>
    </body>
</html>
```

14．处理添加学生表单文件（doAddStudent.php）

脚本 doAddStudent.php 是一个处理添加学生表单文件。其代码如下：

```
<?php
  include_once '../config/config.inc.php';          //配置文件（数据库连接参数等）
  include_once '../config/func.inc.php';            //自定义函数库
  include_once '../config/fileUpload.class.php';    //文件上传类
  include_once '../model/model.class.php';          //数据库通用操作类文件

  //如果用户没有登录，则跳转至 login.php 页面
  if(!isset($_SESSION['loginUser'])){
    header("location: ../login.php");
    exit;
  }

  //判断接收到的出生日期是不是一个合法日期
  if (isDate($_POST['birthday']) == false){
    echo '<script language="JavaScript">alert("[出生日期]不是一个合法日期！");
             JavaScript:history.back();</script>';
    exit;
  }

  $student = new Model('student');
  $where = "where sNo='".$_POST['sNo']."'";
  $total = $student->rowCount($where);          //获取 student 表中满足条件的记录总数
  if ($total > 0){
    echo '<script language="JavaScript">alert("[学号]已存在，请重新输入！");
              JavaScript:history.back();</script>';
    exit;
  }

  /* 处理上传照片 */
  $fileName = 'default.jpg';                     //默认人像的文件名
  $path = '../uploads/photo/';                   //照片上传的路径
  $uploadFileName = $_FILES['photo']['name'];
  if (!empty($uploadFileName)) {
    $up = new fileUpload($path);
    if ($up->upload('photo')) {
      $fileName = $up->getFileName();
    }
    else {
```

```
            die($up->getErrorMsg());
        }
    }

    /* 添加数据到数据库中（包括上传照片的文件名） */
    $_POST['photo'] = $fileName;
    if ($student->add() > 0){
        header("location: ../index.php");      //添加成功后跳转至 index.php 页面
    }
    else {
        /* 如果没有添加任何数据，则把新上传的照片删除 */
        if ($fileName != 'default.jpg') {
            @unlink($path.$fileName);   //删除上传的照片
        }

        echo '<script language="JavaScript">alert("未添加任何数据！");
                JavaScript:history.back();</script>';
        exit;
    }
```

15．修改学生页面（editStudent.php）

脚本 editStudent.php 是一个修改学生表单文件，修改时提交给 doEditStudent.php 脚本处理，用来实现学生信息的修改以及学生照片的更改功能。单击主页上某一条记录后面的“修改”按钮，显示如图 9-9 所示的修改学生页面。

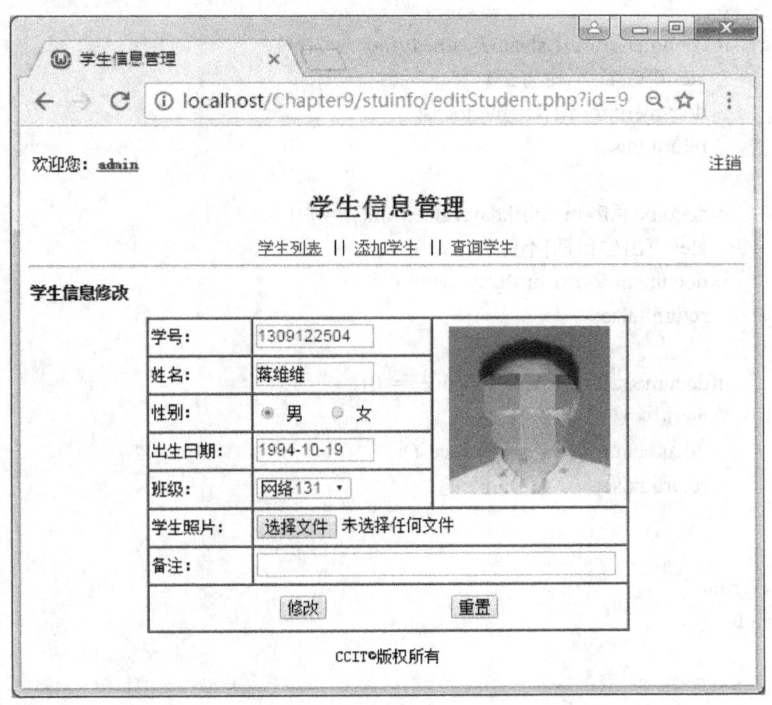

图 9-9　修改学生页面

在如上页面中，首先把要修改学生的全部内容，自动回填到对应的表单项中，包括学生照片。“学号”“姓名”和“出生日期”不能为空，“性别”和“班级”必须选择一项；可更改学生的照片文件重新上传，重新上传后，原照片文件自动删除；如果没有选择，则不更改学生的照片。修改成功后跳转至主页（index.php），并且还要保持在当前页面中。其代码如下：

```
<!DOCTYPE html>
<html>
  <head>
    <title>学生信息管理</title>
    <meta http-equiv="Content-Type" content="text/html; charset=utf-8" />
    <style>
      body {font-size:12px;}
      td {font-size:12px;}
    </style>

    <script language="JavaScript">
      //JavaScript 脚本：表单提交前验证
      function formCheck() {
        if(document.form1.sNo.value.trim() == ''){
          alert('[学号]不能为空！');
          document.form1.sNo.focus();
          return false;
        }
        if(document.form1.sName.value.trim() == ''){
          alert('[姓名]不能为空！');
          document.form1.sName.focus();
          return false;
        }
        if(document.form1.birthday.value.trim() == ''){
          alert('[出生日期]不能为空！');
          document.form1.birthday.focus();
          return false;
        }
        if(document.form1.dept_id.value == 0){
          alert('请选择[班级]！');
          document.form1.dept_id.focus();
          return false;
        }
      }
    </script>
  </head>

  <body>
    <?php
      include_once './top.php';              //包含页面头部文件
```

```
    include_once './menu.php';                  //包含页面菜单文件

    //获取需要返回的页面（index.php）
    $http_referer = $_SERVER['HTTP_REFERER'];

    //获取需要修改的学生记录
    $student = new Model('student');
    $data = $student->find($_GET['id']);
    if ($data) {
      $id = $_GET['id'];                        //学生 ID
      $sNo = $data['sNo'];                      //学号
      $sName = $data['sName'];                  //姓名
      $sex = $data['sex'];                      //性别
      $birthday = $data['birthday'];            //出生日期
      $dept_id = $data['dept_id'];              //班级 ID
      $photo = $data['photo'];                  //照片（文件名）
      $remark = $data['remark'];                //备注
    }
    else{
      echo '<script language="JavaScript">alert("当前记录已不存在！");
          JavaScript:history.back();</script>';
      exit;
    }

    //获取班级名称列表
    $department = new Model('department');
    $data = $department->order('deptNo')->select();
    if ($data){
      $itmeDeptName = '<option value=0 selected="selected" >--请选择--</option>';
      //使用 foreach 语句遍历每一行数据
      foreach($data as $row)
      {
        if ($row['id'] == $dept_id){
          $itmeDeptName .= '<option value='.$row['id'].' selected="selected">'.
                          $row['deptName'].'</option>';
        }
        else{
            $itmeDeptName .= '<option value='.$row['id'].'>'.$row['deptName'].'</option>';
        }
      }
    }

    /* 获取照片的详细路径 */
    $path = './uploads/photo/';       //照片上传的路径
    $fileName = $path.$photo;
?>
```

```
<h3><small>学生信息</small>修改</h3>

<form name="form1" onSubmit="return formCheck();" method="post"
  enctype="multipart/form-data" action="dao/doEditStudent.php?id=<?php echo $id;?>" >
  <table width="450" align="center" border="1" cellspacing="0" cellpadding="3">
    <tr height="36">
      <td width="90">学号：</td>
      <td width="160">
        <input type="text" name="sNo" value="<?php echo $sNo;?>" size="10" />
      </td>
      <td width="200" align="center" colspan="2" rowspan="5">
        <img src="<?php echo $fileName;?>" width="150" height="160">
      </td>
    </tr>
    <tr height="36">
      <td>姓名：</td>
      <td>
        <input type="text" name="sName" value="<?php echo $sName;?>" size="10" />
      </td>
    </tr>
    <tr height="36">
      <td>性别：</td>
      <td>
        <input type="radio" name="sex" value="男"
            <?php if($sex=='男') echo 'checked="checked"';?> /> 男 
        <input type="radio" name="sex" value="女"
            <?php if($sex=='女') echo 'checked="checked"';?> /> 女
        </td>
      </tr>
      <tr height="36">
        <td>出生日期：</td>
        <td>
      <input type="text" name="birthday" value="<?php echo $birthday;?>"
          size="10" />
          </td>
        </tr>
        <tr height="36">
          <td>班级：</td>
          <td>
            <select name="dept_id">
              <?php echo $itmeDeptName; ?>
            </select>
          </td>
        </tr>
        <tr height="36">
```

```
                <td>学生照片：</td>
                <td colspan="3"><input type="file" name="photo" size="40" /></td>
                <input type="hidden" name="MAX_FILE_SIZE" value="1000000" />
            </tr>
            <tr height="36">
                <td>备注：</td>
                <td colspan="3">
                    <input type="text" name="remark" value="<?php echo $remark;?>" size="40" />
                </td>
            </tr>
            <tr height="45">

                <td align="center" colspan="4">
                    <table width="320" align="center" border="0" cellspacing="0" cellpadding="3">
                    <tr>
                        <td width="160" align="center">
                            <input type="submit" name="btnSubmit" value="修改" />
                        </td>
                        <td width="160" align="center">
                            <input type="reset" name="btnReset"   value="重置" />
                        </td>
                    </tr>
                    </table>
                </td>
            </tr>
        </table>
        <input type="hidden" name="http_referer" value="<?php echo $http_referer;?>" />
    </form>
    <?php include_once './bottom.php';   //包含页面尾部文件 ?>
  </body>
</html>
```

16．处理修改学生表单文件（doEditStudent.php）

脚本 doEditStudent.php 是一个处理修改学生表单文件。其代码如下：

```
<?php
  include_once '../config/config.inc.php';              //配置文件（数据库连接参数等）
  include_once '../config/func.inc.php';                //自定义函数库
  include_once '../config/fileUpload.class.php';        //文件上传类
  include_once '../model/model.class.php';              //数据库通用操作类文件

  //如果用户没有登录，则跳转至 login.php 页面
  if(!isset($_SESSION['loginUser'])){
    header("location: ../login.php");
    exit;
  }
```

```
//判断接收到的出生日期是不是一个合法日期
if (isDate($_POST['birthday']) == false){
   echo '<script language="JavaScript">alert("[出生日期]不是一个合法日期！");
              JavaScript:history.back();</script>';
   exit;
}

$id = $_GET['id'];   //需要修改的学生 ID
$student = new Model('student');
$where = "where sNo='".$_POST['sNo']."' and id !='".$id."'";
$total = $student->rowCount($where);   //获取 student 表中满足条件的记录总数
if ($total > 0){
   echo '<script language="JavaScript">alert("[学号]已存在，请重新输入！");
                 JavaScript:history.back();</script>';
   exit;
}

/* 处理上传照片 */
$path = '../uploads/photo/';                //照片上传的路径
$data = $student->find($id);
$oldFileName =   $data['photo'];         //更改前照片对应的文件名
$newFileName = '';
$uploadFileName = $_FILES['photo']['name'];
if (!empty($uploadFileName)) {
   $up = new fileUpload($path);
   if ($up->upload('photo')) {
      $newFileName = $up->getFileName();   //获取上传后照片的文件名
   }
   else {
      die($up->getErrorMsg());
   }
}

/* 修改数据库中的数据，如果照片也更改的话，则还需删除原来的照片 */
$_POST['id'] = $id;   //定位修改记录的主键字段值
if (!empty($newFileName)) {
   $_POST['photo'] = $newFileName;
}
if ($student->save() > 0) {
   /* 如果更改了照片，则把原来的照片删除 */
   if (!empty($newFileName) && strtolower($oldFileName) != 'default.jpg') {
      @unlink($path.$oldFileName);            //删除原来的照片
   }

   //获取需要返回的页面（index.php）
   $http_referer = $_POST['http_referer'];
```

```
    header("location:".$http_referer);              //删除成功后跳转至指定页面
  }
  else {
    /* 如果没有更改任何数据，则把新上传的照片删除 */
    if (!empty($newFileName)) {
      $path = '../uploads/';                        //照片上传的路径
      @unlink($path.$newFileName);                  //删除新上传的照片
    }

    echo '<script language="JavaScript">alert("未修改任何数据！");
         JavaScript:history.back();</script>';
    exit;
  }
```

17．查看学生详细信息页面（studentDetail.php）

脚本 studentDetail.php 是一个查看学生详细信息文件。单击主页上某一条记录后面的“查看”按钮，显示如图 9-10 所示的修改学生页面。

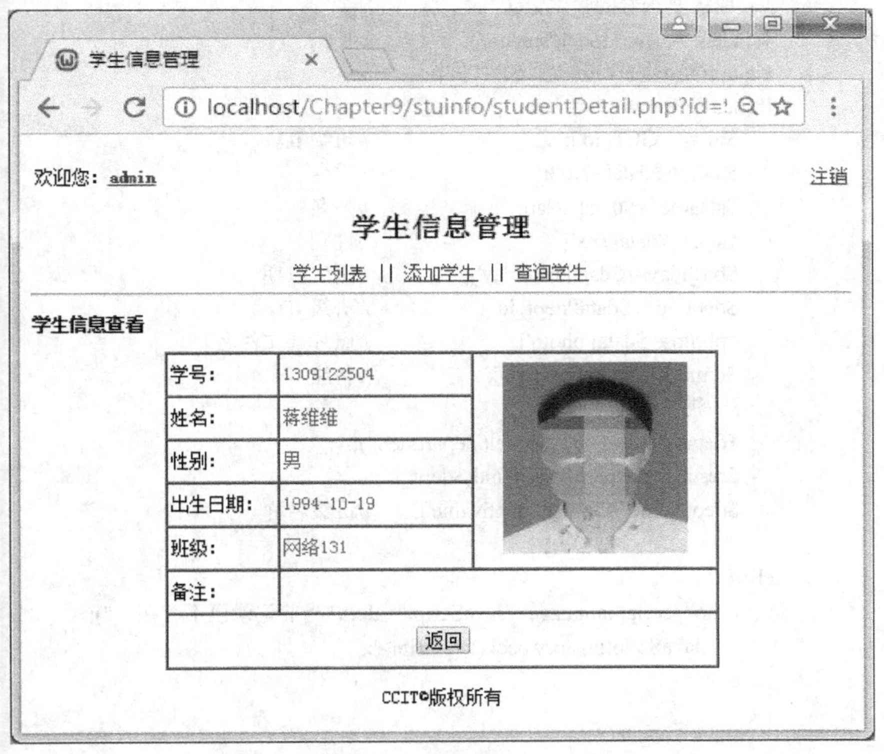

图 9-10　查看学生详细信息页面

在如上页面中，首先把要查看学生的全部内容，自动回填到对应的表格中，包括学生照片。单击“返回”按钮则返回至主页（index.php），并且还要保持在当前页面中。其代码如下：

```
<!DOCTYPE html>
```

```
<html>

    <head>
        <title>学生信息管理</title>
        <meta http-equiv="Content-Type" content="text/html; charset=utf-8" />
        <style>
            body {font-size:12px;}
            td {font-size:12px;}
        </style>
    </head>

    <body>

        <?php
            include_once './top.php';                  //包含页面头部文件
            include_once './menu.php';                 //包含页面菜单文件

            //获取需要查看的学生记录
            $student = new Model('student');
            $data = $student->find($_GET['id']);
            if ($data) {
                $id = $_GET['id'];                     //班级 ID
                $sNo = $data['sNo'];                   //学号
                $sName = $data['sName'];               //姓名
                $sex = $data['sex'];                   //性别
                $birthday = $data['birthday'];         //出生日期
                $dept_id = $data['dept_id'];           //班级 ID
                $photo = $data['photo'];               //照片（文件名）
                $remark = $data['remark'];             //备注
                /* 获取班级名称 */
                $department = new Model('department');
                $result = $department->find($dept_id);
                $deptName = $result['deptName'];       //班级名称
            }
            else{
                echo '<script language="JavaScript">alert("当前记录已不存在！");
                    JavaScript:history.back();</script>';
                exit;
            }

            /* 获取照片的详细路径 */
            $path = './uploads/photo/';                //照片上传的路径
            $fileName = $path.$photo;
        ?>

        <h3><small>学生信息</small>查看</h3>
```

```
<table width="450" align="center" border="1" cellspacing="0" cellpadding="3">
    <tr height="36">
        <td width="90">学号：</td>
        <td width="160"><font color='#2C59AA'><?php echo $sNo;?></font></td>
        <td width="200" align="center" rowspan="5">
            <img src="<?php echo $fileName;?>" width="150" height="160">
        </td>
    </tr>
    <tr height="36">
        <td>姓名：</td>
        <td><font color='#2C59AA'><?php echo $sName;?></font></td>
    </tr>
    <tr height="36">
        <td>性别：</td>
        <td><font color='#2C59AA'><?php echo $sex;?></font></td>
    </tr>
    <tr height="36">
        <td>出生日期：</td>
        <td><font color='#2C59AA'><?php echo $birthday;?></font></td>
    </tr>
    <tr height="36">
        <td>班级：</td>
        <td><font color='#2C59AA'><?php echo $deptName;?></font></td>
    </tr>
    <tr height="36">
        <td>备注：</td>
        <td colspan="3"><font color='#2C59AA'><?php echo $remark;?></font></td>
    </tr>
    <tr height="45">
        <td align="center" colspan="3">
    <table width="320" align="center" border="0" cellspacing="0" cellpadding="3">
        <tr>
            <td align="center">
                <input type="button" name="btnReturn" value="返回"
                onclick="history.back();" />
                </td>
            </tr>
            </table>
            </td>
        </tr>
    </table>
<?php include_once './bottom.php';           //包含页面尾部文件 ?>
    </body>
</html>
```

18．处理删除学生操作文件（doDeleteStudent.php）

脚本 doDeleteStudent.php 是一个处理删除学生操作文件。当单击主页上某一条记录后面的“删除”按钮时，弹出如图 9-11 所示的确认对话框。

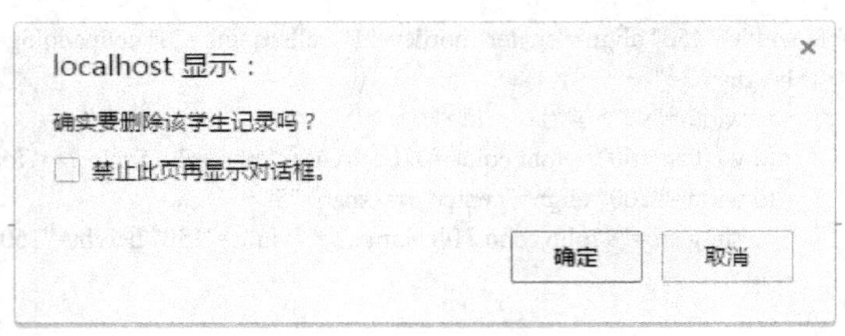

图 9-11　删除学生确认对话框

单击“确定”按钮后提交给该脚本处理，同时删除学生的照片文件。删除成功后跳转至主页（index.php），并且还要保持在当前页面中。其代码如下：

```
<?php
  include_once '../config/config.inc.php';        //配置文件（数据库连接参数等）
  include_once '../model/model.class.php';        //数据库通用操作类文件

  //如果用户没有登录，则跳转至 login.php 页面
  if(!isset($_SESSION['loginUser'])){
    header("location: ../login.php");
    exit;
  }

  $id = $_GET['id'];                              //需要删除的学生 ID
  /*  删除数据库中的数据及对应的照片  */
  $path = '../uploads/photo/';                    //照片上传的路径
  $student = new Model('student');
  $data = $student->find($id);
  $fileName =   $data['photo'];                   //照片对应的文件名
  if ($student->delete($id) > 0){
    /*  上传的照片也要删除  */
    if ($fileName != 'default.jpg') {
      @unlink($path.$fileName);                   //删除上传的照片
    }

    //获取需要返回的页面（index.php）
    $http_referer = $_SERVER['HTTP_REFERER'];
    header("location:".$http_referer);            //删除成功后跳转至指定页面
  }
  else {
    echo '<script language="JavaScript">alert("未删除任何数据！");
              JavaScript:history.back();</script>';
  exit;
}
```

19．设置查询条件页面（searchStudent.php）

脚本 searchStudent.php 是一个设置查询条件表单文件，查询时提交给 doSearchStudent.php 脚本处理，用来实现查询出满足条件的学生信息的功能。单击“查询学

生”菜单项，显示如图 9-12 所示的设置查询条件页面。

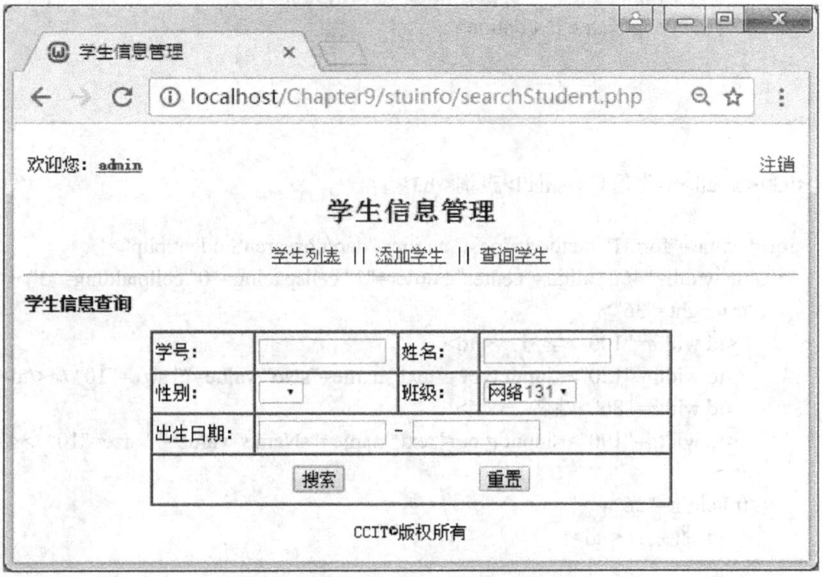

图 9-12　设置查询条件页面

在如上页面中，可对查询学生的条件进行自由组合，支持模糊查询。如果没有设置任何条件，则查询所有学生记录。其代码如下：

```
<!DOCTYPE html>
<html>
    <head>
        <title>学生信息管理</title>
        <meta http-equiv="Content-Type" content="text/html; charset=utf-8" />
        <style>
            body {font-size:12px;}
            td {font-size:12px;}
        </style>
    </head>

    <body>
        <?php
            include_once './top.php';            //包含页面头部文件
            include_once './menu.php';           //包含页面菜单文件

            //获取班级名称列表
            $department = new Model('department');
            $data = $department->order('deptNo')->select();
            if ($data){
                $itmeDeptName = '<option value=0 selected="selected" > </option>';
                //使用 foreach 语句遍历每一行数据
                foreach($data as $row)
```

```
        {
            $itmeDeptName .= '<option value='.$row['id'].'>'.
            $row['deptName'].'</option>';
        }
    }
?>

<h3><small>学生信息</small>查询</h3>

<form name="form1" method="post" action="dao/dosearchStudent.php">
  <table width="450" align="center" border="1" cellspacing="0" cellpadding="3">
    <tr height="36">
      <td width="100">学号：</td>
      <td width="120"><input type="text" name="sNo" value="" size="10" /></td>
      <td width="80">姓名：</td>
      <td width="190"><input type="text" name="sName" value="" size="10" /></td>
    </tr>
    <tr height="36">
      <td>性别：</td>
      <td>
        <select name="sex">
          <option value=0 selected="selected" > </option>
          <option value="男" >男</option>
          <option value="女" >女</option>
        </select>
      </td>
      <td>班级：</td>
      <td>
        <select name="dept_id">
          <?php echo $itmeDeptName; ?>
        </select>
      </td>
    </tr>
    <tr height="36">
      <td>出生日期：</td>
      <td colspan="3">
        <input type="text" name="startBirthday" value="" size="10" /> -
        <input type="text" name="endBirthday" value="" size="10" />
      </td>
    </tr>
    <tr height="45">
      <td align="center" colspan="4">
        <table width="320" align="center" border="0" cellspacing="0" cellpadding="3">
          <tr>
            <td width="160" align="center">
              <input type="submit" name="btnSubmit" value="搜索" />
            </td>
            <td width="160" align="center">
              <input type="reset" name="btnReset"   value="重置" />
```

```
                    </td>
                </tr>
            </table>
        </td>
    </tr>
    </table>
    </form>
    <?php include_once './bottom.php';   //包含页面尾部文件 ?>
  </body>
</html>
```

20．处理设置查询条件表单文件（doSearchStudent.php）

脚本 doSearchStudent.php 是一个处理设置查询条件表单文件。其代码如下：

```
<?php
  include_once '../config/config.inc.php';        //配置文件（数据库连接参数等）
  include_once '../config/func.inc.php';          //自定义函数库

  //如果用户没有登录，则跳转至 login.php 页面
  if(!isset($_SESSION['loginUser'])){
    header("location: ../login.php");
    exit;
  }

  //判断接收到的出生日期是不是一个合法日期
  if (!empty($_POST['startBirthday'])){
    if (isDate($_POST['startBirthday']) == false){
      echo '<script language="JavaScript">alert("[出生日期]不是一个合法日期！");
                JavaScript:history.back();</script>';
      exit;
    }
  }
  if (!empty($_POST['endBirthday'])){
    if (isDate($_POST['endBirthday']) == false){
      echo '<script language="JavaScript">alert("[出生日期]不是一个合法日期！");
                JavaScript:history.back();</script>';
      exit;
    }
  }

  //把查询条件处理成一个通过页面传递的参数
  $param = array();    //声明一个变量，用来保存通过页面传递的参数（查询条件）
  //处理查询的学号
  if (!empty($_POST['sNo'])){
    $param[] = "sNo=".$_POST['sNo'];
  }
  //处理查询的姓名
  if (!empty($_POST['sName'])){
    $param[] = "sName=".$_POST['sName'];
```

```
}
//处理查询的性别
if (!empty($_POST['sex'])){
   $param[] = "sex=".$_POST['sex'];
}
//处理查询的班级
if (!empty($_POST['dept_id'])){
   $param[] = "dept_id=".$_POST['dept_id'];
}
//处理查询的出生日期范围
if (!empty($_POST['startBirthday'])){
   $param[] = "startBirthday=".$_POST['startBirthday'];
}
if (!empty($_POST['endBirthday'])){
   $param[] = "endBirthday=".$_POST['endBirthday'];
}

/处理查询条件
if (!empty($param)){
   $param = "?".implode("&", $param);
}
else {
   $param = '';
}
header("location: ../index.php".$param);        //传递参数并跳转至 index.php 页面
```

设置班级为“网络 131”的查询条件，查询成功后跳转至主页（index.php），如图 9-13 所示。

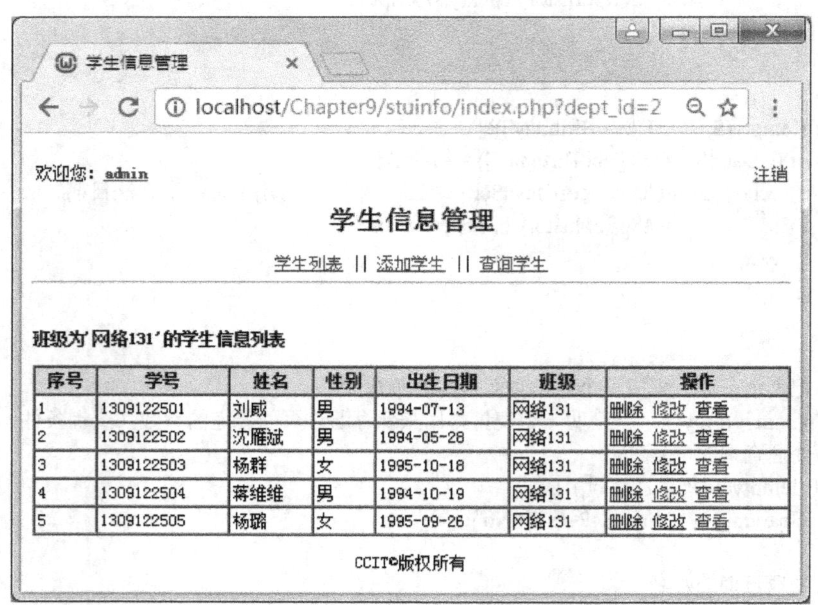

图 9-13　查询结果页面（班级为“网络 131”）

21．更改登录密码页面（changePwd.php）

脚本 changePwd.php 是一个更改登录密码表单文件，更改时提交给 doChangePwd.php 脚本处理，用来实现更改当前登录用户密码的功能。用户以默认密码登录后，最好要对密码进行更改。单击页头部分的 “用户名”按钮（本例中为“admin”），显示如图 9-14 所示的更改登录密码页面。

图 9-14　更改登录密码页面

在如上页面中，首先需要对登录用户的原密码进行验证，验证通过后即更改为新的密码。更改成功后注销用户并跳转至登录页面（login.php），让用户以新的密码重新登录。其代码如下：

```
<!DOCTYPE html>
<html>
    <head>
        <title>学生信息管理</title>
        <meta http-equiv="Content-Type" content="text/html; charset=utf-8" />
        <style>
            body {font-size:12px;}
            td {font-size:12px;}
        </style>

        <script language="JavaScript">
            //JavaScript 脚本：表单提交前验证
            function formCheck() {
                if(document.form1.oldPassword.value == document.form1.uPassword.value){
                    alert("[新密码]与[原密码]不能相同！");
                    document.form1.uPassword.focus();
```

```
                return false;
            }

            if(document.form1.uPassword.value != document.form1.uPassword2.value){
                alert("两次新密码不一致！");
                document.form1.uPassword2.focus();
                return false;
            }
        }
    </script>
</head>

<body>
    <?php
        include_once './top.php';       //包含页面头部文件
        include_once './menu.php';      //包含页面菜单文件

        //获取当前登录的用户名及用户 ID
        $loginUser = $_SESSION["loginUser"];
        $uName = $loginUser["uName"];
        $id = $loginUser["id"];
    ?>

    <h3><small>用户密码</small>更改</h3>

    <form name="form1" onSubmit="return formCheck();" method="post"
            action="dao/doChangePwd.php">
        <table width="320" align="center" border="1" cellspacing="0" cellpadding="3">
            <tr height="36">
                <td width="120" align="right">用户名：</td>
                <td width="200">
                    <input type="text" disabled="disabled" name="uName"
                                    value="<?php echo $uName;?>" size="15" />
                </td>
            </tr>
            <tr height="36">
                <td align="right">原密码：</td>
                <td><input type="password" name="oldPassword" value="" size="15" /></td>
            </tr>
            <tr height="36">
                <td align="right">新密码：</td>
                <td><input type="password" name="uPassword" value="" size="15" /></td>
            </tr>
            <tr height="36">
                <td align="right">确认新密码：</td>
                <td><input type="password" name="uPassword2" value="" size="15" /></td>
            </tr>
            <tr height="45">
```

```
                    <td align="center" colspan="2">
                        <table width="240" align="center" border="0" cellspacing="0" cellpadding="3">
                            <tr>
                                <td width="120" align="center">
                                    <input type="submit" name="btnSubmit" value="更改" />
                                </td>
                                <td width="120" align="center">
                                    <input type="reset" name="btnReset"   value="重置" />
                                </td>
                            </tr>
                        </table>
                    </td>
                </tr>
            </table>
            <input type="hidden" name="id" value="<?php echo $id;?>" />
        </form>
        <?php include_once './bottom.php';   //包含页面尾部文件 ?>
    </body>
</html>
```

22．处理更改登录密码表单文件（doChangePwd.php）

脚本 doChangePwd.php 是一个处理更改登录密码表单文件。其代码如下：

```
<?php
    include_once '../config/config.inc.php';        //配置文件（数据库连接参数等）
    include_once '../model/model.class.php';      //数据库通用操作类文件

    //如果用户没有登录，则跳转至 login.php 页面
    if(!isset($_SESSION['loginUser'])){
        header("location: ../login.php");
        exit;
    }

    //判断输入的原密码是否正确
    $users = new Model('users');
    $data = $users->find($_POST['id']);
    if (!empty($data)){
        if (md5($_POST['oldPassword']) != $data['uPassword']){
            echo '<script language="JavaScript">alert("[原密码]错误，请重新输入！");
                        JavaScript:history.back();</script>';
            exit;
        }
    }
    else{
        echo '<script language="JavaScript">alert("当前登录用户已不存在！");
                    JavaScript:history.back();</script>';
        exit;
    }
```

```
        $_POST['uPassword'] = md5($_POST['uPassword']);     //对密码进行 MD5 加密处理
        if ($users->save() > 0){
            //密码更改成功后跳转至 doLogout.php 页面，注销后重新登录
            header("location: ./doLogout.php");
        }
        else {
            echo '<script language="JavaScript">alert("未更改任何数据！");
                        JavaScript:history.back();</script>';
        exit;
    }
```

23．处理用户注销操作文件（doLogout.php）

脚本 doLogout.php 是一个处理用户注销操作文件。当单击页头部分的“注销”按钮时，提交给该脚本处理。注销成功后跳转至登录页面（login.php），让用户可以重新登录。其代码如下：

```
<?php
    session_start();    //启动 Session

//清除所有 Session 变量
session_unset();
//删除包含 Session ID 的 Cookie
if (isset($_COOKIE[session_name()])) {
    setCookie(session_name(), '', time()-1, '/');
}
//销毁 Session
session_destroy();

header("location: ../login.php");     //注销后跳转至 login.php 页面
```

9.6 习题

参考学生信息管理实例，实现一个简单的商品信息管理网站，包括商品信息列表、添加商品信息、修改商品信息、删除商品信息、查询商品信息等操作，但是在对商品信息进行管理之前，用户必须首先要进行登录。后台数据库采用第 8 章习题中创建的 sales 数据，使用到其中的 product 和 category 两张数据表。并创建用户表 users，用来保存登录用户的信息。主要包含以下功能：

（1）用户登录。

（2）商品信息列表。

（3）添加商品。

（4）修改商品。

（5）删除商品。

（6）设置查询条件搜索商品信息。

（7）更改登录密码。

附　　录

附录 A　Sublime Text 的常用快捷键

Sublime Text 是一个轻量、简洁、高效、跨平台的代码编辑器，它体积小巧，非常实用；但是要想用好它，一些快捷键的使用不可或缺，尤其是选择类和搜索类的快捷键，对于阅读和修改代码来说，非常方便。

1. 选择类快捷键

选择类快捷键如表 A-1 所示。

表 A-1　选择类快捷键

序号	快 捷 键	描　述
1	Ctrl+D	选中光标所占的文本，继续操作则会选中下一个相同的文本
2	Alt+F3	选中文本按下快捷键，即可一次性选择全部的相同文本进行同时编辑。例如：快速选中并更改所有相同的变量名、函数名等
3	Ctrl+L	选中整行，继续操作则继续选择下一行。效果和〈Shift+↓〉快捷键一样
4	Ctrl+Shift+L	先选中多行，再按下快捷键，会在每行行尾插入光标，即可同时编辑这些行
5	Ctrl+Shift+M	选择括号内的内容，继续操作选择父括号。例如：快速选中删除函数中的代码，重写函数体代码或重写括号内里的内容
6	Ctrl+M	光标移动至括号内结束或开始的位置
7	Ctrl+Enter	在下一行插入新行。即使光标不在行尾，也能快速向下插入一行
8	Ctrl+Shift+Enter	在上一行插入新行。即使光标不在行首，也能快速向上插入一行
9	Ctrl+Shift+[	选中代码，按下快捷键，折叠代码
10	Ctrl+Shift+]	选中代码，按下快捷键，展开代码
11	Ctrl+K+0	展开所有折叠代码
12	Ctrl+←	向左单位性地移动光标，快速移动光标
13	Ctrl+→	向右单位性地移动光标，快速移动光标
14	shift+↑	向上选中多行
15	shift+↓	向下选中多行
16	Shift+←	向左选中文本
17	Shift+→	向右选中文本
18	Ctrl+Shift+←	向左单位性地选中文本
19	Ctrl+Shift+→	向右单位性地选中文本
20	Ctrl+Shift+↑	将光标所在行和上一行代码互换，即将光标所在行插入到上一行之前
21	Ctrl+Shift+↓	将光标所在行和下一行代码互换。即将光标所在行插入到下一行之后
22	Ctrl+Alt+↑	向上添加多行光标，可同时编辑多行
23	Ctrl+Alt+↓	向下添加多行光标，可同时编辑多行

2．编辑类快捷键

编辑类快捷键如表 A-2 所示。

表 A-2　编辑类快捷键

序号	快 捷 键	描　述
1	Ctrl+J	合并选中的多行代码为一行。例如，将多行格式的 CSS 属性合并为一行
2	Ctrl+Shift+D	复制光标所在整行，插入到下一行
3	Tab	向右缩进
4	Shift+Tab	向左缩进
5	Ctrl+K+K	从光标处开始删除代码至行尾
6	Ctrl+Shift+K	删除整行
7	Ctrl+/	注释单行
8	Ctrl+Shift+/	注释多行
9	Ctrl+K+U	转换大写
10	Ctrl+K+L	转换小写
11	Ctrl+Z	撤销
12	Ctrl+Y	恢复撤销
13	Ctrl+F2	设置书签
14	Ctrl+T	左右字母互换
15	F6	单词拼写检测

3．搜索类快捷键

搜索类快捷键如表 A-3 所示。

表 A-3　搜索类快捷键

序号	快 捷 键	描　述
1	Ctrl+F	打开底部搜索框，查找关键字
2	Ctrl+shift+F	在文件夹内查找，与普通编辑器不同的地方是 Sublime Text 允许添加多个文件夹进行查找
3	Ctrl+P	打开搜索框：①输入当前项目中的文件名，快速搜索文件；②输入@和关键字，查找文件中的函数名；③输入冒号（:）和数字，跳转到文件中该行代码；④输入#和关键字，查找文件中的变量名、属性名等
4	Ctrl+G	打开搜索框，自动带冒号（:），输入数字跳转到该行代码。例如，在页面代码比较长的文件中快速定位
5	Ctrl+R	打开搜索框，自动带@，输入关键字，查找文件中的函数名。例如，在函数较多的页面快速查找某个函数
6	Ctrl+:	打开搜索框，自动带#，输入关键字，查找文件中的变量名、属性名等
7	Ctrl+Shift+P	打开命令框，输入关键字，调用 Sublime Text 或插件的功能，例如使用 package 安装插件
8	Esc	退出光标多行选择，退出搜索框，命令框等

4．显示类快捷键

显示类快捷键如表 A-4 所示。

表 A-4 显示类快捷键

序号	快 捷 键	描 述
1	Ctrl+Tab	按文件浏览过的顺序，切换当前窗口的标签页
2	Ctrl+PageDown	向左切换当前窗口的标签页
3	Ctrl+PageUp	向右切换当前窗口的标签页
4	Alt+Shift+1	把窗口分屏恢复至默认的 1 屏
5	Alt+Shift+2	把窗口左右分为 2 屏
6	Alt+Shift+3	把窗口左右分为 3 屏
7	Alt+Shift+4	把窗口左右分为 4 屏
8	Alt+Shift+5	把窗口左右垂直等分为 4 屏
9	Alt+Shift+8	把窗口垂直分为 2 屏
10	Alt+Shift+9	把窗口垂直分为 3 屏
11	Ctrl+K+B	开启/关闭侧边栏
12	F11	全屏模式
13	Shift+F11	免打扰模式

附录 B PHP 的错误和异常处理

B.1 错误处理

错误就是在程序开发阶段，由于程序员的一些失误或其他原因而引起的程序问题。PHP 的程序错误主要包括以下 3 种错误类型。

- 语法错误：该类错误通常是由于不正确书写代码而产生的，会阻止 PHP 脚本的执行。例如，关键字写错、遗漏标点符号、括号不匹配等。这类错误最常见，也最容易排除，可以通过显示的错误消息进行修复后重新运行。
- 运行时错误：该类错误是由于程序在运行期间执行了非法操作而发生的，通常会提示一条错误消息，一般不会阻止 PHP 脚本的执行。例如，除法运算中除数为零、访问文件时文件找不到等。这类错误只有在程序运行时才能被发现。
- 逻辑错误：该类错误是由于在设计程序过程中的总体逻辑思路和算法方面出现问题，从而使程序运行时得不到预期的结果。这类错误最麻烦，不但不会阻止 PHP 脚本的执行，也不会显示错误消息，但就是得不到正确的结果。例如，把乘号“*”写成了加号“+”、把比较运算符号“==”写成了赋值运算符号“=”、循环次数计算错误等。

1. 错误报告级别

当 PHP 脚本执行时，PHP 解析器会尽其所能地报告它所遇到的问题。在 PHP 中，错误报告的处理行为都是通过其配置文件 php.ini 中的有关配置指令确定的。PHP 的错误报告有很多种级别，可以根据不同的错误报告级别提供对应的调试方法。PHP 中常见的错误报告级别如表 B-1 所示。

表 B-1　PHP 中常见的错误报告级别

序号	级别常量	描　述
1	E_ERROR	致命的运行时错误，会阻止脚本的执行
2	E_WARNING	运行时警告，不会阻止脚本的执行
3	E_NOTICE	运行时注意消息，不会阻止脚本的执行
4	E_PARSE	语法解析错误
5	E_COMPILE_ERROR	致命的编译错误
6	E_COMPILE_WARNING	编译警告
7	E_USER_ERROR	用户导致的错误
8	E_USER_EWARNING	用户导致的警告
9	E_USER_ENOTICE	用户导致的注意消息
10	E_ALL	所有的错误、警告和注意消息

说明：

- 如果需要显示以上错误报告的错误消息，需要把配置文件 php.ini 中的 display_errors 指令的值设置为 On，则开启 PHP 输出错误报告的功能。或者在 PHP 脚本中调用 ini_set()函数，动态设置配置文件 php.ini 中的某个指令。
- 如果 display_errors 被启用，就会显示满足已设置的错误级别的所有错误报告。这样做可能会过多地泄露有关服务器的信息，使服务器变得不安全。所以在项目开发或测试期间启用该指令，可以根据不同的错误报告更好地调试程序；一旦项目正式上线，则要将该指令禁用。

2. 调整错误报告级别

在项目开发时，可以通过调整错误报告的级别使 PHP 抛出特定类型的错误信息。调整错误报告级别有如下两种方法：

- 修改配置文件 php.ini 中 error_reporting 指令的值。可以把位运算符号（&、|、~）和错误级别常量一起使用，修改成功后重启 Web 服务。例如：

```
;可以抛出任何非注意的错误报告，默认值
error_reporting = E_ALL & ~ E_NOTICE
;可以抛出致命的运行时错误、运行时警告、运行时注意消息
error_reporting = E_ERROR | E_WARNING | E_NOTICE
```

- 在 PHP 脚本中使用 error_reporting()函数。可以基于各个脚本来调整错误报告的级别，该函数获取一个数字或表 B-1 中的错误报告级别常量作为参数。例如：

```
/* 设置参数为 0，则会完全关闭错误报告 */
error_reporting(0);
/* 可以抛出任何非注意的错误报告 */
error_reporting(E_ALL & ~ E_NOTICE);
```

【示例 B-1】 错误报告的测试。在浏览器中的输出结果如图 B-1 所示。

```
<?php
```

```
/* 开启 php.ini 中的 display_errors 指令 */
ini_set('display_errors', 1);
/* 设置可以抛出所有级别的错误报告 */
error_reporting(E_ALL);

/* 给函数的参数传递一个没有声明的变量，输出“Notice”的报告 */
var_dump($data);
/* 给函数的参数没有赋值，输出“Warning”的报告 */
var_dump();
/* 调用没有被定义的函数，输出“Error”的报告 */
vardump();
```

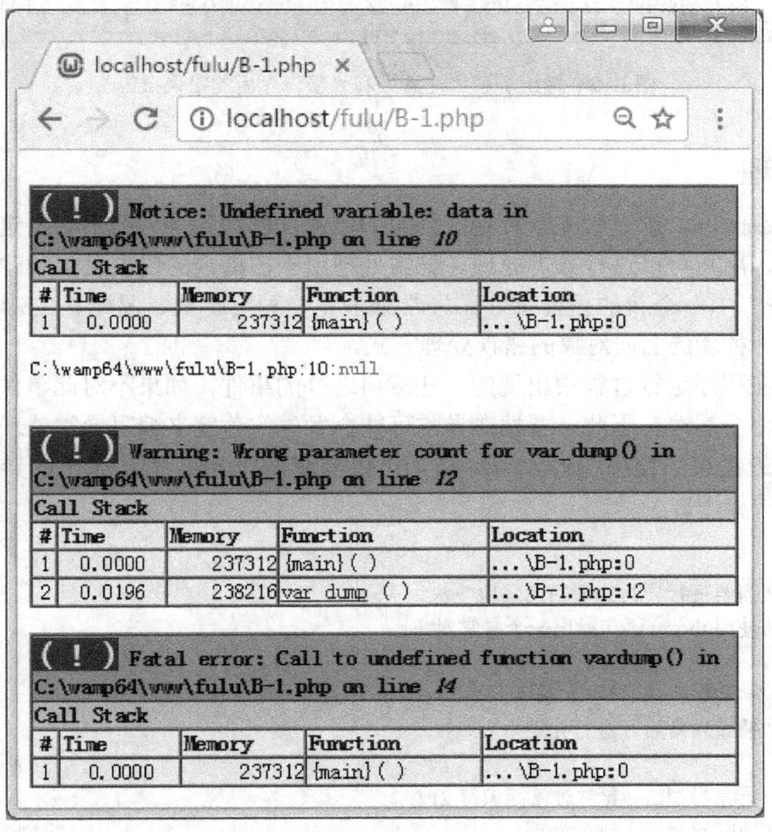

图 B-1　输出包含“注意”“警告”和“错误”的错误报告

说明：“注意”和“警告”的错误报告并不会终止程序的执行。如果不希望输出“注意”和“警告”的错误报告，则把脚本中 error_reporting()函数的代码修改如下：

```
/* 可以抛出除注意和警告之外的所有错误报告 */
error_reporting(E_ALL & ~( E_NOTICE | E_WARNING));
```

重新运行后，在浏览器中的输出结果如图 B-2 所示。

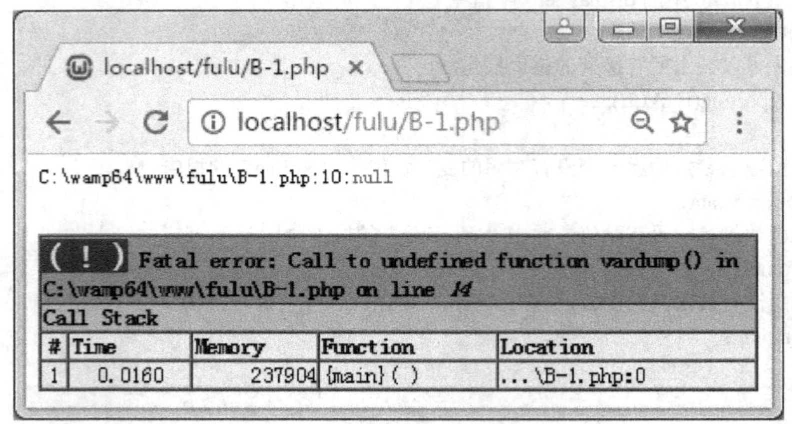

图 B-2　输出屏蔽“注意”和“警告”后的错误报告

B.2　异常处理

异常（Exception）就是程序运行期间发生的错误，例如除 0、找不到指定文件等。程序如果发生异常，用户可以进行异常处理。异常处理用于在指定的错误发生时改变脚本的正常流程，是 PHP5 中一个新的重要特性。异常处理是一种可扩展、易维护的错误处理统一机制，并提供了一种新的面向对象的错误处理方式。

异常就是在程序运行过程中出现的一些意料之外的事件，如果不对此事件进行处理，程序在执行时则将会崩溃。因此，要站在异常可能会发生的角度来编写异常处理程序，应对程序有可能发生的错误。使用 try...catch 语句可以捕获被 throw 语句抛出的异常，并进行处理。其语法格式如下：

```
try {
    //需要进行异常处理的代码块
    //使用 throw 语句抛出一个异常对象
}
catch (异常类型 1　异常对象标识符 1) {
    //捕获异常后，进行处理
}
[catch (异常类型 2　异常对象标识符 2) {
    //捕获异常后，进行处理
} …]
[finally {
    //资源清理等收尾工作
}]
```

说明：

- try 中包含的代码组成了程序的正常操作部分，如果出现某些错误，使用 throw 语句抛出一个异常；catch 中捕获、处理异常；无论是否发生异常，finally 中进行清理资源等收尾工作。执行过程如下：

■ try 中未抛出异常时，执行完 try 中所有代码后，执行 finally 中的代码；然后程序继续正常运行。

■ try 中抛出异常时，try 中剩余代码将终止执行；PHP 就会尝试查找第一个能与之匹配的 catch：①如果找到，则进入相应 catch 中处理，再执行 finally 中的代码；然后程序继续正常运行；②如果未找到，执行完 finally 中的代码后，产生一个致命错误（fatal error），然后程序终止运行。

● 每一个 try 中至少要有一个与之对应的 catch，catch 可以有多个，使用多个 catch 可以捕获不同的类所产生的异常；finally 可以为默认值。

● PHP 与其他诸如 Java、C#等语言不同，它不能自动抛出异常，需要使用 throw 语句手动抛出。

【示例 B-2】 在程序中需要的地方手动抛出异常，并进行异常处理。

```
<?php
    try{
        $filename = 'data.txt';
        if (!file_exists($filename)) {
            throw new Exception('文件不存在！ <br>');
        }

        echo "以下是从{$filename}中读出的内容：<br>";
        echo file_get_contents($filename).'<br>';
    }
    catch(Exception $e)
    {
        echo $e->getMessage();
    }
    finally {
        echo "finally 中的内容。<br>";
    }

    echo '<hr>';
```

如果 data.txt 文件不存在，在浏览器中的输出结果如图 B-3 所示；如果 data.txt 文件存在，且其中有一行文本“CCIT”，在浏览器中的输出结果如图 B-4 所示。

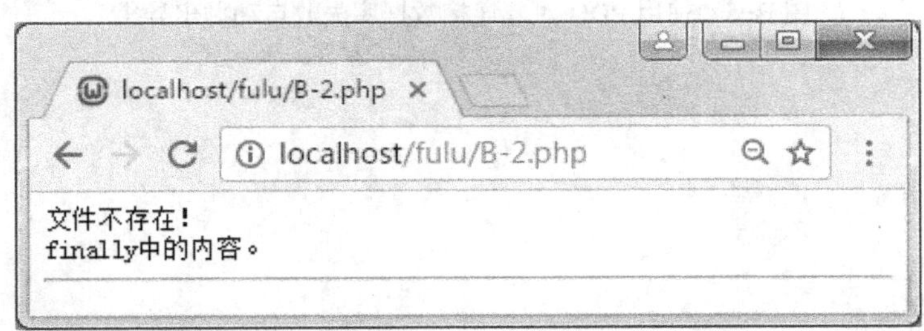

图 B-3　抛出异常并进行异常处理的执行结果

图 B-4　没有抛出异常的执行结果

不过，在 PHP 中也有在出现异常时自动抛出异常的操作，例如，使用 PDO 对象连接数据库，如果连接失败，则自动抛出异常。

【示例 B-3】 使用 PDO 对象连接数据库，测试是否会自动抛出异常。

```
<?php
    $dsn = 'mysql:dbname=stuInfo;host=localhost';        //连接 MySQL 数据库的 DSN
    $user = 'root';                                      //连接 MySQL 数据库的用户名
    $password = '12345678';                              //连接 MySQL 数据库的密码
    try {
        $link = new PDO($dsn, $user, $password);
        echo '连接 MySQL 数据库成功！';
    } catch (Exception $e) {
        echo '连接 MySQL 数据库失败：'.$e->getMessage();
}
```

假设连接数据库的密码设置错误，则连接数据库失败，那么在浏览器中的输出结果如图 B-5 所示。

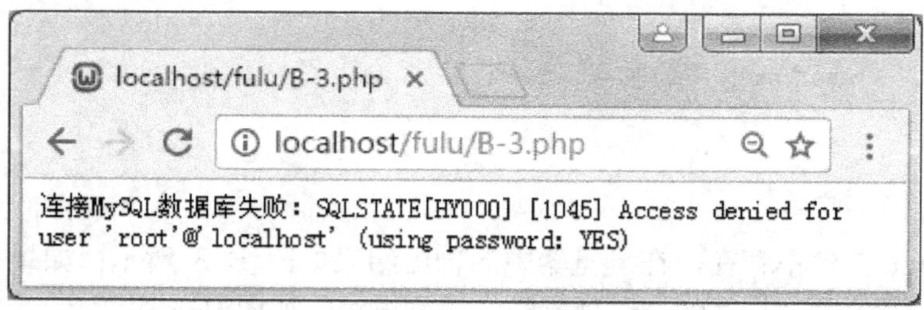

图 B-5　使用 PDO 对象连接数据库失败自动抛出异常